社交网络数据理论与实践

周　静　著

北京邮电大学出版社
www.buptpress.com

内 容 简 介

本书主要讲解与社交网络数据相关的统计建模和基于实际问题的数据分析,均是基于作者过往的研究及正在进行的研究整理而成的。本书共分为 5 章。其中:第 1 章是概念性的介绍,由一个案例引出什么是社交网络数据;第 2 章和第 3 章是常用的社交网络数据建模工具,主要介绍空间自回归模型、动态空间面板数据模型等统计建模方法;第 4 章和第 5 章是关于社交网络的实证研究,包括社交网站、直播平台、电信行业、学者引文网络等,是更侧重于实际管理问题的一些研究总结。本书希望能为做社交网络数据相关研究的读者提供可参考的文献以及经验。

图书在版编目(CIP)数据

社交网络数据理论与实践 / 周静著. -- 北京:北京邮电大学出版社,2022.4
ISBN 978-7-5635-6607-5

Ⅰ. ①社… Ⅱ. ①周… Ⅲ. ①互联网络—数据处理 Ⅳ. ①TP393.4

中国版本图书馆 CIP 数据核字(2022)第 026322 号

策划编辑:彭 楠 **责任编辑:**王晓丹 左佳灵 **封面设计:**七星博纳

出版发行:北京邮电大学出版社
社 址:北京市海淀区西土城路 10 号
邮政编码:100876
发 行 部:电话:010-62282185 传真:010-62283578
E-mail:publish@bupt.edu.cn
经 销:各地新华书店
印 刷:唐山玺诚印务有限公司
开 本:720 mm×1 000 mm 1/16
印 张:14
字 数:256 千字
版 次:2022 年 4 月第 1 版
印 次:2022 年 4 月第 1 次印刷

ISBN 978-7-5635-6607-5 定价:58.00 元

前　言

　　一晃博士毕业已经 6 年了,这也是我工作的第 6 个年头,真的不得不感叹时光荏苒,光阴似箭。犹记得 2012 年博士刚入学的时候,我还在为自己何时毕业而担忧,现今已成为一名学术"青椒",在学术的道路上不断成长,探索着自己感兴趣的研究方向。走上学术这条路,既是偶然,也是必然,至于为什么是偶然,一会详说。说它是必然,是因为我还在本科的时候,就立志做一名大学教师,所以读博就成了必然。

　　从本科到博士我一直读的是市场营销专业,但最终却选择了将统计学作为自己的终身事业,这其中有些小插曲。市场营销学这个专业可以再细分出三个方向:第一个方向叫消费者行为,主要从心理学、社会学角度理解消费者是如何进行决策的;第二个方向叫营销模型,这是一个偏统计和计算机的方向,主要是用一些量化模型去理解消费者的决策行为;第三个方向叫营销战略,主要从企业管理战略方面去理解公司如何进行营销决策。而我博士期间的研究方向就是第二个。犹记得博士第二年时,一个偶然的机会让我对社交网络数据产生了浓厚的兴趣,而彼时营销界开始关注这种不同于传统数据的社交网络数据,于是我就这样开始了对社交网络数据的研究。从 2013 年第一次接触社交网络数据,到现在已经 9 年了,这期间我的工作既包括统计模型的理论研究,又包括基于实际管理问题的实证分析,最后执着于对统计的热爱,选择了加入统计学这个大家庭。

　　本书在一年前开始酝酿,正值疫情期间,在家有了些许自由的时间,决定将自己过去的研究整理成书。一是总结与整理了过往的研究,希望给予做这方面研究的读者一些可供参考的文献;二是基于过往的研究,思考未来的研究思路。全书共分为 5 章。其中:第 1 章是概念性的介绍,由一个案例引出什么是社交网络数据;第 2 章和第 3 章是常用的社交网络数据建模工具,是偏统计方面的理论模型,基于

1

我已发表的论文整理而成；第4章和第5章是关于社交网络的实证研究，包括社交网站、直播平台、电信行业、学者引文网络等，这是更偏实际管理问题的一些研究总结，也是基于我已发表的论文整理而成的。从本书的筹备到最后的出版，要感谢我的学生冷杉在这个过程中做的一些整理和校对工作。最后，要感谢我的父母和我的先生，是你们莫大的支持，才让我得以专心学术，完成人生中的第一本学术专著！

目　　录

第1章　社交网络数据介绍 ·· 1

1.1　社交网络数据的概念与基本特征 ·· 1

　　1.1.1　节点与边 ··· 2

　　1.1.2　邻接矩阵 ··· 3

　　1.1.3　出(入)度 ··· 4

　　1.1.4　共同"好友数" ·· 5

1.2　社交网络数据可视化:igraph 包的使用 ·································· 9

　　1.2.1　图的基本操作 ··· 9

　　1.2.2　从文件中读取网络数据 ·· 19

1.3　网络数据可视化案例:基于 UCINET 的双模网络分析 ··············· 38

　　1.3.1　案例背景介绍 ··· 38

　　1.3.2　数据介绍 ··· 39

　　1.3.3　分析结果 ··· 41

　　1.3.4　总结与讨论 ·· 49

本章参考文献 ··· 50

第2章　社交网络数据与空间自回归模型 ······································· 51

2.1　基于抽样网络数据的空间自相关系数的估计 ························· 53

　　2.1.1　研究背景 ··· 53

　　2.1.2　空间自回归模型 ··· 55

　　2.1.3　数值研究 ··· 60

　　2.1.4　总结与讨论 ·· 63

2.2 基于离散选择模型的空间自相关系数估计 ···········64

2.2.1 研究背景 ···········64

2.2.2 研究方法 ···········66

2.2.3 数值研究 ···········68

2.2.4 实证分析 ···········72

2.2.5 总结与讨论 ···········72

2.3 基于动态网络的链路预测 ···········73

2.3.1 研究背景 ···········73

2.3.2 研究方法 ···········75

2.3.3 数值研究 ···········77

2.3.4 总结与讨论 ···········84

本章参考文献 ···········84

第3章 社交网络数据与动态空间面板模型 ···········91

3.1 具有空间相关性和缺失数据的自回归模型 ···········92

3.1.1 研究背景 ···········92

3.1.2 模型和方法论 ···········94

3.1.3 渐近性质 ···········98

3.1.4 数值研究 ···········100

3.1.5 总结与讨论 ···········106

3.2 因变量随机缺失的空间动态面板数据插补 ···········107

3.2.1 研究背景 ···········107

3.2.2 研究方法 ···········109

3.2.3 数值研究 ···········112

3.2.4 总结与讨论 ···········118

本章参考文献 ···········118

第4章 社交网络数据在线上平台的应用 ···········123

4.1 社交网络中用户关注类型与发帖类型对发帖行为的影响 ···········124

4.1.1　研究背景 ·································· 124

4.1.2　理论回顾与研究假设 ····················· 125

4.1.3　数据与变量介绍 ·························· 128

4.1.4　内生性问题与工具变量 ··················· 130

4.1.5　实证分析 ······························ 132

4.1.6　总结与讨论 ···························· 138

4.2　原创还是转发？基于社交媒体 UGC 的交互效用研究 ···· 140

4.2.1　研究背景 ······························ 140

4.2.2　文献回顾 ······························ 141

4.2.3　理论回顾与研究假设 ····················· 142

4.2.4　实证分析 ······························ 148

4.2.5　总结与讨论 ···························· 153

4.3　神奇的弹幕：社交交互视角下直播平台打赏因素分析 ······ 155

4.3.1　研究背景 ······························ 155

4.3.2　理论回顾与研究假设 ····················· 158

4.3.3　数据与变量介绍 ·························· 161

4.3.4　实证分析 ······························ 165

4.3.5　总结与讨论 ···························· 167

本章参考文献 ··· 169

第5章　社交网络数据在其他领域的应用 ················· 179

5.1　自我网络特征对电信用户流失的影响的研究 ··········· 180

5.1.1　研究背景 ······························ 180

5.1.2　理论回顾与研究假设 ····················· 181

5.1.3　数据与变量介绍 ·························· 183

5.1.4　数据建模 ······························ 186

5.1.5　模型预测精度 ·························· 191

5.1.6　管理实践 ······························ 193

5.1.7　总结与讨论 ···························· 194

5.2　基于文本语义与动态网络结构的统计学学者合作关系预测 ············ 195

　　5.2.1　研究背景 ·· 195

　　5.2.2　统计学领域四大国际期刊数据的收集 ················· 197

　　5.2.3　统计学学者合作网络构建与描述性分析 ············· 198

　　5.2.4　基于动态逻辑回归的统计学学者合作关系预测 ········· 202

　　5.2.5　总结与讨论 ·· 207

本章参考文献 ··· 208

第 1 章　社交网络数据介绍

近年来,随着互联网信息技术的快速发展,各类社交网络软件/网站(Social Network Software/Sites,SNS)也蓬勃兴起,从国外的 Facebook、Twitter 到国内的微博、微信等诸多社交平台越来越受网民的青睐,活跃用户不断增加。根据第 46 次《中国互联网络发展状况统计报告》显示,2019 年我国有超过 50 款社交产品发布,2020 年新冠肺炎疫情期间,庞大的社交市场和平台体系对国内外信息传播起到了越发重要的作用。SNS 迅猛发展的背后是大规模网络数据的涌现及社交网络分析方法的日益成熟,尤其是在大数据和人工智能技术的推动下,各类复杂网络分析方法及其应用正成为当今学者的一大关注热点。本章介绍社交网络数据的基本概念、主要特征以及社交网络数据的可视化展示。

1.1　社交网络数据的概念与基本特征

网络结构数据是生活中一种常见的数据类型,我们甚至可以在综艺节目中看到它的身影。在江苏卫视的一档科学竞技真人秀节目《最强大脑》中,曾经出过一个题目,该题目给出一张灯阵网络密码图,选手需要在规定时间内记忆这张密码图,推导出灯与灯之间的内在网络联系。随后,两位选手依次点亮其中一盏灯,与此灯相关联的所有灯也会被同时点亮成相同的颜色,共十个回合,最后亮灯多者获胜[①]。要想看懂这个灯阵密码,首先需要了解什么是社交网络数据。在日常生活中,我们无时无刻不在接触社交网络数据,诸如微信、QQ、微博等社交工具,蕴藏着大量的社交网络数据。人们在虚拟社交平台建立了联系(比如微博上用户之间的互相关注),使得看似在物理世界相互独立的个体,其实有着千丝万缕的联系。再比如通信网络,也可以看成是一种社交网络数据,如果把个体之间通过电话定义为一种联系,那么根据每个人的通话详单就可以构建一个社交网络。除此之外,网站

之间的超链接、学术文章的互相引用、邮件往来等都可以看成是具有某种联系的网络结构数据，因此只要我们能够合理地定义一种联系，那么就可以构建出相应的网络结构。如果非要给社交网络数据下一个定义的话，那么社交网络数据就是由网络拓扑结构和附着在该结构上的数据构成的非结构化数据。

1.1.1　节点与边

首先读者需要了解什么是网络拓扑结构，网络拓扑结构是由节点和边构成的一个具有复杂关系的图结构。为了让大家能更直观地了解网络拓扑结构，我们随机生成了一个具有 20 个节点的网络结构（见图 1-1），图中的圆圈代表节点，而节点之间的连线就是边。

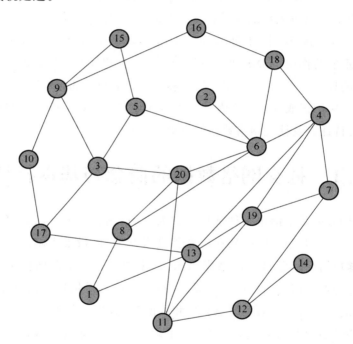

图 1-1　20 个节点的网络图

网络拓扑结构中，根据边的方向可以分为有向图和无向图。如图 1-2 所示，左侧图中边有具体指向，是一个有向图，右侧图中边无具体指向，是一个无向图。有向图类似于单行道，只能从 1 到

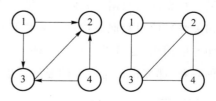

图 1-2　有向图（左）、无向图（右）

2,而不能从 2 返回到 1,而无向图则是可以互相连通的。

　　所谓网络数据,就是"节点"和"边"的集合。如果图 1-1 和图 1-2 理解起来比较抽象,那么不妨给大家举一些现实中常见的网络数据例子:微信网络、电话通信网络、短信网络、邮件网络等,也包括淘宝、微博、大众点评等平台上的好友网络等。在这些网络中,一个"节点"就是一个用户,一条"边"可以定义为用户与用户之间的互动关系,例如发信息、打电话、关注、转发等行为。另外,不可直接被观测到的社交行为数据也可以用于构建网络。举个例子,上市公司存在股权结构,那么公司之间存在的共同持股结构就可以将不同上市公司连接起来,从而可以构建不同上市公司之间的股权结构网络。再比如,消费者会在商家处产生购买行为,而每一笔消费,就可以定义为一条"边",将消费者和商家连接了起来。这里的消费者和商家,是不同的"节点"类型,这也就构成了双模网络。生活中,还可以找出更多网络数据的例子。

1.1.2　邻接矩阵

　　回到《最强大脑》节目中的灯阵,这就是一个拥有更多节点(由 20 个到 100 个)和更多复杂关系的升级版网络图,节目里当大屏幕上显示出 100 盏灯的关系图时,大家肯定在想这么复杂的连接关系要怎么找? 诚然,即便你视力再好,拿着放大镜去寻找灯与灯之间的关系,也是无济于事的。不过不用担心,聪明的人们早就想出了一个巧妙的办法——用邻接矩阵来记录这看似复杂的关系。邻接矩阵是用来表示节点之间相邻关系的矩阵。对于无向图,邻接矩阵一定是对称的,且主对角线全为零,而有向图的邻接矩阵不一定对称。以图 1-2 中的两个简单网络图为例,用表 1-1 的左右两个邻接矩阵进行表示。以左表为例,如果 1 号节点到 2 号节点有一条边,那么相应地在第 1 行第 2 列的格子里记为 1,否则记为 0。

表 1-1　有向图邻接矩阵(左)、无向图邻接矩阵(右)

	1	2	3	4		1	2	3	4
1	0	1	1	0	1	0	1	1	0
2	0	0	0	0	2	1	0	1	1
3	0	1	0	0	3	1	1	0	1
4	0	1	1	0	4	0	1	1	0

　　了解了邻接矩阵,再来看节目的灯阵密码。不难理解,选手们就是通过这样的一个密码图(邻接矩阵)来记忆灯与灯之间的关系。例如图 1-3 中的"小黑点"就是

邻接矩阵里的"1",点亮 10 号灯,和它有关联的 44、49、54、74 和 99 号灯会被同时点亮。这张密码图是一个典型的无向图,因为灯之间是互相联系的,并不存在方向。仔细观察一下,就会发现这张图是完美对称的。

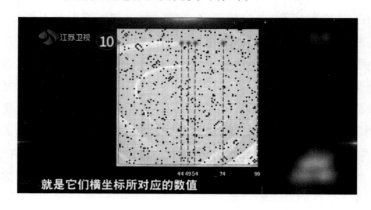

图 1-3　节目中的灯阵密码图对应的邻接矩阵

1.1.3　出(入)度

选手们接下来要做的是依次报灯号,看谁点亮的灯最多。如何做呢?对于每一个行坐标的灯号,选手需要数一数这一行中"小黑点"的个数,个数越多,点亮的灯就越多,于是选手应该先报连接"小黑点"个数最多的灯号。在这个过程中,选手在不知不觉统计节点的度。节点的度定义为与该节点相连的边的条数。对于有向图,又分为出度和入度。根据字面上的含义不难理解:出度就是由该节点指向其他节点的有向边的条数,入度就是由其他节点指向该节点的有向边的条数。根据邻接矩阵的行和与列和能够直接表示出节点的出度与入度。如表 1-1 中的有向图邻接矩阵,对邻接矩阵的行求和,1 号到 4 号节点的出度分别是 2、0、1、2。列求和后,1 号到 4 号的入度分别为 0、3、2、0。对于无向图,某一节点的出度与入度相等,如表 1-1 中的无向图邻接矩阵,矩阵行和与所对应的列和是相等的,1 号到 4 号节点的出(入)度分别为 2、3、3、2。

选手需要在 20 分钟内逐行记忆这个灯阵密码图,包括每盏灯的出(入)度,即某盏灯与哪几盏灯相连。以 A 灯为例,选择 A 灯后,与 A 灯相连的 9 盏灯被同时点亮(如图 1-4 所示)。可以想象,如果此时选手手里有一台笔记本计算机,那么只需要对这 100 盏灯的邻接矩阵做一个行加总的运算,即可得出每一盏灯的出度多少,并且将它们按照降序排列,排在最前面的灯号应该先报。

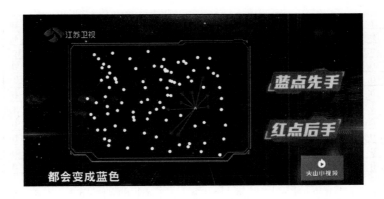

图 1-4　选手选择点亮的灯将变成蓝色

1.1.4　共同"好友数"

以上介绍了邻接矩阵和度的概念。社交网络数据不同于传统的结构化数据，它是一种非结构化的数据类型，关系数据的存储要通过邻接矩阵进行记录，因此，对于该类数据的各种运算就需要读者有一定的线性代数知识。通过对邻接矩阵进行各种代数运算，可以获得一些有趣的结果。

让我们继续回到灯阵密码的比赛现场，显然要想赢得比赛不可能只点亮度数最多的灯，因为按照比赛规则，每个回合根据选手所报灯号，会把与其相关联的灯点亮成该选手的颜色，若所报灯号相关联的灯与先手方重合，则显示为后手方的颜色，即该灯为后手方所有。进一步分析游戏规则可以发现，这个游戏策略主要从两个方面入手：第一，所选灯号关联的灯要尽可能多，因此可以在每个回合中点亮更多的灯；第二，所选灯号关联的灯尽可能多地与对手已经点亮的灯重合，这样可以灭掉对手更多的灯。只知道这两个策略是远远不够的，关键是如何实现这两个战略目标。下面，将以最开始构建的 20 个节点的简单网络图为例，通过实际演练来理解并且运用这两个策略。

对于第一个策略，上文已经给出了答案，即寻找节点度数最多的灯。那么对于第二个策略：灭掉对手的灯，对应到网络数据，实际上是在找两个节点的"共同好友"，找到的"共同好友"越多，就能灭掉对手越多的灯。例如，如果 10 号灯和 44、49、54、74 和 99 号灯相连，同时 11 号灯和 23、49、51、54、88 号灯相连，那么 10 号灯和 11 号灯的"共同好友"就是 49 和 54 号两盏灯。用上文模拟的 20 个节点的网络结构为例进行说明。首先将该网络结构的邻接矩阵定义为 A，如图 1-5 所示。

5

	1	2	3	4	5	6	7	8	9	10	11	12	13	14	15	16	17	18	19	20
1	**0**	0	0	0	0	0	0	1	0	0	0	0	1	0	0	0	0	0	0	0
2	0	**0**	0	0	0	1	0	0	0	0	0	0	0	0	0	0	0	0	0	0
3	0	0	**0**	0	1	0	0	0	1	0	0	0	0	0	0	0	1	0	0	1
4	0	0	0	**0**	0	1	1	0	0	0	0	0	0	0	0	0	0	1	1	0
5	0	0	1	0	**0**	1	0	0	0	0	0	0	0	0	0	1	0	0	0	0
6	0	1	0	1	1	**0**	0	0	0	0	0	0	1	0	0	0	0	0	1	1
7	0	0	0	1	0	0	**0**	0	0	0	0	1	0	0	0	0	0	0	1	0
8	1	0	0	0	0	0	0	**0**	0	0	0	0	0	0	0	0	0	0	0	1
9	0	0	1	0	0	0	0	0	**0**	1	0	0	0	0	0	1	0	0	0	0
10	0	0	0	0	0	0	0	0	1	**0**	0	0	0	0	0	0	1	0	0	0
11	0	0	0	0	0	0	0	0	0	0	**0**	1	1	0	0	0	0	0	1	1
12	0	0	0	0	0	0	1	0	0	0	1	**0**	0	1	0	0	0	0	0	0
13	1	0	0	0	0	1	0	0	0	0	1	0	**0**	0	0	0	1	0	1	0
14	0	0	0	0	0	0	0	0	0	1	0	1	0	**0**	0	0	0	0	1	0
15	0	0	0	0	0	1	0	0	1	0	0	0	0	0	**0**	0	0	0	0	0
16	0	0	0	0	1	0	0	0	1	0	0	0	0	0	0	**0**	0	1	0	0
17	0	0	1	0	0	0	0	0	0	1	0	0	1	0	0	0	**0**	0	0	0
18	0	0	0	1	0	0	0	0	0	0	0	0	0	0	0	1	0	**0**	0	0
19	0	0	0	1	0	1	1	0	0	0	1	0	1	1	0	0	0	0	**0**	0
20	0	0	1	0	0	1	0	1	0	0	1	0	0	0	0	0	0	0	0	**0**

图 1-5　模拟的 20 个节点的邻接矩阵

接下来计算矩阵 $B = AA'$，这里需要复习一下线性代数的知识，A' 表示矩阵 A 的转置，即将 A 矩阵的行和列调换之后的矩阵，此时矩阵 B 中的每一个元素代表的是相应两个节点的"共同好友"数。矩阵 B 如图 1-6 所示。例如，第 1 行第 6 列格子里的数为 1，说明 1 号节点和 6 号节点仅有 1 个共同好友，同理第 3 行第 6 列的数为 2，说明 3 号节点和 6 号节点有 2 个共同好友（从网络图也可以看出，它们的"共同好友"为 5 号节点和 20 号节点）。此外，细心的读者可以发现 B 中对角线元素即为相应节点的出（入）度，因此两个策略可以同时在矩阵 B 中筹划。

明白了上述原理后，可以通过实战演习来加深对以上策略的理解。假设甲为先手方，其灯标记为蓝色；乙为后手方，其灯标记为红色。在第一回合，作为先手方的甲，不需要考虑灭掉对手的灯，因此，选择出（入）度最大的 6 号灯，同时点亮关联的 6 盏灯，总共点亮 7 盏灯，如图 1-7 左图所示。此时，作为后手方的乙，从策略一来说，应该倾向于选择剩余灯中出（入）度最大的 13 号灯或 4 号灯，从策略二来说，他可以选择灭掉对手更多的灯，即选择和 6 号灯有更多共同好友数的 3 号灯。在节目中可以看到，在最开始的几个回合，选手们都倾向于先占领地盘，即点亮出（入）度最大的灯（策略一）。因此，这里假设乙选择点亮 13 号灯。此时，点亮 6 盏灯，同时灭掉甲 1 盏灯，结果如图 1-7 右图所示，第一回合结束，场上比分为 6:6。

	1	2	3	4	5	6	7	8	9	10	11	12	13	14	15	16	17	18	19	20
1	2	0	0	1	0	1	0	0	0	0	1	0	0	0	0	0	1	0	1	1
2	0	1	0	1	1	0	0	1	0	0	0	0	0	0	0	0	0	1	0	1
3	0	0	4	0	0	2	0	1	0	2	1	0	1	0	2	1	0	0	0	0
4	1	1	0	5	1	1	1	1	0	0	2	1	1	0	0	1	1	1	2	1
5	0	1	0	1	3	0	0	1	2	0	0	0	0	0	0	0	1	1	0	2
6	1	0	2	1	0	6	1	1	0	0	1	0	1	1	1	1	0	1	1	1
7	0	0	0	1	0	1	3	0	0	0	2	0	2	1	0	0	1	1	1	0
8	0	1	1	1	1	1	0	3	0	0	1	0	1	0	0	0	0	1	0	1
9	0	0	0	0	2	0	0	0	4	0	0	0	0	0	0	0	2	1	0	1
10	0	0	2	0	0	0	0	0	0	2	0	0	1	0	1	1	0	0	0	0
11	1	0	1	2	0	1	2	1	0	0	4	0	1	1	0	0	1	0	1	0
12	0	0	0	1	0	0	0	0	0	0	0	3	1	0	0	0	0	0	2	1
13	0	0	1	1	0	1	2	1	0	1	1	1	5	0	0	0	0	1	2	1
14	0	0	0	0	0	0	1	0	0	0	1	0	0	1	0	0	0	0	0	0
15	0	0	2	0	0	1	0	0	0	1	0	0	0	0	2	1	0	0	0	0
16	0	0	1	1	0	1	0	0	0	1	0	0	0	0	1	2	0	0	0	0
17	1	0	0	1	1	0	0	0	2	0	1	0	0	0	0	0	3	0	1	1
18	0	1	0	1	1	1	1	1	1	0	0	0	1	0	0	0	0	3	1	1
19	1	0	0	2	0	1	1	0	0	0	1	2	2	0	0	0	1	1	4	1
20	1	1	0	1	2	1	0	1	1	0	0	1	1	0	0	0	1	1	1	4

图 1-6　节点间"共同好友"数矩阵

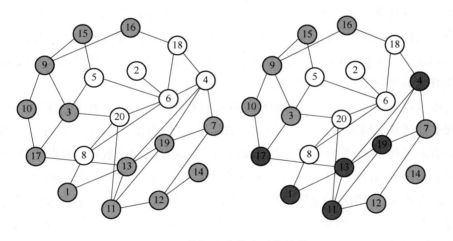

图 1-7　第 1 回合结束时的结果

进入第二回合,目前只有 8 盏灯可以选择。如果甲继续选择具有最大出(入)度的灯,那么有 3 号灯和 9 号灯可供选择,但因为与 3 号灯关联的灯有两盏已经被自己点亮,因此甲在此轮中选择 9 号灯,而此时乙已经没有机会灭掉甲的灯,即使乙选择了 12 号灯,将全部灯点亮,仍然还是蓝色的灯居多,第二回合结束,场上比分为 11∶9,结果如图 1-8 所示。

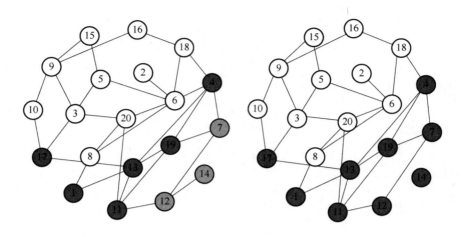

图 1-8 　比赛结束比分

　　这只是列举的其中一个策略,读者们可以自行模拟出不同策略下的比赛结果。比赛双方不同策略的选择会导致不同的结果。一般来说,在比赛开始阶段,比赛双方都会尽可能地点亮更多的灯〔选择出(入)度较大的灯号〕,先占领一定的地盘;在比赛角逐过程中,处于劣势的一方应将重点放在尽可能多地熄灭对手的灯上,这样更容易实现比赛形势的逆转,而处于领先的一方往往更注重于继续点亮更多的灯,保持领先优势,同时尽可能熄灭一些对手的灯。这里仅仅模拟了 20 盏灯的情况,实际比赛要复杂得多,有 100 盏灯,并且选手不能看到灯与灯之间的真实联系,只能在有限的时间内通过记忆灯阵密码图来获得。

　　通过以上这个有趣的例子,相信读者已经对社交网络数据有了初步的了解,并掌握了描述社交网络基本特征的术语,如邻接矩阵、出度、入度等。除了以上这些基本概念之外,本小节再介绍几个常见的用于刻画社交网络数据特征的概念,分别是网络密度、中介中心度、接近中心度和聚类系数。第一,网络密度是指网络中实际存在的边数与可容纳边数上限的比值,该指标能够反映节点相互连接的紧密程度,其值越大表明节点连接越紧密。第二,中介中心度反映了某个节点作为“桥梁”的重要作用,即某个节点处在其他节点对之间的最短路径上的作用,如果一个节点位于网络的中心,那么经过该点的最短路径数的占比就会更高。第三,接近中心度表示节点在整个网络的中心程度,是指一个节点与其他所有节点距离之和的倒数,该值越大说明该点到其他所有节点的距离越小。因此,接近中心度大的节点离其他节点的距离都比较近,处于网络的中间位置。第四,聚类系数可反映节点与其邻接点相互连接的程度,聚类系数越大,说明各节点与其邻接点拥有的相互连接数越多。

在网络结构数据的辅助下,我们可以利用"物以类聚,人以群分"的思想,将个体间潜在的关系用合理的网络模型表达出来,并充分加以利用。比如,在互联网征信问题中,如果通过电话通信记录、微博关注等关系将所有借贷人连接起来,就能利用网络聚类等分析技术识别潜在的违约借贷人。在广告推荐中,通常会面临"冷启动"的问题:对于一个新用户,应该如何推荐广告? 这时,通过分析新用户关注的好友的兴趣爱好,利用好友信息进行广告推荐,也许是一个不错的选择。除此之外,移动通信公司通常会面临用户流失的问题。对于黏性较低的用户,如何及时发现蛛丝马迹,提前采取行动把他们留住? 网络分析技术也是必不可少的工具。以上只是网络分析的几个典型场景,在实际生活中网络数据的应用更是五花八门、包罗万象。在本书的后面几章中,将基于作者过去的研究经历为读者介绍有关社交网络数据在统计建模和实证分析中的一些经验和得出的具有实践价值的结论。

1.2　社交网络数据可视化:igraph 包的使用

社交网络数据作为一种典型的非结构化数据,其可视化展示对于深入理解节点之间的关系和网络布局非常重要。常用的可视化展示工具有 UCINET,Gephi以及 R 语言和 Python 中的 igraph 包,其中 UCINET 和 Gephi 属于界面操作式软件,上手相对容易,区别是前者是付费软件,而后者是免费软件,并且 Gephi 绘制的网络结构图更加美观。如果希望对图进行更细致的绘制,那么推荐学习使用igraph 包进行基本的网络分析,包括图形可视化以及相关社交网络指标的计算。igraph 包是 R 语言与 Python 中重要的网络分析工具,利用待研究的网络数据生成igraph 对象,便可调用许多与网络、图相关的、封装好的函数与算法。本小节以 R语言中 igraph 包的应用为例,进行简单介绍[①]。

1.2.1　图的基本操作

首先需要加载 igraph 包进行网络分析。

```
library(igraph)
```

(1) 图的创建

直接利用 graph 函数即可生成图,参数中 edges 向量依次表示各条边的起点

---

① 　本节的例子均来自该网站:https://kateto.net/networks-r-igraph。

和终点,例如 g1 表示 1 到 2 有条边,2 到 3 有条边,3 到 1 有条边。n 表示节点个数,directed 表示是否是有向图,此例中为无向图(图 1-9)。

```
g1 <- graph(edges = c(1,2, 2,3, 3,1), n = 3, directed = FALSE )
plot(g1)
```

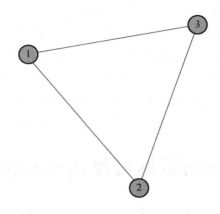

图 1-9　创建无向图

此外,还可以绘制带有孤立节点的网络图(图 1-10),只需将上述代码修改如下:

```
g2 <- graph( edges = c(1,2, 2,3, 3,1), n = 10 )
plot(g2)
```

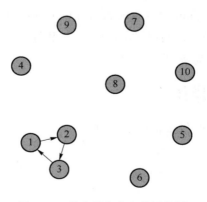

图 1-10　带有孤立节点的网络图

除了用数字表示节点外,还可以直接用人名文本指定,如图 1-11 所示,代码如下:

```
g3 < - graph( c("John", "Jim", "Jim", "Jill", "Jill", "John"))
plot(g3)
```

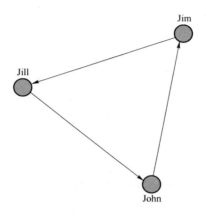

图 1-11　用人名文本表示节点的网络图

还可以对图形进行更细致的绘制,例如指定颜色、字号等,如图 1-12 所示,代码如下:

```
g4 < - graph( c("John", "Jim", "Jim", "Jack", "John", "John","Jack",
"Jesse"), isolates = c( "Janis", "Jennifer", "Justin"))
plot(g4,vertex.color = "gold", vertex.size = 15, vertex.frame.color =
"gray", vertex.label.color = "black", vertex.label.cex = 1, vertex.label.
dist = 2, edge.arrow.size = .5, edge.curved = 0.2)
```

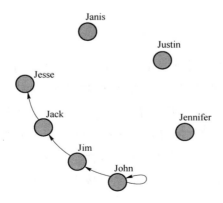

图 1-12　指定网络图的颜色、字号等

11

其中运用 plot 函数可以添加参数修改图像的样式。例如：vertex. color 设置节点颜色，vertex. size 设置节点大小，vertex. frame. color 设置节点边框的颜色，vertex. label. color 设置节点标签颜色，vertex. label. cex 设置节点标签的字体大小，vertex. label. dist 设置节点标签的距离，edge. arrow. size 设置边的箭头大小，edge. curved 设置边的弯曲程度。这些参数在后续的可视化部分亦会提及。

（2）节点与边

给定一个网络图，可以通过相关函数获取图的节点、边以及邻接矩阵等信息。

```
E(g4) ♯图的边,E—Edges
## + 4/4 edges from 75996be (vertex names):
## [1] John -> Jim Jim -> Jack  John -> John  Jack -> Jesse
V(g4) ♯图的节点,V—Vertices
## + 7/7 vertices, named, from 75996be:
## [1] John  Jim   Jack Jesse  Janis  Jennifer   Justin
g4[] ♯获得邻接矩阵,默认稀疏存储
## 7×7 sparse Matrix of class "dgCMatrix"
##          John  Jim  Jack  Jesse  Janis  Jennifer  Justin
## John      1    1     .      .      .        .         .
## Jim       .    .     1      .      .        .         .
## Jack      .    .     .      1      .        .         .
## Jesse     .    .     .      .      .        .         .
## Janis     .    .     .      .      .        .         .
## Jennifer  .    .     .      .      .        .         .
## Justin    .    .     .      .      .        .         .
```

这里提到了稀疏存储，什么是稀疏存储？这是社交网络数据一个比较常见的存储方式。它只记录数据中等于"1"的行标和列标，即只有存在边的位置才显示"1"，否则就不显示，这样是为了节省存储空间，因为大部分的网络结构数据都是非常稀疏的，网络密度很低，也就是说邻接矩阵存在大量的0，如果把这些0都存储下来会非常浪费存储空间，因此，在进行社交网络数据分析时，通常会采取稀疏矩阵存储的方法。读者可以通过修改邻接矩阵来对网络结构进行修改，代码如下：

```
g4[3,3] <- 1 #修改邻接矩阵可以增加边
plot(g4,vertex.color = "gold",vertex.size = 15,vertex.frame.color =
"gray",vertex.label.color = "black", vertex.label.cex = 1, vertex.label.
dist = 2, edge.arrow.size = .5, edge.curved = 0.2)
```

可以看到,Jack→Jack 是通过邻接矩阵新加的边(图 1-13)。还可以为节点和边添加属性,可以理解为"变量名"或者"标签"。

```
V(g4) $ name #在用文本生成图时自动生成的姓名属性
## [1] "John" "Jim"  "Jack" "Jesse" "Janis" "Jennifer" "Justin"
V(g4) $ gender <- c("male", "male", "male", "male", "female", "female",
"male")                 #性别
V(g4) $ country <- c("US", "UK", "US", "France", "Germany", "UK",
"France")                #国籍
E(g4) $ type <- "email"      #为边添加'email'的属性
E(g4) $ weight <- 10         #边的权重,都设置为10
```

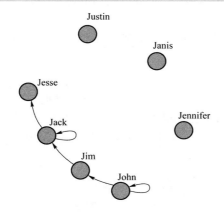

图 1-13　通过修改邻接矩阵来修改网络图

可以通过以下代码来获取已有图中边和节点的属性。

```
edge_attr(g4)
## $ type
## [1] "email" "email" "email" "email" "email"
## $ weight
```

```
## [1] 10 10 10 10 10
vertex_attr(g4)
## $ name
## [1] "John" "Jim" "Jack" "Jesse" "Janis" "Jennifer" "Justin"
## $ gender
## [1] "male" "male" "male" "male" "female" "female" "male"
## $ country
## [1] "US"   "UK"   "US"   "France"   "Germany"   "UK"   "France"
```

除了可以给节点和边添加属性,还可以给图本身添加属性,如下,可以看到 $g4$
变成了有姓名的图。

```
g4 <- set_graph_attr(g4, "name", "Email Network") # 添加 name 属性,取
值为 "Email Network"
graph_attr(g4)
## $ name
## [1] "Email Network"
```

如果希望将图中的男性和女性分别用不同的颜色表示出来,如图 1-14 所示,
可进行如下操作:

```
plot(g4, edge.arrow.size = .5, vertex.label.color = "black", vertex.
label.dist = 2.5, vertex.color = c("pink", "skyblue")[1 + (V(g4)$ gender
== "male")], layout = layout.fruchterman.reingold)
```

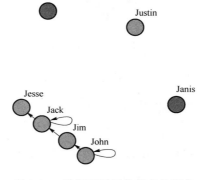

图 1-14   指定不同属性节点的颜色

还可以通过 simplify 函数对图进行简化，remove.multiple 表示是否移除多重边，remove.loops 表示是否移除自环：

```
g4s <- simplify( g4, remove.multiple = T, remove.loops = T)
plot(g4s, vertex.label.dist = 1.5)
```

简化后的图如图 1-15 所示。

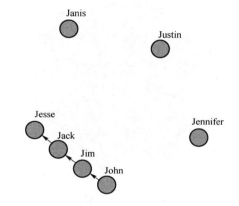

图 1-15　通过 simplify 函数简化网络图

（3）一些特定形式的图

读者可以利用软件包里的函数进行一些特定网络图的绘制。

（a）空图（Empty Graph）：图中没有边的存在，全部为孤立的点，如图 1-16 所示。

```
eg <- make_empty_graph(40) #生成具有 40 个节点的空图
plot(eg, vertex.size = 10, vertex.label = NA)
```

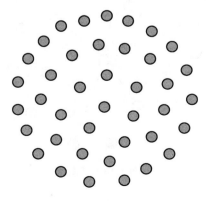

图 1-16　空图

（b）完全图（Complete Graph）：每对节点之间都恰连有一条边的图，对于有向图，则每对节点之间每个方向都恰连有一条边，如图 1-17 所示。

```
fg <- make_full_graph(40)
plot(fg, vertex.size = 5, vertex.label = NA)
```

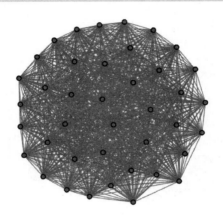

图 1-17　完全图

（c）星图（Star Graph）：有 $n-1$ 个节点度数为 1，仅一个节点度数为 $n-1$ 的图，如图 1-18 所示。

```
st <- make_star(20)
plot(st, vertex.size = 10, vertex.label = NA,edge.arrow.size = 0.5)
```

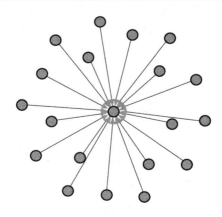

图 1-18　星图

（d）树图（tree graph）：任意两个节点有且只有一条通路的无向图，如图 1-19 所示。

```
tr <- make_tree(40, children = 3, mode = "undirected")
plot(tr, vertex.size = 10, vertex.label = NA)
```

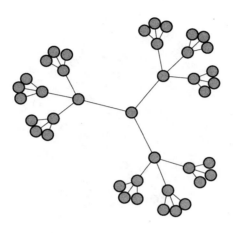

图 1-19　树图

（e）环形图（Ring Graph）：任意一个节点有且只有两条连边的无向图，如图 1-20
所示。

```
rn <- make_ring(40)
plot(rn, vertex.size = 10, vertex.label = NA)
```

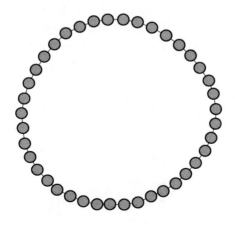

图 1-20　环形图

（f）Erdos-Renyi 随机图：给定节点数与边数，即可随机生成，如图 1-21 所示。

```
er <- sample_gnm(n = 100, m = 40)  # n 为节点数,m 为边的数目
plot(er, vertex.size = 6, vertex.label = NA)
```

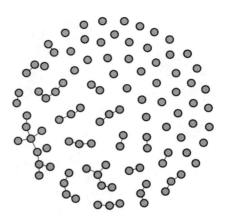

图 1-21　Erdos-Renyi 随机图

读者除了可以自己生成图外，还可以借助 igraphdata 包中自带的 11 个网络数据集进行相应的练习，这些数据都是 igraph 对象，可以直接调用 igraph 包的函数。图 1-22 为 Zachary Karate Club 示例数据网络图。

```
data(package = 'igraphdata') $ results[,3:4]
##       Item              Title
##  [1,] "Koenigsberg"  "Bridges of Koenigsberg from Euler's times"
##  [2,] "UKfaculty"    "Friendship network of a UK university faculty"
##  [3,] "USairports"   "US airport network, 2010 December"
##  [4,] "enron"        "Enron Email Network"
##  [5,] "foodwebs"     "A collection of food webs"
##  [6,] "immuno"       "Immunoglobulin interaction network"
##  [7,] "karate"       "Zachary's karate club network"
##  [8,] "kite"         "Krackhardt's kite"
##  [9,] "macaque"      "Visuotactile brain areas and connections"
## [10,] "rfid"         "Hospital encounter network data"
## [11,] "yeast"        "Yeast protein interaction network"
zach <- graph("Zachary")  # the Zachary karate club
plot(zach, vertex.size = 10, vertex.label = NA)
```

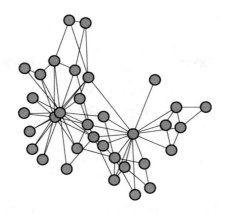

图 1-22 Zachary Karate Club 示例数据网络图

1.2.2 从文件中读取网络数据

上面了解了如何创建图以及生成特定形式的图,下面将从文件中导入网络数据,生成 igraph 对象并进行处理。

(1) 数据集一:17 家美国媒体的相互引用网络

首先用 read.csv 函数读入 17 家美国媒体互引网络的节点与链接的 csv 文件:

```
nodes <- read.csv("./Dataset1 - Media - Example - NODES.csv", header = T, as.is = T)
links <- read.csv("./Dataset1 - Media - Example - EDGES.csv", header = T, as.is = T)
```

查看两组数据的前 6 行:

```
head(nodes)
##    id            media   media.type   type.label   audience.size
## 1 s01         NY Times            1    Newspaper              20
## 2 s02   Washington Post           1    Newspaper              25
## 3 s03 Wall Street Journal         1    Newspaper              30
## 4 s04         USA Today           1    Newspaper              32
## 5 s05          LA Times           1    Newspaper              20
## 6 s06       New York Post         1    Newspaper              50
```

```
head(links)
##   from  to    weight        type
## 1  s01  s02    10      hyperlink
## 2  s01  s02    12      hyperlink
## 3  s01  s03    22      hyperlink
## 4  s01  s04    21      hyperlink
## 5  s04  s11    22        mention
## 6  s05  s15    21        mention
```

接下来,把起点(from)、终点(to)和关系类型(type)均相同的多重边的权重进行加和:

```
links <- aggregate(links[,3], links[,-3], sum)
links <- links[order(links $ from, links $ to),]
colnames(links)[4] <- "weight"
rownames(links) <- NULL
```

最后,以边和节点信息的数据框作为参数,将此数据转为 igrpah 对象:

```
net <- graph_from_data_frame(d = links, vertices = nodes, directed = T)
```

在调用 graph_from_data_frame 函数时,d 参数为数据框形式的边的信息,前两列应为每条边的起点与终点,其余列都会被作为边的属性。vertices 参数为数据框形式的节点信息,第一列为节点的 id,其余列都被作为节点的属性。

有了 igraph 形式的数据,也就可以绘制对应的网络图,如图 1-23 所示。

```
plot(net, edge.arrow.size = .4, vertex.label = NA)
```

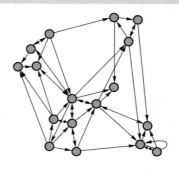

图 1-23　美国 17 家媒体相互引用网络

因为自环在这个数据中没有研究意义，所以可以用 simplify 函数去除自环的相应边。

```
net <- simplify(net, remove.loops = T)
```

可以用 V 函数来查看 igraph 数据 net 中的节点与边及其部分属性：

```
V(net) # 节点
## + 17/17 vertices, named, from 3ca2772:
## [1] s01 s02 s03 s04 s05 s06 s07 s08 s09 s10 s11 s12 s13 s14 s15
s16 s17
```

用 table 函数查看各个节点的媒体类型属性统计结果：

```
table(V(net) $ type.label)
## Newspaper     Online      TV
##       6          6         5
```

从输出结果可以看到，在本数据涉及的 17 家媒体中，6 家为纸媒，6 家为线上媒体，5 家为电视媒体。用 E 函数可以查看此网络数据边的信息：

```
E(net)
## + 48/48 edges from 3ca2772 (vertex names):
## [1] s01->s02 s01->s03 s01->s04 s01->s15 s02->s01 s02->s03
s02->s09 s02->s10 s03->s01
## [10] s03->s04 s03->s05 s03->s08 s03->s10 s03->s11 s03->s12
s04->s03 s04->s06 s04->s11
## [19] s04->s12 s04->s17 s05->s01 s05->s02 s05->s09 s05->s15
s06->s16 s06->s17 s07->s03
## [28] s07->s08 s07->s10 s07->s14 s08->s03 s08->s07 s08->s09
s09->s10 s10->s03 s12->s06
## [37] s12->s13 s12->s14 s13->s12 s13->s17 s14->s11 s14->s13
s15->s01 s15->s04 s15->s06
## [46] s16->s06 s16->s17 s17->s04
```

同样可以用 table 函数查看边的 type 属性：

```
table(E(net) $ type)
## < table of extent 0 >
```

可以看出，在所有的边中，29 条为 hyperlink（超链接提及），20 条为 mention（直接提及）。as_adjacency_matrix 函数可以提取此网络数据的邻接矩阵，默认模式为 0-1 邻接矩阵：

```
as_adjacency_matrix(net)
## 17×17 sparse Matrix of class "dgCMatrix"
##
## s01 . 1 1 1 . . . . . . . . . . 1 . .
## s02 1 . 1 . . . . . 1 1 . . . . . . .
## s03 1 . . 1 1 . 1 . 1 1 1 . . . . . .
## s04 . . 1 . 1 . . 1 1 . . . . . . . 1
## s05 1 1 . . . . 1 . . . 1 . . . . . .
## s06 . . . . . . . . . . . . . . . 1 1
## s07 . . 1 . . . 1 . 1 . . . . 1 . . .
## s08 . . 1 . . . 1 . 1 . . . . . . . .
## s09 . . . . . . . 1 . . . . . . . . .
## s10 . . 1 . . . . . . . . . . . . . .
## s11 . . . . . . . . . . . . . . . . .
## s12 . . . . 1 . . . . 1 1 . . . . . .
## s13 . . . . . . . 1 . . . . . . . . 1
## s14 . . . . . 1 . 1 . . . . . . . . .
## s15 1 . . 1 . 1 . . . . . . . . . . .
## s16 . . . . . 1 . . . . . . . . . . 1
## s17 . . 1 . . . . . . . . . . . . . .
```

如果修改参数 attr 的值为"weight"，也可以生成含边的权重数值的有权邻接矩阵：

```
as_adjacency_matrix(net, attr = "weight")
## 17 × 17 sparse Matrix of class "dgCMatrix"
##
## s01  . 22 22 21  .  .  .  .  .  .  .  .  . 20  .  .
## s02 23  . 21  .  .  .  1  5  .  .  .  .  .  .  .  .
## s03 21  .  . 22  1  .  .  4  .  2  1  1  .  .  .  .
## s04  . 23  .  .  1  .  .  . 22  3  .  .  .  .  .  2
## s05  1 21  .  .  .  .  .  2  .  .  . 21  .  .  .  .
## s06  .  .  .  .  .  .  .  .  .  .  . 21 21  .  .
## s07  .  1  .  . 22  . 21  .  .  .  4  .  .  .  .
## s08  .  2  .  . 21  . 23  .  .  .  .  .  .  .  .
## s09  .  .  .  .  . 21  .  .  .  .  .  .  .  .  .
## s10  .  2  .  .  .  .  .  .  .  .  .  .  .  .  .
## s11  .  .  .  .  .  .  .  .  .  .  .  .  .  .  .
## s12  .  .  2  .  .  .  .  . 22 22  .  .  .  .
## s13  .  .  .  .  .  . 21  .  .  .  .  .  1
## s14  .  .  .  .  .  1  . 21  .  .  .  .  .
## s15 22  .  .  1  .  4  .  .  .  .  .  .  .
## s16  .  .  . 23  .  .  .  .  .  .  . 21
## s17  .  .  4  .  .  .  .  .  .  .  .
```

在将上述网络数据转化为 igraph 类型数据，并获得其邻接矩阵后，接下来，读者可以利用此网络数据探究与节点和边相关的参数。igraph 包中的 plot 函数实际是 plot.igraph 函数的简写，该函数具有一系列参数可用于调整网络图形，使其达到理想的可视化效果。

① 直接在 plot 函数中加入参数

plot.igraph 函数中常用的与节点和边相关的参数如图 1-24 所示。

例如，如图 1-25 所示，可以通过 edge.arrow.size 参数来修改网络图中边的箭头大小，通过 edge.curved 参数来修改边的弯曲程度，节点大小可以通过 vertex.size 参数进行修改，节点标签之间的距离可以用 vertex.label.dist 参数进行修改。

NODES	
vertex.color	Node color
vertex.frame.color	Node border color
vertex.shape	One of "none", "circle", "square", "csquare", "rectangle"
	"crectangle", "vrectangle", "pie", "raster", or "sphere"
vertex.size	Size of the node (default is 15)
vertex.size2	The second size of the node (e.g. for a rectangle)
vertex.label	Character vector used to label the nodes
vertex.label.family	Font family of the label (e.g."Times", "Helvetica")
vertex.label.font	Font: 1 plain, 2 bold, 3, italic, 4 bold italic, 5 symbol
vertex.label.cex	Font size (multiplication factor, device-dependent)
vertex.label.dist	Distance between the label and the vertex
vertex.label.degree	The position of the label in relation to the vertex,
	where 0 right, "pi" is left, "pi/2" is below, and "-pi/2" is above
EDGES	
edge.color	Edge color
edge.width	Edge width, defaults to 1
edge.arrow.size	Arrow size, defaults to 1
edge.arrow.width	Arrow width, defaults to 1
edge.lty	Line type, could be 0 or "blank", 1 or "solid", 2 or "dashed",
	3 or "dotted", 4 or "dotdash", 5 or "longdash", 6 or "twodash"
edge.label	Character vector used to label edges
edge.label.family	Font family of the label (e.g."Times", "Helvetica")
edge.label.font	Font: 1 plain, 2 bold, 3, italic, 4 bold italic, 5 symbol
edge.label.cex	Font size for edge labels
edge.curved	Edge curvature, range 0-1 (FALSE sets it to 0, TRUE to 0.5)
arrow.mode	Vector specifying whether edges should have arrows,
	possible values: 0 no arrow, 1 back, 2 forward, 3 both
OTHER	
margin	Empty space margins around the plot, vector with length 4
frame	if TRUE, the plot will be framed
main	If set, adds a title to the plot
sub	If set, adds a subtitle to the plot

图 1-24   plot.igraph 函数中与节点和边相关的参数

```
plot(net, edge.arrow.size = .4, edge.curved = .1, vertex.size = 8,
vertex.label.dist = 2)
```

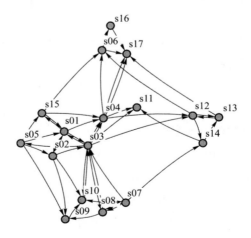

图 1-25   修改网络图中边的箭头大小、弯曲程度、节点大小以及标签距离

如图 1-26 所示,还可以修改节点颜色(vertex. color 参数)、节点边框颜色(vertex. frame. color 参数)、节点标签值(vertex. label 参数)、节点标签字体颜色(vertex. label. color 参数)以及节点标签字号(vertex. label. cex 参数)。

```
plot(net, edge. arrow. size = . 4, vertex. size = 15, vertex. color = "pink", vertex. frame. color = " yellow", vertex. label = V(net) $ media, vertex. label. color = "darkblue",vertex. label. cex = 0.8)
```

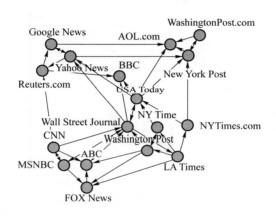

图 1-26　修改网络图中节点颜色、节点边框颜色等参数

② 根据节点与边的属性赋予图像特征

例如,可以根据各个节点的媒体类型来赋予节点不同的颜色,这里设置报纸媒体为灰色节点,电视媒体为橙色节点,线上媒体为金色节点。

```
color3 <- c("gray50", "tomato", "gold")
V(net) $ color <- color3[V(net) $ media. type]
```

也可以根据媒体观众的规模来设置节点的大小,根据边的权重来设置边的宽度:

```
V(net) $ size <- V(net) $ audience. size * 0.3
E(net) $ width <- E(net) $ weight/8
```

还可以设置边的箭头大小、颜色,如图 1-27 所示。

```
V(net) $ label <- V(net) $ media
E(net) $ arrow.size <- .5
E(net) $ edge.color <- "gray80"
plot(net, vertex.label.dist = 2)
```

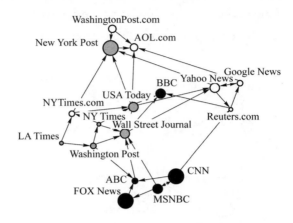

图 1-27　修改边的箭头大小、颜色等

设置标签缺失,作图不显示,并加入节点颜色的图例,如图 1-28 所示。

```
V(net) $ label <- NA
plot(net)
legend(x = -1, y = -1.1, c("Newspaper","Television", "Online News"),
pch = 21, col = "#777777", pt.bg = color3, pt.cex = 2.5, bty = "n", ncol = 3)
```

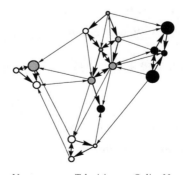

○ Newspaper　● Television　○ Online News

图 1-28　设置标签缺失和图例等

可以看出,通过将节点与边的属性反映到图像中,更有利于把握网络特征。若节点较多,不加标签也可以帮助我们更加清晰地理解网络图。

如图 1-29 所示,还可以设置边的颜色与起点相同,这样作图更有利于发现不同类别节点所发出的边的特点。具体可以通过 ends 函数实现,ends 函数可以获取边的两个端点,返回结果的第一列即为起点。

```
edge. start <- ends(net, es = E(net), names = F)[,1]
edge. col <- V(net) $ color[edge. start] #将边的颜色设置为起点的颜色
par(mar = c(0,0,0,0))
plot(net, edge. color = edge. col, edge. curved = .1)
```

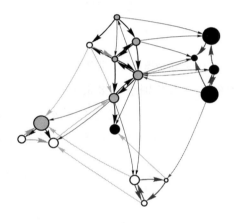

图 1-29 设置边的颜色与其起点相同

在网络图的节点位置也可以只保留标签文本,这经常应用在语义分析的场景中,如图 1-30 所示。

```
par(mar = c(0,0,0,0))
plot(net,vertex. shape = "none",vertex. label = V(net) $ media,vertex.
label. font = 2,vertex. label. color = "gray40",vertex. label. cex = . 7,edge.
color = "steelblue",edge. arrow. size = 0.4,edge. width = 1.5)
```

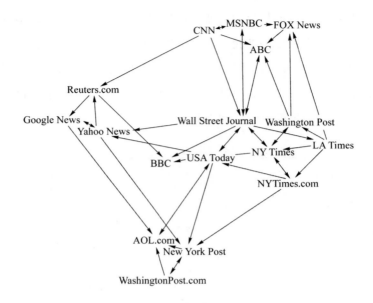

图 1-30　在网络图的节点位置只保留标签文本

　　读者还可以按照边的类别来分别绘制多张图。从上一个部分可以知道,此网络中的边在该数据集中可以分为两类:一类是超链接(hyperlink);一类是直接提及(mention)。那么可以分别获取仅包含其中一类边的子图,然后绘制其图像。

```
net.m <- net - E(net)[E(net) $ type = = "hyperlink"]# 删去 hyperlink,
获取仅含 mention 的子图

net.h <- net - E(net)[E(net) $ type = = "mention"]# 删去 mention,获取
仅含 hyperlink 的子图
```

　　现在分别绘制两张子图,见图 1-31 和图 1-32。

```
plot(net.h, vertex.color = "orange",layout = layout_on_grid,main = '
Hyperlink edges')
```

Hyperlink edges

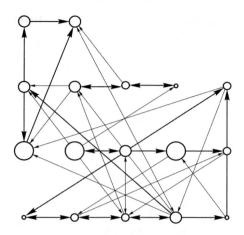

图 1-31 仅绘制一类边的子网络图（hyperlink 子图）

```
plot(net.m, vertex.color = "steelblue", layout = layout_on_grid,main
='Mention edges')
```

Mention edges

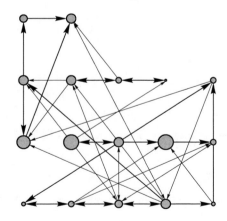

图 1-32 仅绘制一类边的子网络图（mention 子图）

③ layout 布局参数

实际上，在上一部分绘制子图的过程中可以发现，网络图的绘制还有一个重要
参数——layout 参数。layout 参数调用不同算法为节点生成坐标，用于绘图。为

了更好地说明,现在随机生成一个更大的,具有 80 个节点和 150 条边的网络图,如图 1-33 所示。

```
net.bg <- sample_gnm(n = 80, m = 150)
V(net.bg) $ size <- 8
V(net.bg) $ label <- NA
plot(net.bg)
```

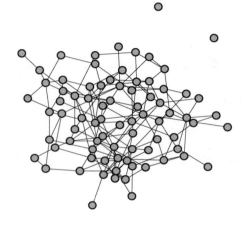

图 1-33   随机绘制含 80 个节点与 150 条边的网络图

还可以采用随机布局、圆形布局、球体布局、网格布局等形式来绘制网络图,如图 1-34、图 1-35 所示。

```
par(mfrow = c(1,2))
plot(net.bg, layout = layout_randomly)   ♯随机布局
plot(net.bg, layout = layout_in_circle)  ♯圆形布局
```

```
par(mfrow = c(1,2))
plot(net.bg, layout = layout_on_sphere)  ♯球体布局
plot(net.bg, layout = layout_on_grid )   ♯网格布局
```

此外,还有两种常用的算法布局,即 Kamada Kawai 算法与 Fruchterman-Reingold 算法布局,如图 1-36 所示。

```
par(mfrow = c(1,2))
plot(net.bg, layout = layout_with_kk) #Kamada Kawai 算法布局
plot(net.bg, layout = layout_with_fr) #Frucnterman-Reingold 算法布局
```

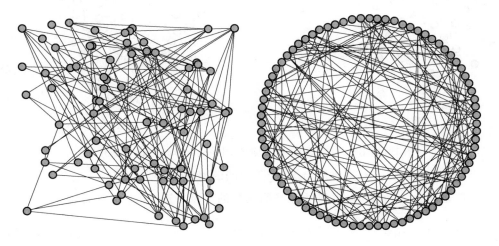

图 1-34　随机布局与圆形布局

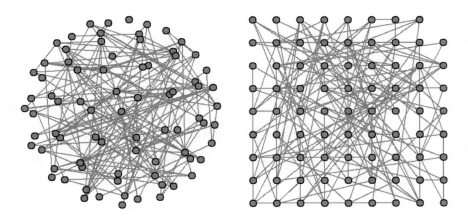

图 1-35　球体布局与网格布局

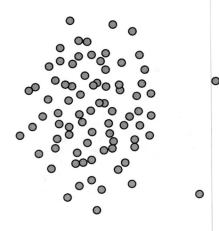 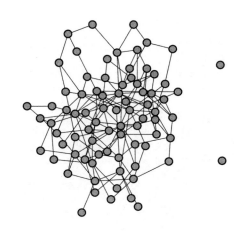

图 1-36　Kamada Kawai 算法与 Fruchterman-Reingold 算法布局

（2）数据集二：10 家媒体与 20 个用户间的网络

首先读入 10 家媒体与 20 个用户间网络的节点与连接的 csv 文件：

```
nodes2 < - read. csv (". /Dataset2 - Media - User - Example - NODES.csv",
header = T, as. is = T)

    links2 < - read. csv (". /Dataset2 - Media - User - Example - EDGES.csv",
header = T, row. names = 1)
```

查看前 6 行：

```
head(nodes2)
##    id    media    media.type    media.name    audience.size
## 1 s01    NYT           1         Newspaper          20
## 2 s02    WaPo          1         Newspaper          25
## 3 s03    WSJ           1         Newspaper          30
## 4 s04    USAT          1         Newspaper          32
## 5 s05  LATimes         1         Newspaper          20
## 6 s06    CNN           2              TV             56
head(links2)
##    U01   U02   U03   U04   U05   U06   U07   U08   U09   U10   U11
       U12   U13   U14   U15   U16   U17   U18   U19   U20
```

```
## s01  1   1   1   0   0   0   0   0   0   0   0
        0   0   0   0   0   0   0   0   0

## s02  0   0   0   1   1   0   0   0   0   0   0
        0   0   0   0   0   0   0   0   1

## s03  0   0   0   0   0   1   1   1   1   0   0
        0   0   0   0   0   0   0   0

## s04  0   0   0   0   0   0   0   0   1   1   1
        0   0   0   0   0   0   0   0   0

## s05  0   0   0   0   0   0   0   0   0   0   1
        1   1   0   0   0   0   0   0

# s 06  0   0   0   0   0   0   0   0   0   0   0
        0   1   1   0   0   1   0   0   0
```

这里的边是关联矩阵的形式。

```
links2 <- as.matrix(links2) # 转化为矩阵形式存储
dim(links2)
## [1] 10 20
links2
##    U01  U02  U03  U04  U05  U06  U07  U08  U09  U10
##    U11  U12  U13  U14  U15  U16  U17  U18  U19  U20
## s01 1    1    1    0    0    0    0    0    0    0
        0    0    0    0    0    0    0    0    0    0
## s02 0    0    0    1    1    0    0    0    0    0
        0    0    0    0    0    0    0    0    0    1
## s03 0    0    0    0    0    1    1    1    1    0
        0    0    0    0    0    0    0    0    0    0
## s04 0    0    0    0    0    0    0    0    1    1
```

1	0	0	0	0	0	0	0	0	0
## s05 0	0	0	0	0	0	0	0	0	0
1	1	1	0	0	0	0	0	0	0
## s06 0	0	0	0	0	0	0	0	0	0
0	0	1	1	0	0	1	0	0	0
## s07 0	0	0	0	0	0	0	0	0	0
0	0	0	1	1	1	0	0	0	0
## s08 0	0	0	0	0	0	0	0	0	0
0	0	0	0	0	1	1	1	1	0
## s09 0	0	0	0	0	1	0	0	0	0
0	0	0	0	0	0	0	0	1	1
## s10 1	0	0	0	0	0	0	0	0	0
1	0	0	0	0	0	0	0	0	0

这是一个典型的双模网络对象,由于该网络的关系矩阵不是方阵,因此它的"邻接矩阵"生成则应采用 graph_from_incidence_matrix 函数。

```
net2 <- graph_from_incidence_matrix(links2)
# 这里 layout 采用 layout_as_bipartite,以二分图布局绘图
plot(net2,layout = layout_as_bipartite,vertex. label = NA, vertex. size
= 4, vertex. color = c('steelblue','orange')[1 + V(net2) $ type])
```

从图 1-37 中可以看出明显的双模网络(Two-Mode Network)结构。该可视化还可以更加丰富。

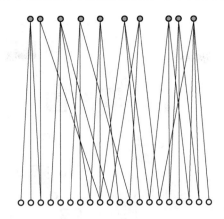

图 1-37　从关联矩阵生成二分图(双模网络)结构

```
# 为不同类节点设置不同颜色与形状：
V(net2) $ color <- c("steelblue", "orange")[V(net2) $ type + 1]
V(net2) $ shape <- c("square", "circle")[V(net2) $ type + 1]
# 仅对一类节点进行标签标注：
V(net2) $ label <- NA
V(net2) $ label[V(net2) $ type == F] <- nodes2 $ media[V(net2) $ type == F]
V(net2) $ label.cex = .6
plot(net2, vertex.label.color = "brown", vertex.size = (2 - V(net2)
$ type) * 8)
```

对于双模网络图,内置的节点属性"type"表示了节点所属的模(Mode),如图 1-38 所示。它是布尔逻辑变量,FALSE 表示节点属于第一类,TRUE 表示节点属于第二类。

```
V(net2) $ type
## [1] FALSE   FALSE   FALSE   FALSE   FALSE   FALSE   FALSE   FALSE
FALSE  FALSE   TRUE    TRUE    TRUE    TRUE
## [15]  TRUE    TRUE    TRUE    TRUE    TRUE    TRUE    TRUE    TRUE    TRUE
TRUE   TRUE    TRUE    TRUE    TRUE
## [29]  TRUE    TRUE
table(V(net2) $ type)
## FALSE   TRUE
##   10     20
```

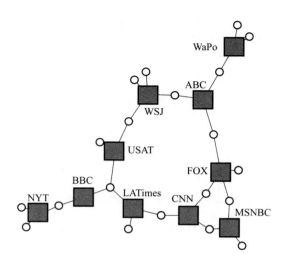

图 1-38　修改双模网络图像的节点属性

可以看出，net2 网络中的节点分为了两类，分别有 10 个和 20 个节点。接下来把 nodes2 中的信息添加至节点的属性中：

```
V(net2) $ media = nodes2 $ media
V(net2) $ media.type = nodes2 $ media.type
V(net2) $ media.name = nodes2 $ media.name
V(net2) $ audience.size = nodes2 $ audience.size
```

双模网络中的两种节点可以通过"投影"生成两个单模网络（One-Mode Network），如图 1-39 所示，单模网络中，两个节点间是否有边连接，取决于二者是否在原双模网络中有相同的邻接点。

```
V(net2) $ label <- nodes2 $ media[V(net2)]
net2.bp <- bipartite.projection(net2) ♯利用 bipartite.projection 函
数计算 net2 的投影图
par(mfrow = c(1,2))
plot(net2.bp $ proj1, vertex.label.color = "black", vertex.label.dist = 2,
    vertex.label = V(net2) $ media[V(net2) $ type = = FALSE])
plot(net2.bp $ proj2, vertex.label.color = "black",vertex.label.dist = 2,
    vertex.label = V(net2) $ media[V(net2) $ type = = TRUE])
```

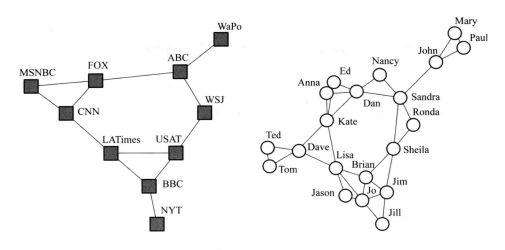

图 1-39　通过双模网络"投影"生成两个单模网络

为了确定投影所得的单模网络,运用了 igraph 内置的 bipartite. projection 函数,但实际上也可以直接由双模网络的关联矩阵计算两个单模网络的邻接矩阵,从而确定单模网络。

```
# 媒体邻接矩阵的数值即表示两个媒体所拥有的共同读者数量
proj1_adjm = as_incidence_matrix(net2)  % * % t(as_incidence_matrix(net2))
colnames(proj1_adjm) = V(net2) $ media[V(net2) $ type = = FALSE]
rownames(proj1_adjm) = colnames(proj1_adjm)
proj1_adjm
```

##		NYT	WaPo	WSJ	USAT	LATimes	CNN	MSNBC	FOX	ABC	BBC
##	NYT	3	0	0	0	0	0	0	0	0	1
##	WaPo	0	3	0	0	0	0	0	0	1	0
##	WSJ	0	0	4	1	0	0	0	0	1	0
##	USAT	0	0	1	3	1	0	0	0	0	1
##	LATimes	0	0	0	1	3	1	0	0	0	1
##	CNN	0	0	0	0	1	3	1	1	0	0
##	MSNBC	0	0	0	0	0	1	3	1	0	0
##	FOX	0	0	0	0	0	1	1	4	1	0
##	ABC	0	1	1	0	0	0	0	1	3	0
##	BBC	1	0	0	1	1	0	0	0	0	2

```
#用户邻接矩阵数值表示两用户共同订阅的媒体数量
proj2_adjm = t(as_incidence_matrix(net2)) % * % as_incidence_
matrix(net2)
colnames(proj2_adjm) = V(net2)$media[V(net2)$type == TRUE]
rownames(proj2_adjm) = colnames(proj2_adjm)
#proj2_adjm
```

本节主要对 igraph 包的基本处理操作进行了简单说明,包括图的创建、节点与边的基本属性、从文件导入网络数据、网络的可视化,但这只是网络分析的一小部分,还有诸多内容值得学习,例如子图的分割、团体的识别等。igraph 包还提供了大量的相关函数用于网络分析,另外,可以进行网络分析的包还有 sand、networkD3 等,值得大家进一步探索。

1.3 网络数据可视化案例:基于 UCINET 的双模网络分析

本节的案例改编自作者已发表的学术论文《中国电影圈主要导演和演员合作网络的结构特征分析》,主要阐述如何进行网络数据可视化以及从中挖掘有价值的结论。

1.3.1 案例背景介绍

本案例研究的是导演-演员的双模网络关系。一部电影的成功与否和导演与演员的共同合作是分不开的,所以研究导演-演员的合作网络关系对理解电影行业的发展非常重要。对于不同节点的网络结构分析,本案例采用了双模(Two Mode)网络分析方法,在双模网络中,分析的节点来自不同的群体,例如在本案例中就有两个群体:导演群体和演员群体。分析的关系则是一个群体的节点与另一个群体的节点建立的关系,如导演与演员通过影片建立起关系。

双模网络分析可以帮助我们了解导演和演员在合作关系中的地位和特征。本案例运用导演与演员双模网络中的三种中心度(Centrality)来描述导演、演员各自所处的网络的结构特点,这三种中心度分别是点度中心度(Degree Centrality)、接近中心度(Closeness Centrality)和中介中心度(Betweenness Centrality)(Borgatti et al, 1997)。点度中心度被定义为与该节点相连的边的边数。在双模网络中,导演的点度中心度为与该导演有过合作的演员的人数,而演员的点度中心度为与该演员有过合作的导演的人数,该指标衡量了网络中节点之间连接的紧密程度。一个有着高中心度水平的节点,是网络中的行为所在地,度值高的节点与很多其他节点直接关联,或是邻接,这是显示关系信息的主要渠道,也表示它占据了网络的中心位置,相反,度值低的节点显然处于网络的边缘位置,这样的节点在关系进程中是不活跃的。接近中心度,顾名思义表示一个节点与其他节点的接近程度(Freeman L C,2013),最简单的量化方法由 Sabidussi(1966)提出,即节点接近度由距离函数来度量,节点 i 与其他所有节点的总距离的倒数即为该节点的接近中心度。如果网络中的某个节点与其他节点的距离很短,则在传播信息上它就会扮演很重要的角色,也就是说一个节点的接近中心度与该节点到其他节点的距离总和成反比。值得注意的是,在双模网络中不同群体之间节点的最短距离为1,但是同一群体之间节点的最短距离为2,因为在同一群体中节点之间的距离要靠另一个群体的节点进行联系。最后,中介中心度度量的是一个节点处在其他两个节点中间的程度。如果某个节点位于它与其他节点的最短路径上,该节点就处于中心。这说明为了有一个大的中介中心度,节点必须处在能通过更多节点的最短路径之间。即如果一个节点处在许多交往网络的路径上,那么它很有可能处于重要的地位,因为此时此刻该节点的位置就像一个交通枢纽一样拥有控制资源信息的能力。

除了用这三个中心度来刻画导演-演员的双模网络结构特征,本案例还研究了组织成员的"派系"关系,即在导演与演员群体中是否存在着固定的合作关系,比如是不是香港导演更愿和香港演员合作,而内地导演更愿意和内地演员合作。为了研究组织成员的派系关系,引入区块(Block)这个概念,区块是对社会网络关系矩阵的一种重组,这种重组可以依据某种社会属性,比如性别、国籍等。在本案例中,按照地区将导演与演员的网络邻接矩阵进行重组,考察区块内和区块间联系密度的差异和变化。通过对比这些差异和变化,可以对导演与演员群体的组织结构特征有一定的了解。

1.3.2 数据介绍

本案例研究的是导演—演员的双模网络关系,因此首先从导演出发,然后确定与之合作的主要演员。为了研究合作网络随时间的动态变化,本案例关注 2004 年至 2013 年这 10 年间在中国内地上映的电影,数据来自国内专业电影资料库——时光网。首先从网上的"中国著名导演名录"中筛选出中国〔包括内地(大陆)和港台〕在 2004 年至 2013 年近 10 年有电影作品在内地上映的 82 名导演,基本涵盖了这个时期内所有的知名导演;然后收集这 82 名导演在 2004 年至 2013 年拍摄并在内地上映的所有电影,合计 342 部,以及这些电影的主演,合计 854 人。在导演中,来自内地(大陆)、香港、台湾的导演各占 56%、34% 和 10%,这些导演在 10 年里拍摄电影最少为 1 部,最多达 23 部,平均为 4.17 部。在演员中,来自中国内地(大陆)、香港、台湾,以及海外的演员各占 39%、28%、17% 和 16%。

案例使用社会网络分析专用软件 UCINET 进行数据处理,包括绘制网络结构图和计算网络结构参数(网络密度、点度中心度、接近中心度和中介中心度等)。其中,网络结构图使用 UCINET 里的 Netdraw 实现。密度代表图中各个点之间关联的紧密程度,它的计算公式是用网络中实际拥有的连线数除以可能拥有的最大连线数,在双模网络中,由于节点来自两个群体,所以可能拥有的最大连线数是 $m \times n$,其中 m 和 n 分别代表两个群体的节点个数。双模网络中这三种中心度的计算与单模网络中的计算并不一样,正因为在双模网络中存在两种不同的节点,所以对三种指标的标准化计算会有一些不同,本案例使用 Borgatti 和 Everett 的方法来计算三种指标的标准化数值。在具体计算中,使用 UCINET 6.5 版本里的双模网络分析模块进行计算。

具体地,令 $G(A+E,R)$ 代表导演-演员的双模网络,其中 A 和 E 分别代表导演和演员集合,R 代表导演与演员之间的合作关系。其中导演集合的大小为 n,演员集合的大小为 m。用 C_D、C_C、C_B 分别代表非标准化的点度中心度、接近中心度和中介中心度,则:

(1) 导演(x)标准化的点度中心度为 $\dfrac{C_D(x)}{m}$;

(2) 演员(y)标准化的点度中心度为 $\dfrac{C_D(y)}{n}$;

(3) 导演(x)标准化的接近中心度为 $\dfrac{m+2n-1}{C_C(x)}$;

(4) 演员(y)标准化的接近中心度为 $\dfrac{n+2m-1}{C_C(y)}$;

(5) 导演(x)标准化的中介中心度为 $\dfrac{C_B(x)}{\frac{1}{2}\left[m^2(s+1)^2+m(s+1)(2t-s-1)-t(2s-t+3)\right]}$,

其中 s 代表 $(n-1)/m$ 的整数部分,t 代表余数部分;

(6) 演员(y)标准化的中介中心度为 $\dfrac{C_B(y)}{\frac{1}{2}\left[n^2(p+1)^2+n(p+1)(2r-p-1)-r(2p-r+3)\right]}$,

其中 p 代表 $(m-1)/n$ 的整数部分，r 代表余数部分。

1.3.3　分析结果

（1）网络基本特征分析

首先对导演-演员的双模网络进行描述性分析，在双模网络中定义"关系"为导演与演员合作过一部电影，因此这是一种无向关系，网络密度可以刻画一个网络中各个节点的合作紧密程度。该合作网络由 82 名导演和 854 名演员构成，网络密度为 0.026，即观察到的合作关系只是理论上的最大值的 2.6%，说明这是一个非常稀疏的网络结构。接下来汇报该双模网络中导演和演员的三种中心度的描述性统计（见表 1-2）。

表 1-2　双模网络三种中心度的描述性统计

成员类别	中心度	均值	标准差	最小值	最大值
导演	点度中心度	27.33	25.67	4	143
		(0.032)	(0.030)	(0.005)	(0.167)
	接近中心度	3 406	406.39	2 749	4 540
		(0.303)	(0.035)	(0.224)	(0.370)
	中介中心度	10 653.23	10 105.32	436.56	56 753.32
		(0.024 4)	(0.023)	(0.001)	(0.130)
演员	点度中心度	2.624	3.115	1	26
		(0.032)	(0.038)	(0.012)	(0.317)
	接近中心度	3 946	464.09	2 895	5 488
		(0.459)	(0.052)	(0.326)	(0.618)
	中介中心度	588.5	1 705.3	0.000	17 702.65
		(0.001)	(0.004)	(0.000)	(0.041)
网络中心度（导演）		1.673%			
网络中心度（演员）		0.281%			

其中括号里的数字是将各个指标标准化的结果。从非标准化的指标可以看到在该双模网络中导演平均和 27 个演员合作过，其中最多的有 143 个演员，而演员平均和 3 个导演有过合作，其中最多的有 27 个导演。平均来说，演员的接近中心度要大于导演，说明在该网络中，比起导演，演员作为信息交流者更有效率，他们能快速地与其他节点产生内在连接。导演的平均中介中心度要远远大于演员，说明导演在双模网络中处在比较重要的位置，对资源信息的控制能力较强。从表 1-2

中可以看到导演的网络中心度要明显高于演员(1.673%比0.281%高很多),这说明导演之间的集中程度要高于演员。这很容易理解,因为在一部电影中通常只有一个导演但却有很多个演员,因此一个导演可以同时和多个演员有合作关系。而演员的集中程度之所以低可能是因为演员的数量相对于导演要多很多,一个演员同时和多个导演合作的可能性比较小,这就导致了演员的中心度较低。除此之外还统计了点度中心度排在前5位的导演和演员的情况,详见表1-3。

表1-3　点度中心度前5位的导演和演员情况

成员类别	姓名	地区	点度中心度	接近中心度	中介中心度
导演	王晶	香港	143	2 749	56 753.32
	杜琪峰	香港	123	2 889	25 320.71
	叶伟信	香港	83	2 906	37 107.94
	麦兆辉	香港	82	2 931	26 193.84
	刘伟强	香港	82	2 889	33 178.86
演员	古天乐	香港	26	2 992	6 476.58
	吴彦祖	香港	22	3 084	9 067.21
	甄子丹	香港	19	2 992	8 635.44
	梁家辉	香港	18	2 938	15 975.56
	林雪	香港	18	3 331	2 590.63

从表1-3中可以发现无论是导演还是演员,排名前5位的都在香港地区,这也进一步说明了在构建的网络中香港导演和演员确实处于比较重要的地位。而且这些基本是知名导演和知名演员,值得注意的是在演员中林雪可能并不怎么出名,可是搜索之后发现原来这个演员可以算得上是"金牌"配角,几乎在任何一部卖座的电影里都能找到他的身影。在单模网络中,通常认为个体的度数服从幂率分布,那么在双模网络中,两组节点的度数是否也服从幂率分布?为此,可以通过直方图分别展示导演和演员的度分布情况,如图1-40和图1-41所示。

其中直方图的横轴表示度数,纵轴表示拥有该度数的人数,从这两幅图中我们可以看到导演和演员的度数近似于服从幂率分布,共同的特征是有很多人的度数很小,而仅有很少一部分人会有很大的度数。

在导演与演员的关系网络中,本案例主要关注导演与演员的合作关系。重复合作的存在是一个比较明显的信号,说明该导演比较认可该演员,今后建立长期合作关系的可能性比较大。由于在本网络中涉及的节点较多,为了用图示的方法更清晰地展现出导演与演员的合作网络关系,这里仅选取那些合作超过2次的节点进行绘制,得到图 1-42,其中圆圈代表导演节点,方块代表演员节点,圆圈的大小表示该导演在这 10 年间拍摄的电影数,而方块的大小代表演员在这 10 年间参演的电影数,线的粗细代表该导演和演员合作的次数,线越粗说明合作的次数越多。不同的颜色代表来自不同的地区,灰色代表中国香港,白色代表中国内地(大陆),黑色代表中国台湾,其他代表海外。

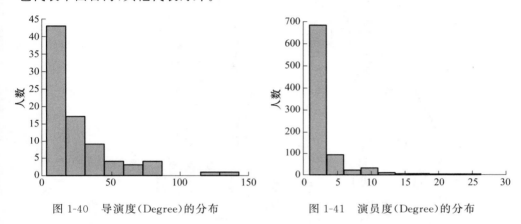

图 1-40　导演度(Degree)的分布　　　图 1-41　演员度(Degree)的分布

　　从图 1-42 中可以看出香港导演比内地导演更容易和演员保持长期关系,他们有更多的"御用演员",在这方面,香港导演杜琪峰表现得尤为突出。从拍片数量看,王晶的产量最高,但是其影响力并不如杜琪峰。整体来看,香港导演的影响力要大于内地导演。演员方面我们可以看到香港的古天乐、吴彦祖和甄子丹是比较高产的演员,内地方面,黄渤、张涵予和高圆圆是比较高产的演员。从图 1-42 中可以看出越是高产的导演,越愿意和高产的演员合作,而且明显香港导演和演员的合作紧密程度要远远高于内地导演与演员。

　　(2) 网络中的子群分析

　　在导演-演员网络中是否存在一些子网络?例如是否香港导演和香港演员更愿意抱团形成一个子群?可以利用图示方法进行成分分析(Component Analysis),分析结果显示在这个大网络中存在一个大的子群,该子群中以香港导演和香港演员为中心,部分内地导演和内地演员处于边缘(见图 1-43)。

　　除了这个大的子群,还有一些小的孤立的子群(见图 1-44),在这些小的孤立子群中,可以看到绝大多数都是内地的导演和演员,而且他们通常是自我抱团,形成一个又一个小团体。从成分分析中不难得出以下两点结论:①香港导演和演员处于这个网络的中心地位,而且合作紧密;②大陆导演和演员更容易形成小团体,而不是进行大范围的紧密合作。

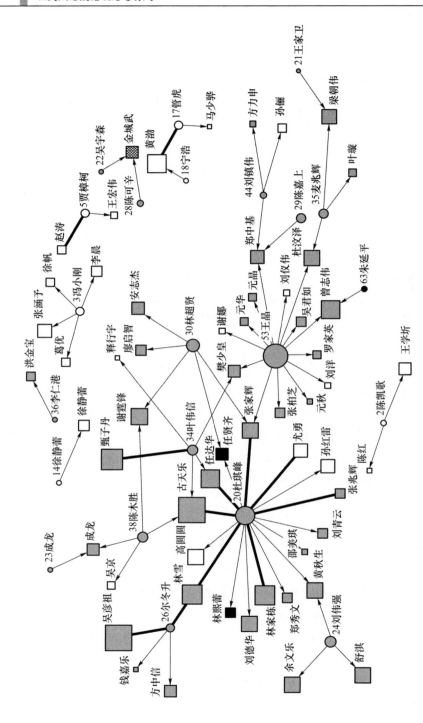

图 1-42　合作超过 2 次的导演-演员网络关系

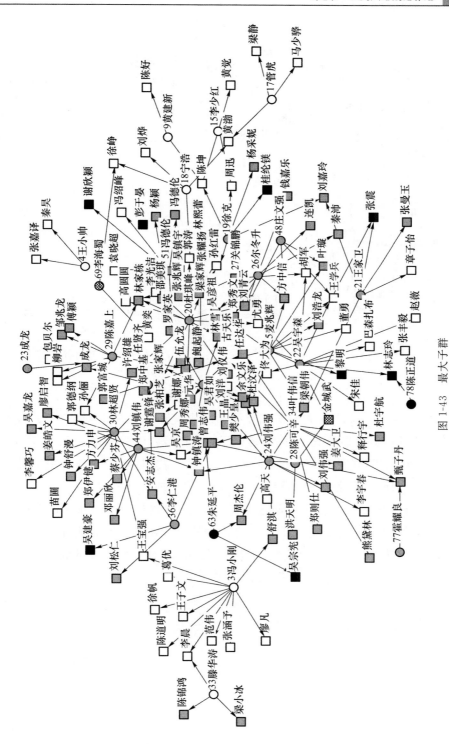

图 1-43 最大子群

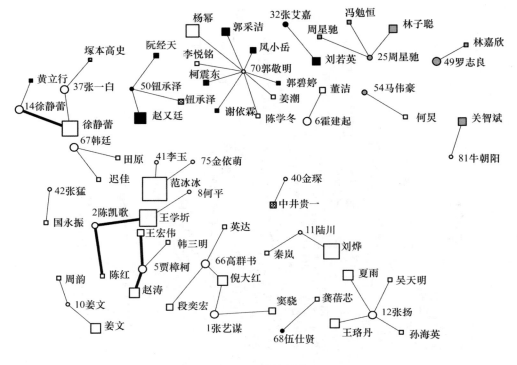

图 1-44 其他子群

从图 1-44 中可以看到,部分香港导演和内地演员有很多次合作。为了揭示香港导演与内地演员合作的变化趋势,选取三个时间段:2004—2006 年、2007—2009年、2010—2013 年,分别画出这三个阶段香港导演与演员合作的关系图。图 1-45至图 1-47 分别说明了这十年中香港导演与演员之间的动态关系。

第一阶段(2004—2006 年),香港导演主要与香港演员合作,几乎没有内地演员。第二阶段(2007—2009 年),已有三个内地演员开始和香港导演有超过一次的合作关系。这阶段上映的电影较少,网络比较稀疏,可能是因为金融危机导致了电影产业的暂时萎靡。但是,到了第三阶段(2010—2013 年),电影数量明显增多,而且与香港导演合作的内地演员增多,显示香港导演已经开始越来越多地和内地演员进行合作。

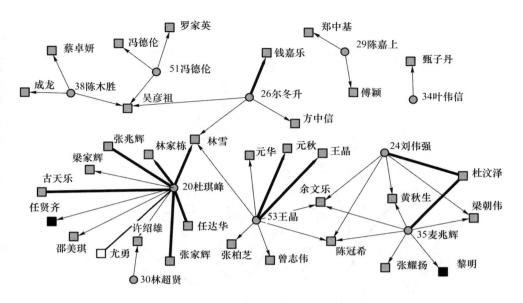

图 1-45 2004—2006 年香港导演与演员合作关系图

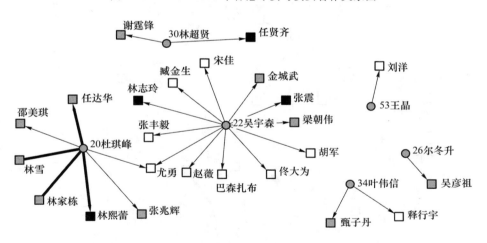

图 1-46 2007—2009 年香港导演与演员合作关系图

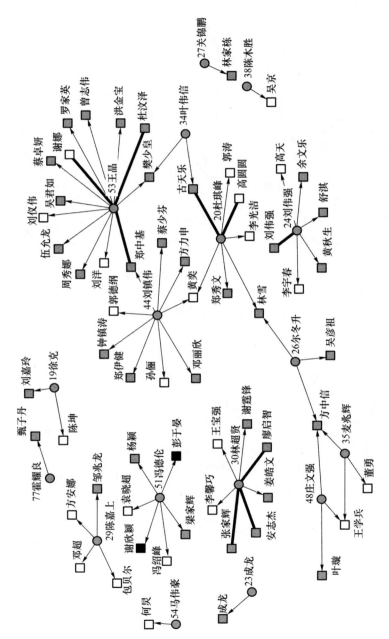

图 1-47 2010—2013 年香港导演与演员合作关系图

接下来,可以通过"派系"分析了解电影圈的结构特点,通过"区块"(Block)分析的方法,将导演-演员的社会关系网络矩阵按照地区进行重组,分为中国港台区、中国内地(大陆)区和海外区,这样原来的社会关系网络矩阵就变成了 3×3 的区块。

表 1-4 做了一个简化,其中对角线的区块表示中国港台导演-演员圈、中国内地(大陆)导演-演员圈和海外导演-演员圈。根据之前的分析,可以看到香港导演与演员之间的合作要比内地(大陆)导演和演员之间的合作紧密,那么在区块分析中,应看到区块 1 的密度要大于区块 2 的密度。另外,前面的分析也显示香港导演有越来越多的和内地演员合作的趋势,因此预测区块 2 的密度也会相对较大。

表 1-4　简化后的社会关系

	中国港台演员	中国内地(大陆)演员	海外演员
中国港台导演	1	2	3
中国内地(大陆)导演	4	5	6
海外导演	7	8	9

通过 UCINET 里的 Block 分析,可以得到 9 个区块的密度如表 1-5 所示。

表 1-5　各个区块的密度

	中国港台演员	中国内地(大陆)演员	海外演员
中国港台导演	0.083	0.029	0.022
中国内地(大陆)导演	0.010	0.030	0.012
海外导演	0.011	0.014	0.031

分析结果均验证了前面的猜测,可以看到在电影"江湖"中确实存在着"派系"关系,至少从地区上来看,同一地区的导演和演员更愿意在一起合作,如果单从导演来看,港台地区的导演更活跃,和各个地区的演员都有比较紧密的合作关系。

1.3.4　总结与讨论

本案例运用双模网络分析对 2004 年至 2013 年这 10 年来中国电影导演-演员的合作数据进行分析,并可视化展示了网络关系结构,从一个不同的视角解读电影圈的人际关系,对该合作网络的基本结构特征、派系及其演变过程做了细致的分析。

首先,导演-演员的双模网络的网络密度只有 0.026,具备了网络的稀疏性,而且通过计算发现无论是导演还是演员,他们的接近中心度都比较小,说明节点与节点之间能通过很短的路径就联系起来,具备小世界特性。

其次,发现香港导演和演员的点度中心度普遍高于内地导演和演员,这说明香港导演和演员占据了该网络的中心位置,他们是信息的主要传播渠道,在网络中是比较活跃的,如果把他们从网络中移出,将会对该网络的结构关系产生巨大影响。此外,演员的接近中心度要普遍高于导演,说明在该网络中,比起导演,演员作为信息交流者更有效率,他们能快速地与其他节点产生内在连接。

最后,演员的中介中心度普遍低于导演,这说明导演更多地位于其他节点间的最短路径上,可以控制网络中其他节点之间的相互作用,可以对其他节点产生一定的压力。在信息传播中导演也扮演着一定重要的角色。

通过对网络中节点的社会属性的分析、成分分析以及区块分析,发现在电影"江湖"有比较明显的地区差异,香港导演和香港演员的合作更为密切,而且香港导演普遍表现出会使用"御用演员"的特征,即更倾向于与同一批演员反复合作。这种比较紧密的网络结构有利于沟通与资源分享,建立信任和默契,但可能不太有利于外部资源和人才的引进,可能容易产生排外倾向。内地导演和内地演员的合作较多,但是重复合作的频次相对较低,这种结构不利于建立成员之间的信任和默契,容易导致机会主义行为。通过纵向比较发现,2004 年至 2013 年,香港导演表现出越来越多的与内地演员合作的趋势。这将增进内地(大陆)与港台电影圈之间的互动与相互了解,促进人员、信息、技术、资金等方面的交流与共享,并且区块分析也验证了这一趋势,同一地区的导演和演员更容易产生合作,并且中国港台地区的合作密度明显大于中国内地(大陆)和海外地区。另一方面,在地区交叉合作中,也发现中国港台地区的导演更活跃,与其他地区演员的合作有逐步增加的趋势。

本章参考文献

BORGATTI S P, EVERETT M G, 1997. Networks analysis of 2-mode data [J] Social Networks, 19(3), 243-269.

FREEMAN L C, 1978. Centrality in social networks conceptual clarification [J], Social Networks, 1(3): 215-239.

SABIDUSSI G, 1966. The centrality index of graph [J]. Psychometrika, 31: 581-603.

周静,袁瑛,涂平,2016. 中国电影圈主要导演和演员合作网络的结构特征分析[J]. 复杂系统与复杂性科学, 13(3): 69-75.

第 2 章　社交网络数据与空间自回归模型

在过去的几十年里,关于网络结构数据(Network Data)的分析越来越受各个领域学者的关注,这些领域包括但不局限于生物学、数据挖掘、经济学、市场营销以及统计学等。人们见证了形态各异的社交网络(Social Network)的快速发展。例如国外的 Facebook 和 Twitter,国内的 QQ、微博以及微信等。此外,还有各种各样的通信网络、互联网络、生物信息网络等。伴随着各种网络的快速发展,网络数据的统计分析也越来越受学者的重视。网络数据和传统数据最大的区别在于其复杂的相关性,而该相关性允许数据沿着网络结构流通。从数据分析的角度,这允许人们通过相连个体的信息增进对关注个体的认识。在传统的研究中,由于受一些技术条件的限制(如计算机的存储能力、计算能力等),研究者很难利用这些网络结构数据。例如,当对消费者进行市场细分预测时,用到的信息几乎全部来自消费者自己(人口统计信息、消费信息、购买偏好信息等),而忽略了来自其朋友的信息,这会大大降低模型的预测精度。随着计算机技术的不断发展,人们可以很容易地接触到这些网络数据,因此获取和存储不再是难事,那么如何利用这些网络结构数据进行建模是本章关注的重点,为此本章将介绍和网络数据建模最密切的一个模型,即空间自回归模型(Spatial Autoregression Model,SAR),本章内容由三小节构成。

本章第 1 节论述了如何利用抽样的网络数据进行空间自相关系数的估计。空间自相关系数是网络数据分析中的一个重要参数。为了估计空间自相关系数,极大似然法被广泛使用。然而,它的使用需要研究者观测到整个网络结构。如果网络规模十分庞大(如 Facebook、Twitter、微博、微信等),这在实践中几乎是不可能完全观测到的。在这种情况下,就必须依靠抽样网络数据来推断空间自相关系数。这样做的后果是未入样的网络节点间的关系(比如连接)就被忽略了,使得获取的网络结构并不完整,这给模型估计造成了严重的后果,即低估了空间自相关系数。为了解决这个问题,第 1 节提出了一个新的估计方法。利用似然函数的一阶泰勒展开式来近似目标函数,该方法被称为近似极大似然估计(AMLE),由于 AMLE

存在一定计算上的局限,进而又提出了成对极大似然估计(PMLE)。PMLE 与 AMLE 相比,在计算上更具有优越性,并在大规模网络数据分析中尤为有用。在一定条件下(不需要假设空间自相关系数很小),可以从理论上证明 PMLE 具有相合性和渐近正态性,模拟结果和真实数据也证明了上述方法的有效性。

本章第 2 节论述了如何在离散选择模型的框架下对空间自相关系数进行估计,该内容是对第 1 节内容的一个有力补充。离散选择模型是实践中最常用的统计模型之一,这类模型的特点是假设个体是独立的,即个体的选择不会受到其他个体的影响。然而,这一被广泛接受的假设似乎并不完备,因为个体并不是独立存在于社会中的。个体之间会互动,并形成复杂的网络。因此,将离散选择模型应用于网络数据时,通常会需要考虑网络相关性。第 2 节关注了 Probit 离散选择模型,通过特殊的模型设定,该模型可以设定为潜在空间自回归模型(Latent SAR)。该模型可被看作经典 SAR 模型的一个扩展。其关键不同在于,该模型的网络相关性是潜在的、不可观察的,但可用二元响应变量加以度量。而相应的参数估计则因目标函数过于复杂变得极具挑战。根据复合似然函数的思想,可以构建近似成对极大似然估计(APMLE)对空间自相关系数进行估计。数值模拟和实际数据(如新浪微博数据)都证明了该估计量的可靠性。

本章第 3 节论述了如何在一个动态的网络结构中进行节点关系的预测。在社会网络中,人与人之间的关系会随着时间的推移而发生变化,原先相熟的两个人会成为陌生人,而原本陌生的人又由于某种机缘巧合而成为相熟的人。那么在一个动态的网络系统中,如何根据已有的历史信息(包括个体信息和网络结构信息)和网络结构来对节点之间未来的关系进行预测就成了人们普遍关注的问题之一。本节提出了一个动态逻辑回归的方法用来预测未来节点间的联系。该模型将多种相似性度量纳入一个统一的框架,其中假定研究人员可以观测到一个时间序列上的网络结构信息,并且利用网络的历史信息 $\mathscr{F}_{t-1}=\sigma\{\mathscr{A}_{t-1},\mathscr{A}_{t-2},\cdots,\mathscr{A}_0\}$ 来预测未来的联系。这种新模型具有优良的表现,首先,它允许网络结构极其稀疏,并且引入了二值随机效应。其次,它还考虑了一系列的网络特性,如互粉性和传递性。然而该模型的似然函数计算十分复杂,这导致标准化的极大似然估计在计算上不可行。为了解决计算复杂度,本节提出了一种条件极大似然估计的方法,该方法对于大规模的网络计算是可行的,最终通过模拟研究以及真实数据研究阐述了估计量的性质。

本章内容是基于作者过往的研究论文整理而成的,论文的详细出处详见本章参考文献,其中涉及理论证明的细节请参见论文原文的附录。

2.1　基于抽样网络数据的空间自相关系数的估计

2.1.1　研究背景

在过去的几十年里,人们对网络数据分析的兴趣激增,许多已出版的文献可以证实这一点,例如 Scott（2008）、Wasserman 等人（1994）、Stahn 等人（1998）、LeSage 等人（2007）。除文献外,还有很多的研究论文,例如 Case（1991）、Brock 等人（2001）、Bervoets 等人（2012）、Lee 等人（2010）等。社会网络分析已经形成一套有关社会结构的分析方法,很多研究者都对空间自相关性产生了兴趣,空间自相关在描述不同节点间的空间相关性方面起着重要作用。一旦网络结构给定,并且对空间自相关系数的估计有了正确的认识,就可以通过推断节点所连接的"朋友"的行为来预测一个节点的行为。这允许从业者可以通过申请人网络中"朋友"的信用记录来评估该申请人的可信度。这让快速、准确和大规模的在线信用评分在实际应用中变得可行。Lee 等人（2010）与 Bronnenberg 等人（2001）也有一些在经济学和营销学中有趣的应用。为了估计空间自相关系数,空间自回归模型和极大似然法被广泛地应用（Ord,1975；Anselin,1980；Lee 等,2010）。

尽管这种方法很受欢迎,但空间自回归模型的实现和对应的极大似然估计的使用是有问题的。主要的问题是使用空间自回归模型时研究者假定模型建立在总体网络的基础上,而统计分析则基于抽样数据进行。不可避免地,入样单元和未入样单元之间产生的社会交互就被忽略了。要解决这个问题,就需要假设整个网络数据是可观测的,然而在现实世界中这种情况很少发生。例如,Facebook 拥有超过 7 亿名的活跃用户,除了 Facebook,没有人能轻松地获得整个网络结构。即使对于 Facebook 自身来说,为了一个研究项目计算整个网络数据也并不明智,因为要付出高昂的成本。一种通用的补救方法是,收集一个与实际数据大小相同的样本,再假定目标网络模型适用于抽样数据。但这里的问题是入样单元和未入样单元之间的自相关性就被忽略了。因此,如果错误地使用了极大似然法,那么真正的空间自相关将被低估（Chen 等,2013）。那么,应该如何对基于抽样的网络数据进行正确的空间自相关系数的极大似然估计,就成了一个值得关注的问题。

根据 Chen 等人（2013）和 Lee 等人（2010）的研究,我们假定一个正态的随机误差项。因此,可以根据抽样数据,严格地给出边际似然函数。由此得到的似然函数涉及观察到的和未观察到的社会网络结构,这在实际中也是无法优化的。于是本节提出一个新的方法来解决这个问题,即暂时假设空间自相关系数很小,因而可以根据空间自相关的一阶泰勒展开式来近似实际的对数似然函数。令人惊讶的是,这样得到的近似结果只包括了观察到的网络结构和节点度数(即关注者或被关注者的数量)。幸运的是,主流的社交网站,比如,Facebook、Twitter、新浪微博等,都对每个节点的成员数量进行了总结。因此,可以很容易获得节点的度数,并进而对近似的对数似然函数进行实际的优化。这就引出了近似极大似然估计(AMLE)。当空间自相关系数相当小时,可以证明 AMLE 具有相合性和渐近正态性。

尽管 AMLE 在理论上具有吸引力,但它付出的计算成本非常高昂。当样本量为 n 时,求解 AMLE 的值需要计算一个 $n \times n$ 的行列式,这使得计算的代价很高。因此,AMLE 并不是大规模网络数据分析的最终解决方案,只能是作为一个中间步骤。不过这个中间步骤引出了新的解决方案。具体来说,对于 n 个样本单元,将其分成不同成对的组合,每对包含两个不同的节点,分别由 i 和 j 表示,这样一共就有 $n(n-1)/2$ 对。对每一成对 $\{i,j\}$ 的组合,并依照 AMLE 的思想,可以得到其对数似然函数的一阶近似。有趣的是,我们发现所得到的目标函数没有空间自相关,除非两个样本 i 和 j 是通过一条或两条边相互连接的。这表明,未连接的对中包含空间自相关的信息很少,并且在参数估计时是可忽略的。因而可以节省下大量的计算成本,因为网络中绝大多数的成对组合是没有任何连接的。将所有相连接对的近似对数似然函数相加,得到新的目标函数,对其进行优化就得到了空间自相关系数的估计。这样得到的估计量具有一个简洁的解析解,将其称为成对极大似然估计(PMLE)。

尽管 PMLE 是 AMLE 在空间自相关性很小的情况下推导出的,但当没有这样严格的假设时,PMLE 的相合性和渐近正态性依然存在,并且,注意到大多数大型社交网络的网络结构是极其稀疏的,因此两个样本节点大概率下是没有任何联系的。在这样的假设下,可以从理论上证明 PMLE 的相合性和渐近正态性,并且收敛速度是 $\sqrt{n}$。与 AMLE 相比,PMLE 在计算上更优越。具体来说,PMLE 的计算复杂度与可观察到的连接数呈线性关系。这使得 PMLE 在大数据应用中相当有吸引力,并且可以作为本节问题的最终解决方案。

综上所述,本节的工作有以下重要贡献。第一,Chen 等人(2013)提出了可靠的数值证据表明,如果在抽样网络数据中错误使用了极大似然法,将导致对空间自相关系数的严重低估,但他并未提出如何正确应用极大似然方法对基于抽样的网络数据进行空间自相关系数的估计。因此,本节提出的有关 PLME 的方法及其理论性质填补了这一部分的空白。第二,大数据就一定需要大量的计算吗?我们认为并不总是这样的,大数据需要的是智能而有效率的计算!这是因为对大多数大数据应用来说,样本量是巨大的,而大多数研究人员和从业者所能获得的计算资源却是有限的。因此,开发新颖的方法具有强的吸引力,这在统计学和计算上都是高效的。这是大数据分析的智能计算的精神,PMLE 的算法思想很可能是大数据分析中典型和重要的方法之一。

2.1.2 空间自回归模型

（1）模型建立

假设一个有 N 个节点的大型社交网络。用邻接矩阵 $\boldsymbol{A}=(a_{ij})\in\mathbb{R}^{N\times N}$ 来表示它的网络结构,其中当节点 i 到节点 j 产生一条边时,有 $a_{ij}=1$,反之,$a_{ij}=0$。对于每一个 i,可以观察到一个连续响应变量 Y_i,由于空间自相关性的存在,这些节点上的响应变量被认为是相互关联的。为了建立这样一种相互依存的网络结构模型,人们普遍使用了以下空间自回归模型（Ord,1975;Anselin,1980;Bronnenberg et al,2001,Lee et al,2010）：

$$\mathbb{Y}=\rho W \mathbb{Y}+\boldsymbol{\varepsilon} \tag{2.1}$$

其中 $\rho\in\mathbb{R}^1$ 被称为空间自回归参数（Banerjee et al,2004）,$\mathbb{Y}=(Y_1,\cdots,Y_N)^T\in\mathbb{R}^N$ 是响应变量构成的向量,$W=(\omega_{ij})\in\mathbb{R}^{N\times N}$ 是行标准化后的邻接矩阵,其中 $\omega_{ij}=a_{ij}/d_i$,并且 $d_i=\sum_{j=1}^{N}a_{ij}$。$\boldsymbol{\varepsilon}=(\varepsilon_1,\cdots,\varepsilon_N)^T\in\mathbb{R}^N$ 是残差向量,均值为 0,协方差矩阵为 $\sigma^2\boldsymbol{I}\in\mathbb{R}^{N\times N}$,这里 $\boldsymbol{I}$ 代表 $N\times N$ 的单位矩阵。

通过式（2.1）,当 $\boldsymbol{I}-\rho\boldsymbol{W}$ 是可逆矩阵时,$\mathbb{Y}=(\boldsymbol{I}-\rho\boldsymbol{W})^{-1}\boldsymbol{\varepsilon}$。根据 Banerjee 等人（2004）的观点,矩阵 $\boldsymbol{W}$ 的最大奇异值是 1。因此为了保证对于任意的 $\boldsymbol{W}$ 矩阵,$\boldsymbol{I}-\rho\boldsymbol{W}$ 都是可逆的,需要 $|\rho|<1$,否则,总会有一个 $\boldsymbol{W}$ 矩阵使得 $\boldsymbol{I}-\rho\boldsymbol{W}$ 非可逆。因此根据 Banerjee 等人（2004）的观点,本小节假设 $|\rho|<1$,这意味着 $\mathbb{Y}$ 服从正态分布,其均值为 0,方差为

$$\Sigma=(\sigma_{ij})=\sigma^2(\boldsymbol{I}-\rho\boldsymbol{W})^{-1}(\boldsymbol{I}-\rho\boldsymbol{W}^T)^{-1} \tag{2.2}$$

为了获得 $\mathbb{Y}$ 和 $\boldsymbol{W}$ 通常需要观察整个网络结构,而这在现实中往往是无法实现的。作为替代,可以从 $S_F=\{1,2,\cdots,N\}$ 中随机抽取一个样本量为 n 的样本,在不损失一般性的情况下,假定第一个具有 n 个样本的节点集合是从 S_F 中随机抽取的,记录为 $S=\{1,2,\cdots,N\}$。因此观测到的响应变量向量为 $\mathbb{Y}_1=(Y_1,\cdots,Y_N)^T\in\mathbb{R}^N$,观测到的网络结构的邻接矩阵为 $\boldsymbol{A}_{11}=(a_{ij}:1\leqslant i,j\leqslant n)\in\mathbb{R}^{n\times n}$。正如之前提到的,还假定观察到了每个节点的度数,并定义为 $\boldsymbol{D}_1=(d_i:1\leqslant i\leqslant n)\in\mathbb{R}^n$。所以,行

标准化后的邻接矩阵为 $W_{11} = (w_{ij} : 1 \leqslant i, j \leqslant n) \in \mathbb{R}^{n \times n}$。定义 $\mathbb{Y}_2 = (Y_{n+1}, \cdots, Y_N)^{\mathrm{T}} \in \mathbb{R}^{N-n}$ 表示未被抽取到的节点的响应变量。因此，$\mathbb{Y} = (\mathbb{Y}_1^{\mathrm{T}}, \mathbb{Y}_2^{\mathrm{T}})^{\mathrm{T}} \in \mathbb{R}^N$。邻接矩阵 A 被分解为 $A = (A_{11}, A_{12}, A_{21}, A_{22})$。同理，$W$ 和 I 也按照分块矩阵的思想被分解为 $W = (W_{11}, W_{12}, W_{21}, W_{22})$ 和 $I = (I_{11}, O_{12}, O_{21}, I_{22})$。接下来，需要根据观测到的响应变量 $\mathbb{Y}_1$ 和网络结构 W_{11} 来估计未知参数 ρ。值得注意的是 $\mathbb{Y}_1, A_{11}$ 和 W_{11} 是已观测到的，而 $\mathbb{Y}_2, A_{12}, A_{21}, A_{22}, W_{12}, W_{21}$ 和 W_{22} 是观测不到的。

正如 Wall(2004) 在书中指出的，关于 ρ 的实际解读并不是那么的清晰。通过式(2.2)可知，真实的空间协方差矩阵(例如 σ_{ij})同时依赖于 ρ 和 W。因此，ρ 的解读依赖于矩阵 W 是固定的，这说明在不同的网络结构中进行 ρ 的比较是不现实的。当矩阵 W 固定并且假设 $|\rho| < 1$ 时，下面的泰勒展开才能够实现。

$$\Sigma = (\sigma_{ij}) = \sigma^2 \left(\sum_{k=0}^{\infty} \rho^k W^k \right) \left(\sum_{k=0}^{\infty} \rho^k (W^{\mathrm{T}})^k \right) = \sigma^2 \sum_{m=0}^{\infty} \rho^m \left\{ \sum_{k_1+k_2=m}^{k_1,k_2 \geqslant 0} W^{k_1} (W^{\mathrm{T}})^{k_2} \right\}$$

可以看到矩阵 W 中的所有元素(也包括 W^{T})都是非负的，这说明当网络结构 W 固定，且 ρ 是非负时，σ_{ij}(对任意的两个节点 $i \neq j$)是 ρ 的单调递增函数。因此，当满足以下三个条件时，ρ 可以被更精确地解释，他们分别是：①ρ 的取值非负；②网络结构 W 固定；③给定节点对 (i, j)。在这三个条件下，大的 ρ 会导致更大的空间协方差，否则，对于 ρ 的解释可能要复杂得多。例如，可以参见(Wall, 2004)一文中第 320 页图 5 的一些反直觉但有启发性的讨论。

(2) 近似极大似然估计

根据式(2.1)和式(2.2)，可以定义 $\Omega = \Sigma^{-1} = \sigma^{-2} (I - \rho W^{\mathrm{T}})(I - \rho W) = \sigma^{-2} (\Omega_{11}, \Omega_{12}; \Omega_{21}, \Omega_{22})$，其中：

$$\Omega_{11} = I_{11} - \rho(W_{11} + W_{11}^{\mathrm{T}}) + \rho^2 (W_{11} W_{11}^{\mathrm{T}} + W_{21} W_{21}^{\mathrm{T}})$$

$$\Omega_{12} = -\rho(W_{21}^{\mathrm{T}} + W_{12}) + \rho^2 (W_{12} W_{11}^{\mathrm{T}} + W_{22} W_{21}^{\mathrm{T}})$$

$$\Omega_{21} = -\rho(W_{21} + W_{12}^{\mathrm{T}}) + \rho^2 (W_{11} W_{12}^{\mathrm{T}} + W_{21} W_{22}^{\mathrm{T}})$$

$$\Omega_{22} = I_{22} - \rho(W_{22} + W_{22}^{\mathrm{T}}) + \rho^2 (W_{12} W_{12}^{\mathrm{T}} + W_{22} W_{22}^{\mathrm{T}})$$

注意到 $\mathrm{cov}(\mathbb{Y}_1) = \Sigma_{11}$，他其实是 Σ 左上角的 $n \times n$ 对角矩阵，并且有 $\Sigma_{11}^{-1} = \sigma^{-2} (\Omega_{11} - \Omega_{12} \Omega_{22}^{-1} \Omega_{21})$。遗憾的是，$\Sigma_{11}$ 在实际中不可计算，因为它包含了 Ω_{22}，是不可观测的，并且矩阵维数非常大，有 $N-n$。与此同时，Σ_{11}^{-1} 也是 ρ 的一个函数，在 $|\rho| < 1$ 的假设下，式子 Σ_{11}^{-1} 可以进行泰勒展开，即 $\Sigma_{11}^{-1} = \Sigma_{k=0}^{\infty} \rho^k \Sigma_{11}^{(k)} \approx \Sigma_{k=0}^{K} \rho^k \Sigma_{11}^{(k)}$，其中 K 是近似的阶数，$\Sigma_{11}^{(k)}$ 是矩阵形式的导数。很明显 K 越大，近似的效果越好。但同时这也意味着要付出更多的抽样成本，因此在实际中，更多的时候是考虑 $K = 1$ 的

情况。

$$\sigma^2 \, \boldsymbol{\Sigma}_{11}^{-1} = \boldsymbol{\Omega}_{11} - \boldsymbol{\Omega}_{12} \, \boldsymbol{\Omega}_{22}^{-1} \, \boldsymbol{\Omega}_{21}$$
$$= \boldsymbol{I}_{11} - \rho (\boldsymbol{W}_{11} + \boldsymbol{W}_{11}^{\mathrm{T}}) + \rho^2 (\boldsymbol{W}_{11} \boldsymbol{W}_{11}^{\mathrm{T}} + \boldsymbol{W}_{21} \boldsymbol{W}_{21}^{\mathrm{T}}) -$$
$$\rho^2 \{ (\boldsymbol{W}_{21}^{\mathrm{T}} + \boldsymbol{W}_{12}) + \rho (\boldsymbol{W}_{12} \boldsymbol{W}_{11}^{\mathrm{T}} + \boldsymbol{W}_{22} \boldsymbol{W}_{21}^{\mathrm{T}}) \} \boldsymbol{\Omega}_{22}^{-1} \{ (\boldsymbol{W}_{21} + \boldsymbol{W}_{12}^{\mathrm{T}}) + \rho (\boldsymbol{W}_{11} \boldsymbol{W}_{12}^{\mathrm{T}} + \boldsymbol{W}_{21} \boldsymbol{W}_{22}^{\mathrm{T}}) \}$$
$$= \boldsymbol{I}_{11} - \rho (\boldsymbol{W}_{11} + \boldsymbol{W}_{11}^{\mathrm{T}}) + \rho^2 (\boldsymbol{W}_{11} \boldsymbol{W}_{11}^{\mathrm{T}} + \boldsymbol{W}_{21} \boldsymbol{W}_{21}^{\mathrm{T}}) -$$
$$\rho^2 (\boldsymbol{W}_{21}^{\mathrm{T}} \boldsymbol{W}_{21} + \boldsymbol{W}_{21}^{\mathrm{T}} \boldsymbol{W}_{12}^{\mathrm{T}} + \boldsymbol{W}_{12} \boldsymbol{W}_{21} + \boldsymbol{W}_{12} \boldsymbol{W}_{12}^{\mathrm{T}}) + \sum_{k>2} \rho^k \, \boldsymbol{\Sigma}_{11}^{(k)}$$

其中,最后一处的近似是根据 $\boldsymbol{\Omega}_{22} \approx \boldsymbol{I}_{22}$ 得来的,因此有 $\boldsymbol{\Sigma}_{11}^{(1)} = (\boldsymbol{W}_{11} + \boldsymbol{W}_{11}^{\mathrm{T}})$,于是有了如下的一阶近似形式。

$$\sigma^2 \, \boldsymbol{\Sigma}_{11}^{-1} \approx \boldsymbol{I}_{11} - \rho (\boldsymbol{W}_{11} + \boldsymbol{W}_{11}^{\mathrm{T}}) \tag{2.3}$$

要注意到,式(2.3)确实与 $\mathbb{Y}_1$ 对应,是子矩阵 $\sigma^2 \, \boldsymbol{\Sigma}^{-1}$ 的一阶近似。令人意外的是,式(2.3)这个近似中只有 $\boldsymbol{W}_{11}$ 而不包含其他网络结构(例如,$\boldsymbol{W}_{12}$,$\boldsymbol{W}_{21}$ 和 $\boldsymbol{W}_{22}$)。这说明 $\boldsymbol{\Sigma}_{11}^{-1}$ 关于 ρ 的一阶近似是可计算的,即便 $\boldsymbol{\Sigma}_{11}^{-1}$ 本身不可计算。因此,相应的近似(经过负两倍的对数变换)也应该是可计算的,结果如下:

$$\log |\boldsymbol{I}_{11} - \rho (\boldsymbol{W}_{11} + \boldsymbol{W}_{11}^{\mathrm{T}})| - \sigma^{-2} \mathbb{Y}_1^{\mathrm{T}} \{ \boldsymbol{I}_{11} - \rho (\boldsymbol{W}_{11} + \boldsymbol{W}_{11}^{\mathrm{T}}) \} \mathbb{Y}_1 - n \log \sigma^2$$

固定 ρ 并对上述关于 σ^2 的目标函数进行修正和优化,这使得 $\hat{\sigma}^2 = n^{-1} \mathbb{Y}_1^{\mathrm{T}} \{ \boldsymbol{I}_{11} - \rho (\boldsymbol{W}_{11} + \boldsymbol{W}_{11}^{\mathrm{T}}) \} \mathbb{Y}_1$,将式(2.3)中的 σ^2 替换为 $\hat{\sigma}^2$,于是给出了目标函数:

$$\log |\boldsymbol{I}_{11} - \rho (\boldsymbol{W}_{11} + \boldsymbol{W}_{11}^{\mathrm{T}})| - n \log [n^{-1} \mathbb{Y}_1^{\mathrm{T}} \{ \boldsymbol{I}_{11} - \rho (\boldsymbol{W}_{11} + \boldsymbol{W}_{11}^{\mathrm{T}}) \} \mathbb{Y}_1]$$
$$= \log |\boldsymbol{I}_{11} - \rho (\boldsymbol{W}_{11} + \boldsymbol{W}_{11}^{\mathrm{T}})| - n \log [1 - \rho n^{-1} \hat{\sigma}_Y^{-2} \mathbb{Y}_1^{\mathrm{T}} (\boldsymbol{W}_{11} + \boldsymbol{W}_{11}^{\mathrm{T}}) \mathbb{Y}_1]$$
$$\approx \log |\boldsymbol{I}_{11} - \rho (\boldsymbol{W}_{11} + \boldsymbol{W}_{11}^{\mathrm{T}})| + \rho \hat{\sigma}_Y^{-2} \mathbb{Y}_1^{\mathrm{T}} (\boldsymbol{W}_{11} + \boldsymbol{W}_{11}^{\mathrm{T}}) \mathbb{Y}_1$$

其中独立常量 ρ 被省略了,$\hat{\sigma}_Y^2 = n^{-1} \mathbb{Y}_1^{\mathrm{T}} \mathbb{Y}_1$ 最后的近似是基于泰勒展开以及 ρ 很小这个暂时的假设。由于在实际数据集中,总可以使数据标准化,因此 $\hat{\sigma}_Y^2 = 1$,这就给出了如下极为简洁的目标函数:

$$\iota_a (\rho) = \log |\boldsymbol{I}_{11} - \rho (\boldsymbol{W}_{11} + \boldsymbol{W}_{11}^{\mathrm{T}})| + \rho \, \mathbb{Y}_1^{\mathrm{T}} (\boldsymbol{W}_{11} + \boldsymbol{W}_{11}^{\mathrm{T}}) \mathbb{Y}_1 \tag{2.4}$$

注意式(2.4)中的 $\iota_a (\rho)$ 不是由基于 $\mathbb{Y}_1$ 的精确似然函数构造的,而是由一阶近似得到的。因此,将得到的估计量记为 $\hat{\rho}_a = \arg \max_{\iota_a} (\rho)$,并作为其近似极大似然估计值。

(3) 配对极大似然估计

正如大家所注意到的,优化 AMLE 的成本并不低,这主要是因为 $\boldsymbol{I}_{11} - \rho (\boldsymbol{W}_{11} + \boldsymbol{W}_{11}^{\mathrm{T}})$ 是一个 $n \times n$ 的矩阵,并且需要计算它的行列式。当样本量 n 较小或者不大

时,这不是一个问题,然而当 n 很大时,计算行列式就会是一个严重的负担。这使得 AMLE 只能作为中间步骤,并进一步引出在计算上具有优势的估计量。

具体来说,考虑一个只有两个节点(例如 i 和 j)的极端情况,在这种情况下,式(2.3)仍然有效,为 $\boldsymbol{W}_{11} = (0, \omega_{ij} ; \omega_{ji}, 0) \in \mathbb{R}^{2 \times 2}$,因此目标函数式(2.4)是可用的。采用复合似然(Sha,2003)的概念,将所有成对的目标函数进行求和,得到

$$\sum_{i,j} \log \left\{ 1 - \rho^2 (a_{ij}/d_i + a_{ji}/d_j)^2 \right\} + 2\rho \sum_{i,j} Y_i Y_j (a_{ij}/d_i + a_{ji}/d_j) \qquad (2.5)$$

要注意的是,对于那些不相关联的对,有 $a_{ij} = a_{ji} = 0$,因此相应的项是不存在空间自相关的,与 ρ 无关,所以,这些不相关联的对可以被忽略,式(2.5)可以简化为

$$\sum_{a_{ij}+a_{ji}>0} \log \left\{ 1 - \rho^2 (a_{ij}/d_i + a_{ji}/d_j)^2 \right\} + 2\rho \sum_{a_{ij}+a_{ji}>0} Y_i Y_j (a_{ij}/d_i + a_{ji}/d_j) \approx$$
$$- \rho^2 \sum_{a_{ij}+a_{ji}>0} (a_{ij}/d_i + a_{ji}/d_j)^2 + 2\rho \sum_{a_{ij}+a_{ji}>0} Y_i Y_j (a_{ij}/d_i + a_{ji}/d_j) \qquad (2.6)$$

得到上述近似结果依据的是泰勒展开式和 ρ 很小的临时假设。有趣的是,式(2.6)是一个关于 ρ 的二次函数,通过优化程序可以给出解析解:

$$\hat{\rho}_p = \left\{ \sum_{a_{ij}+a_{ji}>0} (a_{ij}/d_i + a_{ji}/d_j)^2 \right\}^{-1} \left\{ \sum_{a_{ij}+a_{ji}>0} Y_i Y_j (a_{ij}/d_i + a_{ji}/d_j) \right\}$$
$$= (n\omega_n)^{-1} \sum_{(i,j) \in \mathscr{D}} Y_i Y_j d_{ij}$$

其中 $\mathscr{D} = \{(i,j) : a_{ij} + a_{ji} > 0\}$,代表集合中所有有连接的对,$d_{ij} = d_{ji} = a_{ij}/d_i + a_{ji}/d_j$ 和 $\omega_n = n^{-1} \sum_{(i,j) \in \mathscr{D}} d_{ij}^2$,因为 $\hat{\rho}_p$ 是一个通过优化成对似然函数得到的估计量,因此将它称为成对极大似然估计量(PMLE),与 AMLE $\hat{\rho}_a$ 相比,计算 PMLE 的 $\hat{\rho}_p$ 效率更高,这是因为它的计算只涉及相连接的对,这使得对于大规模网络数据分析,PMLE 具有特别的吸引力。

(4)估计量的大样本性质

对于一个给定的 N 维方阵 $\mathscr{M} = (m_{i_1 i_2} : 1 \leqslant i_1, i_2 \leqslant N) \in \mathbb{R}^{N \times N}$,定义 $\|\mathscr{M}\|_{(n)} = \sum_{i_1, i_2 \leqslant n} |m_{i_1 i_2}|$。注意,即使 PMLE 是在 ρ 很小的假定下得到的,它的相合性和渐近正态性并不要求这么严格的假定。只要满足以下合理条件,PMLE 的性质可以得到严格的证明。

(A1)大数定律,存在一个常数 $\omega > 0$ 使得当 $n \to \infty$ 时,$\operatorname{tr}(\boldsymbol{W}^2)/n =$

$$n^{-1} \sum_{ij} (a_{ij}/d_i + a_{ji}/d_j)^2 = \omega_n \rightarrow \omega_0 \text{。}$$

由（A2）网络稀疏性，有

$$\Delta_{\max} = \max_{k>1} \|\boldsymbol{W}^k\|_{(n)} + \max_{k_1, k_2 \geqslant 1} \|\boldsymbol{W}^{k_1, k_2}\|_{(n)} + \max_{k_1, k_2, k_3, k_4 \geqslant 1} \|\boldsymbol{W}^{k_1, k_2, k_3, k_4}\|_{(n)}$$

其中 $\boldsymbol{W}^{k_1, k_2} = \boldsymbol{W}^{k_1}(\boldsymbol{W}^{k_2})^{\mathrm{T}}$ 且 $\boldsymbol{W}^{k_1, k_2, k_3, k_4} = \boldsymbol{W}^{k_2}(\boldsymbol{W}^{k_3})^{\mathrm{T}}\boldsymbol{W}^{k_4}(\boldsymbol{W}^{k_1})^{\mathrm{T}}$，当 $n \rightarrow \infty$，要求 $\Delta_{\max} = o(n^{1/2})$。

以上这些条件都是非常直观和合理的，具体解释如下。条件（A1）是一个大数定律条件，它要求抽样网络结构保持合理的密度水平，例如，每个节点都应该至少包含一条边。否则，产生的网络结构可能过于稀疏（例如，没有任何连接点的网络），在这种情况下，$\omega = 0$。显然，一个没有足够连接点的网络（即太稀疏），不能提供足够的有关空间自相关性的信息。因此，条件（A1）在保证网络中所观察到的连接数量的前提下，也可以发散到无穷大，比如 $n \rightarrow \infty$。

条件（A2）要求网络结构 $\boldsymbol{W}$ 是稀疏的，为了更好地解释这一点，考虑两个任意的节点（例如 i 和 j），如果网络结构是稀疏的，那么它们之间间接连接的可能性很小。举例来说，一个典型的长度为 2 的间接连接可以是 $i \rightarrow k \rightarrow j$，且 $1 \leqslant k \leqslant N$，在这种情况下，我们期望 $\sum_{k=1}^{N} a_{ik}a_{kj}$ 在所有可能的 (i, j) 对中都是小的。这表明，与 $\sqrt{n}$ 相比，$\|\boldsymbol{W}^2\|_{(n)}$ 应该更小。在抽样比 n/N 很小时，这通常是正确的。同样的道理也适用于更高阶长度的间接连接。因此，我们期望 $\max_k \|\boldsymbol{W}^k\|_{(n)}$ 能够被很好地控制在一定范围内。另一种典型的长度为 2 的间接连接可能是 $i \rightarrow k$ 且 $j \rightarrow k$，其中 $1 \leqslant k \leqslant N$，在这种情况下，应该有 $\sum_{k=1}^{N} a_{ik}a_{jk}$ 对所有可能的 (i, j) 对都是小的，这说明 $\|\boldsymbol{W}^{1,1}\|_{(n)}$ 应该很小。同样的道理也适用于高阶长度的间接连接。这就引出了有界的 $\max_{k_1, k_2}\|\boldsymbol{W}^{k_1, k_2}\|_{(n)}$ 和 $\max_{k_1, k_2, k_3, k_4}\|\boldsymbol{W}^{k_1, k_2, k_3, k_4}\|_{(n)}$，也就解释了为什么条件（A2）控制了网络的稀疏程度。从直观上看，如果网络足够稀疏，那么抽样得到的连接对于解释空间自相关性来说应该是最重要的。因此，如果采用适当的抽样方法，则应有空间自相关的相合估计。

定理 2.1 假设（A1）和（A2）成立，当 $n \rightarrow \infty$ 时，有 $\sqrt{n}(\hat{\rho}_p - \rho) \xrightarrow{d} N(0, 2/\omega)$。

通过定理 1.1，可以发现 PMLE 的渐近方差非常简洁。可以看到，渐近方差 ω 可以很容易地通过 ω_n 估计，ω_n 是一个关于观测网络结构 $\boldsymbol{W}_{11}$ 的函数，这使实际推断变得很简单。

2.1.3　数值研究

（1）模拟网络结构数据

为了评估提出方法的大样本性质,本小节进行一些数值模拟研究。对于一个固定的 N,邻接矩阵 $\boldsymbol{A}=(a_{ij})$ 的生成如下。第一步,从均值为 10 的指数分布中,生成 N 个独立同分布的随机变量,用 E_i 来表示这些变量,其中 $1\leqslant i\leqslant N$。第二步,对于每个节点 i,使用无放回随机抽样,从 $\mathscr{S}_F=\{1,2,\cdots,n\}$ 中抽取一个大小为 $[E_i]$ 的样本,其中 $[E_i]$ 代表不小于 E_i 的最小整数,样本用 $\mathscr{S}_i$ 表示,定义当 $j\in\mathscr{S}_i$ 时,有 $a_{ij}=1$,否则 $a_{ij}=0$。第三步,当 $i<j$ 时,令 $a_{ij}=a_{ji}$。第四步,重新定义 $a_{ij}=d_{ij}a_{ij}$,其中 d_{ij} 是相互独立的二项随机变量,其中 $P(d_{ij}=1)=0.5$。第五步,对每一个 $1\leqslant i\leqslant N$,令 $a_{ii}=0$,这就得到了最终的邻接矩阵 $\boldsymbol{A}$。其后,$\boldsymbol{W}$ 可以通过标准化 $\boldsymbol{A}$ 的每一行来进行计算,在接下来的整个模拟研究中,$\boldsymbol{W}$ 都是固定的。为了得到一个可靠的评估,每个实验都被随机地重复了 $M=1\,000$ 次,对于每一次随机重复实验,响应变量都是根据 $\mathbb{Y}=(\boldsymbol{I}-\rho\boldsymbol{W})^{-1}\boldsymbol{\varepsilon}$ 来计算的,其中,$\boldsymbol{\varepsilon}\in\mathbb{R}^N$ 是从 N 维标准正态随机分布中生成的,这样就形成了整个网络数据 $\boldsymbol{W}$ 和 $\mathbb{Y}$。

（2）PMLE

本研究中,令 $\rho=0$ 或 0.2,考虑 N 和 n 的不同组合,对于每一个组合,固定抽样比例 n/N 为 10%。一旦 $\boldsymbol{W}$ 和 $\mathbb{Y}$ 由模拟确定了,随机抽取样本量为 n 的样本,基于抽样的样本数据,计算 PMLE。该估计量的标准误（SE）计算如下 $\widehat{SE}=\sqrt{2}\omega_n^{-1/2}n^{-1/2}$,将第 m 次（$1\leqslant m\leqslant M$）模拟得到的估计量记为 $\hat{\rho}^{(m)}$,对应 SE 的估计量记为 $\widehat{SE}^{(m)}$,因此估计的误差可以计算为 $b=\rho-\bar{\rho}$,其中 $\bar{\rho}=M^{-1}\sum_{m=1}^{M}\hat{\rho}$,真实的 SE 记为 $SE=\left\{M^{-1}\sum_{m=1}^{M}(\hat{\rho}^{(m)}-\bar{\rho})^2\right\}^{1/2}$。同时也使用 $M^{-1}\sum_{m=1}^{M}\widehat{SE}^{(m)}$ 计算了估化的 SE（例如,$\widehat{SE}$）的均值,利用估计的 SE,可以检验空间自相关系数统计上的显著性。具体来说,对于每次重复的模拟,构造 Z 检验统计量,计算公式为 $Z^{(m)}=\hat{\rho}^{(m)}/\widehat{SE}^{(m)}$。对于一个给定的显著性水平 $\alpha=5\%$,当 $|Z^{(m)}|>z_{\alpha/2}$ 时,拒绝原假设 $H_0:\rho=0$,其中 z_α 表示标准正态分布的 α 分位数。由此,可以给出经验拒绝概率（Empirical Rejection Probability,ERP）,为 $ERP=M^{-1}\sum\boldsymbol{I}(|Z^{(m)}|>z_{1-\alpha/2})$。理论上,当 $\rho=0$ 时,ER 接近显著性水平;当 $\rho\neq0$ 时,ERP 具有统计功效。

表 2-1 展示了详细随机模拟结果,从中可以得出以下两个结论。首先,PMLE 具有相合性,无论 ρ 取何值,标准误和偏差在 $N\to\infty$ 和 $n\to\infty$ 时都趋于 0,此外,SE

的估计量$\widehat{SE}$能够很好地接近真实的 SE,因为它们的平均值都非常接近。其次,当 $\rho=0$ 时,得到的 ERP 值与显著性水平 $\alpha=5\%$ 相当接近,这意味着,实践中的 Z 检验统计量可以很好地控制 I 类错误,另一方面,当 $N\rightarrow\infty$ 和 $n\rightarrow\infty$ 并且 $\rho=0.2$ 时,得到的 ERP 值持续上升至 100%。这证实了先前提出的 Z 检验统计量具有合理性。

表 2-1   PMLE 的随机模拟结果:$n/N=10\%$

N	n	$\rho=0.2$				$\rho=0$			
		b	SE	$\widehat{SE}$	ERP	b	SE	$\widehat{SE}$	ERP
1 000	100	0.021 8	0.539 1	0.547 1	5.60%	0.016 5	0.535 7	0.547 1	4.30%
5 000	500	0.003 5	0.245 2	0.238 7	13.40%	0.004 1	0.239 0	0.238 7	4.20%
10 000	1 000	0.001 2	0.164 7	0.163 9	21.60%	0.001 1	0.160 2	0.163 9	4.20%
100 000	10 000	0.000 3	0.053 7	0.052 1	95.90%	0.000 2	0.050 3	0.052 1	5.40%
500 000	50 000	0.000 1	0.023 7	0.023 2	100.0%	0.000 1	0.023 2	0.023 2	4.40%

（3）抽样方法

本研究还采取了不同的抽样方法获得数据,以评估它们对 PMLE 准确度的影响。数据的生成方式与（1）中相同,但 N 的值固定为 100 000。由定理 1.1 可知,PMLE 的渐近效率完全是由网络结构确定的,通过 $\omega\approx\omega_n=n^{-1}\sum(a_{ij}/d_i+a_{ji}/d_j)^2$ 可知,ω_n 的值越大,估计精度越好。因此,一个好的抽样方法应该能最大限度地增加观察到的边数（即 a_{ij} 和 a_{ji}）。显然,无放回的简单随机抽样（SRS）（Thompson,2012）不太可能是最佳选择,而滚雪球式的抽样方法可能是一个不错的选择。这里研究一种特殊的滚雪球抽样方法,这是一种迭代的方法,在每次迭代的步骤中,随机选择一个种子节点（例如,i）,并收集所有和它连接的"朋友"（即所有 j 满足 $a_{ij}=1$）,收集累计入样的种子节点和与该节点连接的"朋友"。如果当前累积的样本容量仍低于目标样本量 n,则应重复上述抽样过程;反之,应随机删除一些抽样节点,使得最终得到的样本大小正好为 n。为了方便起见,将此抽样方法称为 SNOW。

这里使用 $\hat{\rho}^{(m)}$ 表示对于特定的抽样方法（例如,SRS 和 SNOW）,在第 m 次迭代中获得的 PMLE。使用均方误差 $MSE=M^{-1}\sum_{m=1}^{M}(\hat{\rho}^{(m)}-\rho)^2$ 来评估其估计精度。该实验考虑了 n 的各种取值,图 2-1 展示了 n 的不同取值下得到的 MSE 的对数值,从中可以得出以下观察结果。第一,无论是何种抽样方法,PMLE 都具有相合性,因为对数 MSE 值随着样本容量的增加而单调递减。第二,SNOW 与 SRS 相比在估计精度上有显著的提高。就对数 MSE 而言,当 $n=10\,000$ 时,SRS 和 SNOW 的差异可以达到 1.2。这表明抽样方法在空间自相关的估计中有着重要的作用,SNOW 是一种有用的网络抽样方法。

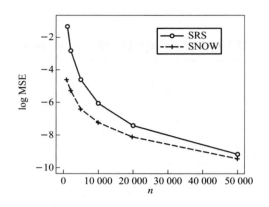

图 2-1　不同样本量下 SRS 方法和 SNOW 方法得到的对数 MSE

（4）实际数据分析

最后展示一个关于新浪微博(www.weibo.com)的真实网络数据,作为数值研究的结尾。新浪微博可以被看作是中国的 Twitter。本实际案例分析的目的是了解新浪微博用户在发布微博时与其他用户的互动情况。为了便于说明,我们以中国四家主要的在线旅行社的微博账户为例,分别是携程(www.ctrip.com)、艺龙(www.elong.com)、芒果网(www.mangocity.com)和去哪儿(www.qunar.com)。对于每个旅行社,从它们的关注者中随机选择 5 000 个节点,然后收集这些关注者的关注者信息。由于条件(A2)要求满足网络稀疏性,因此只保留那些相对度数较小的活跃用户,最终得到一个包含 $N=557\,818$ 个节点的网络。记录它们关注与被关注的关系(即 A),将其作为完整网络。这个网络的连接数总计为 $\sum a_{ij} = 1\,496\,399$,其中相互连接的对为 $\sum_{i<j} a_{ij}a_{ji} = 535\,408$。对于每个节点,将响应变量定义为他们发布微博数的对数,并将响应变量标准化,使其均值为 0,方差为 1。在这样大的网络规模下,计算极大似然估计量或其近似估计量(即 AMLE)是非常困难的。但是,用一台个人计算机就可以很容易地计算出 PMLE,得到 $\hat{\rho}_p=0.154$,其估计的标准误为 $\widehat{SE}=1.55\times10^{-3}$。因此,可以得到估计量的空间自相关性在 5% 的显著性水平上具有统计意义。这就意味着新浪微博用户的微博发布行为确实是相互关联的。

基于整个网络数据，接下来进行一个基于真实数据的模拟研究，以检验抽样对后续推断的影响。本研究的实施方式与 2.1.3 中（2）的方式类似，不同之处在于整个网络数据（即 W 和 $\mathbb{Y}$）并非通过模拟生成，而是直接来自实际数据。因此，在不同的模拟迭代中，每个节点的响应变量是固定的。使用 SRS 方法进行抽样，要注意的是，真实数据的空间自相关系数是未知的，此时网络的样本量大小为 $N = 557\,818$，无法获得 AMLE，因此，在实际数据中将使用 PMLE 方法来获得参数估计值。将基于整个网络数据（在前一段中给出的）计算得到的 PMLE 看作是真实参数的值，计算得 $\rho = 0.154$。详细结果见表 2-2，但应当指出的是，表 2-2 中对 SE 的解释与表 2-1 的解释略有不同。原因是在这个基于真实数据的模拟研究中，对于不同的迭代次数，每个节点的响应值都是固定的，因此，这里不再涉及因响应值不同而产生的随机性，所以 PMLE 的随机性完全来自抽样。因此，表 2-2 中所展示的 SE 值应该被解释为只涉及抽样随机性时 $\hat{\rho}$ 的标准误差度量。表 2-2 中的 ERP 值也应该被类似地类进行解释。通过表 2-2，发现只需要样本量 $n = 20\,000$（此时抽样比 n/N 大约为 3.59%），即可以达到 95% 左右的统计功效，效果很好。

表 2-2　PLME 的实际数据模拟结果

n	b	SE	$\widehat{SE}$	ERP
2 000	0.027 4	0.513 9	0.472 8	7.5%
5 000	0.009 3	0.174 3	0.172 7	15.8%
10 000	0.003 7	0.090 7	0.085 3	47.6%
20 000	0.002 6	0.045 1	0.042 6	94.1%
50 000	0.000 9	0.018 9	0.017 0	100.0%

2.1.4　总结与讨论

本研究探讨了基于抽样网络数据的空间自相关系数的估计问题。为了得到空间自相关关系，考虑了经典的空间自回归模型。研究发现，当网络规模较大时，计算抽样网络数据的极大似然估计量几乎是不可行的。为了解决这一问题，本研究提出了一种新的近似方法 AMLE，并进一步引出了 PMLE 的方法，这些方法的大样本性质也通过数值研究得到了证实。通过新浪微博数据进一步证明了所提方法的有效性，并发现在人们的发微博行为中存在显著的空间自相关性。

作为本研究的总结，这里讨论一些有趣的话题供后续研究。首先，空间自回归模型只考虑了直接连接节点的自相关，而间接连接节点也可能对彼此产生影响，这就需要包含高阶变量的空间自回归模型。这可以看成是本方法的一个扩展,是值得单独研究的。其次,通过理论分析,表达式 ω_n 决定了渐近效率及值的大小,这说明抽样数据中的边越多,估计的精度越高,因此可以使用滚雪球抽样的方法获得网络结构数据,使估计精度得到较大提升。然而,滚雪球抽样能有多少改善还不清楚。最后,在空间统计和计量经济学文献中,目前的模型假设是在获得相应变量之前的,邻接矩阵(权重矩阵)是预先确定的。然而,在许多情况下,邻接矩阵是由内生变量决定的,因为有共同特征的节点更容易被相互连接。如何对这种内生现象进行建模,是另一个值得进一步研究的重要课题。

2.2 基于离散选择模型的空间自相关系数估计

2.2.1 研究背景

过去数十年间,离散选择模型被广泛研究(Guadagni et al,1983;Kamakura et al,1989;Mela et al,1997;Chung et al,2003;Kopalle et al,2012;Greene et al,2013)。一般而言,选择模型基于效用理论推导而来,该理论假设决策者在进行决策时会最大化效用。效用通常被分解为可观测的决定性部分和分析者无法观测的随机部分(Guadagni et al,1983)。而选择模型的形式取决于对随机误差项分布的假设,例如,常见的 Logistic 模型和 Probit 模型。离散选择模型主要基于个人行为因素和独立性假设。然而,这一被广泛接受的假设似乎并不完美,因为每个个体并不是孤立存在于社会中的。社会中的个体会彼此互动,形成复杂的网络。个体的行为容易被与之有联系的邻居影响。因此,对网络数据应用离散选择模型时需考虑网络相依性。

网络相依性是指处在同一社会网络中的个体之间彼此相互影响的现象。关于网络依赖的一个典型例子是同群效应或社会互动。近期有大量研究关注社会互动在经济行为中的作用。例如,Brock 等人(2001)通过在效用函数中加入确定性社会效用来推广 Logistic 模型,反映了个体遵从他人行为的愿望。Li 等人(2009)对带有社会互动的离散选择模型进行假设检验,利用美国总统选举数据分析选民的投票行为。Li 等人(2009)利用医生自报的关系数据来调查社会网络对新药处方的影响,发现新药是否被接纳会受到其他医生用药剂量的影响。Li 等人(2009)首次探讨社会互动在手机公司用户流失行为中的作用,其结果表明若某用户暴露在一流失用户占绝大多数的群体中,也将有更高的概率成为流失用户。Wei 等人

(2015)的一篇论文表明,基于网络的信用评分主要依赖一阶相关信息。虽然这些研究并未直接对网络相依性建模,但均指出个体决策会受他人行为的影响。

现有文献主要考虑对有网络相关性的连续因变量进行建模,有两种经典模型被广泛应用。一个是空间自回归模型(SAR),另一个是空间误差模型(SEM)。也存在更加复杂的拓展模型,如空间自回归移动平均模型、矩阵指数空间规范模型和空间杜宾模型等(LeSage et al,2009),在由 Anselin(1988)、LeSage 等人(2009)、Elhorst(2014)编辑的参考书中有很好的概述。这些模型主要关注空间自相关系数的估计,该系数量化了有关联个体间的网络相关性。应用这些模型需要可直接观测的连续响应变量。然而,离散选择模型通过潜变量对网络相关性进行建模(Smirnov,2010)。研究人员虽不能直接观测这些潜变量,却可观测个体选择的二元响应变量,因此增加了离散选择模型中空间自相关系数估计的难度。

为克服空间 Probit 模型的计算困难,学者提出了诸多方法,其中,复合边际似然(CML)是一种常用手段。它最早由 Heagerty 等人(1998)在地质统计学领域的二进制数据分析中引入。这一方法基于成对似然函数,适用于大数据,并且作者还研究了该估计量的理论性质。Bhat(2011)则在多项 Probit(MNP)模型的估计中提出了最大近似 CML,阐明了各种 MNP 模型的估计。CML 的另一种等效方法是由 Wang 等人(2013)提出的部分极大似然法。CML 方法是求解高维数值积分问题的有效方法,但碍于高维矩阵的求逆问题,在大数据中不可行。部分极大似然法假定观测结果可被分成成对观测,并且可以假设每对观测服从一个二元正态分布。更多关于计算问题的方法回顾,可以参见 Billé(2014)和 Mozharovskyi 等人(2016)的最新综述。

本节关注 Probit 选择模型,将其定义为潜在 SAR 模型。这样便可以在二元回归的框架下考虑个体间的网络相关性。为估计未知参数(如空间自相关性),本节提出伪极大似然方法,即对于样本量为 n 的总体,将其分成不同的成对观测,并且每对观测只含 i 和 j 两个节点,得到 $n(n-1)/2$ 个成对观测。对给定的每对观测 $\{i,j\}$,可通过泰勒展开得到近似对数似然函数。将不同的成对观测作为独立样本,对所选成对观测的目标函数求和。关于成对观测的选择,有两种方式:一种是考虑所有的成对观测,但是计算代价太高,不宜在实践中使用;另一种是只考虑有连接关系的对,因为它们最有可能彼此相关,从而提供最好的信息。因此,根据复合似然函数的思想(Shao,2003;Wang et al,2010),可以将所有有连接的成对观测的目标函数相加,并对其进行优化以此获得空间自相关系数的估计。由此得到的估计量称为近似成对极大似然估计(APMLE)。需要注意,本方法遵循 SAR 框架,而非 Wang 等人(2010)中使用的 SEM 规范。大量的数值研究证明了 APMLE 的一致性,并且基于新浪微博真实数据集的分析结果也给出了相同的结论。

2.2.2　研究方法

（1）模型设定

考虑一个包含 n 个节点（即消费者）的网络,其中 $1 \leqslant i \leqslant n$,网络结构可用邻接矩阵 $\boldsymbol{A} = (a_{ij}) \in \mathbb{R}^{n \times n}$ 表示。若节点 i 与节点 j 有联系,则 $a_{ij} = 1$;否则 $a_{ij} = 0$。对无向网络,有 $a_{ij} = a_{ji}$。这里考虑 $a_{ij} \neq a_{ji}$ 的有向网络结构。由于大多数社交网络不允许自循环,因此规定对 $\forall 1 \leqslant i \leqslant n$,有 $a_{ii} = 0$。令 $Y_i \in \{0, 1\}$ 为来自第 $i(1 \leqslant i \leqslant n)$ 个样本点的二元响应变量。对该二元响应变量建立回归模型,通常假定存在潜变量 Z_i 满足下列形式:

$$Y_i = \begin{cases} 1, & \text{若潜在 } Z_i \geqslant \mu \\ 0, & \text{若潜在 } Z_i \leqslant \mu \end{cases} \tag{2.7}$$

其中 μ 为阈值,需要进行估计。接下来,假定 Z_i 遵循 SAR 过程,可表示为

$$\mathbb{Z} = \rho \boldsymbol{W} \mathbb{Z} + \boldsymbol{\varepsilon} \tag{2.8}$$

其中 $\mathbb{Z} = (Z_1, \cdots, Z_n)^\mathrm{T} \in \mathbb{R}^n$ 是潜在连续响应向量,需要注意,关于误差项 $\boldsymbol{\varepsilon}$ 的设定可以有多种方式,本方法使用 Probit 误差。$\boldsymbol{W} = (w_{ij}) \in \mathbb{R}^{n \times n}$,其中 $w_{ij} = a_{ij}/d_i$,d_i 为每个节点的出度,且 $d_i = \sum\limits_{j=1}^{n} a_{ij}$。因此 $\boldsymbol{W}$ 为行标准化邻接矩阵。最后,$\boldsymbol{\varepsilon} = (\varepsilon_1, \cdots, \varepsilon_n)^\mathrm{T} \in \mathbb{R}^n$,是均值为 0,协方差阵为 $\boldsymbol{I} \in \mathbb{R}^{n \times n}$ 的残差向量。这里的 $\boldsymbol{I}$ 代表 $n \times n$ 的单位阵。参数 $\rho \in \mathbb{R}^1$ 代表空间自相关强度。由（2.8）可知,$\mathbb{Z} = (\boldsymbol{I} - \rho \boldsymbol{W})^{-1} \boldsymbol{\varepsilon}$。这表明 $\mathbb{Z}$ 服从正态分布,其均值为 0,协方差阵为

$$\boldsymbol{\Sigma} = (\boldsymbol{I} - \rho \boldsymbol{W})^{-1} (\boldsymbol{I} - \rho \boldsymbol{W}^\mathrm{T})^{-1} \tag{2.9}$$

接下来,需基于观测的 Y_i 对未知参数 μ 和 ρ 进行估计。经严格数学推导,Y_i 的联合概率分布为

$$\int \frac{1}{\sqrt{2\pi}^n |\boldsymbol{\Sigma}|^{\frac{1}{2}}} \exp\left\{ -\frac{1}{2} \boldsymbol{z}^\mathrm{T} \boldsymbol{\Sigma}^{-1} \boldsymbol{z} \right\} \prod_{i \leqslant n} \boldsymbol{I}(\mathrm{sgn}(Y_i - 0.5) = \mathrm{sgn}(z_i) - \mu) \mathrm{d}z_1 \mathrm{d}z_2 \cdots \mathrm{d}z_n$$

其中 $\mathrm{sgn}(x)$ 代表 x 的符号函数,$\boldsymbol{I}(a = b) = 1(0)$ 当且仅当 $a = b(a \neq b)$ 时成立。需要注意,由于积分计算,最大化关于 μ 和 ρ 的目标函数将十分困难。由于其形式复杂且相应计算在实际操作中不可行,因此需要一个更易计算的估计量作为替代。由此引出近似成对极大似然估计的概念。

（2）近似成对极大似然

为提出新方法，考虑任意两个节点 i 和 j 的联合概率$\{Y_i, Y_j\}$，只有以下四种情况：

$$P(Y_i = 0, Y_j = 0) = P(Z_i < \mu, Z_j < \mu) = \int_{-\infty}^{\mu} \int_{-\infty}^{\mu} f(z_i, z_j) \mathrm{d}z_i \mathrm{d}z_j$$

$$P(Y_i = 0, Y_j = 1) = P(Z_i < \mu, Z_j \geqslant \mu) = \int_{-\infty}^{\mu} \int_{\mu}^{\infty} f(z_i, z_j) \mathrm{d}z_i \mathrm{d}z_j$$

$$P(Y_i = 1, Y_j = 0) = P(Z_i \geqslant \mu, Z_j < \mu) = \int_{\mu}^{\infty} \int_{-\infty}^{\mu} f(z_i, z_j) \mathrm{d}z_i \mathrm{d}z_j$$

$$P(Y_i = 1, Y_j = 1) = P(Z_i \geqslant \mu, Z_j \geqslant \mu) = \int_{\mu}^{\infty} \int_{\mu}^{\infty} f(z_i, z_j) \mathrm{d}z_i \mathrm{d}z_j$$

其中$f_{ij}(z_i, z_j)$是(Z_i, Z_j)的联合概率密度函数。考虑到$\mathbb{Z} = (Z_1, \cdots, Z_n)^{\mathrm{T}} \in \mathbb{R}^n$ 服从均值为0、协方差阵为$\boldsymbol{\Sigma} = (\boldsymbol{I} - \rho\boldsymbol{W})^{-1}(\boldsymbol{I} - \rho\boldsymbol{W}^{\mathrm{T}})^{-1}$的正态分布，记$\boldsymbol{\Sigma} = \boldsymbol{\sigma}_{ij}$，定义$\boldsymbol{\Sigma}_{ij} = (\sigma_{ii}, \sigma_{ij}; \sigma_{ji}, \sigma_{jj}) \in \mathbb{R}^{2 \times 2}$。由定义$\boldsymbol{\Sigma}_{ij} = \mathrm{cov}(\boldsymbol{Z}_{ij})$，$\boldsymbol{Z}_{ij} = (Z_i, Z_j)^{\mathrm{T}} \in \mathbb{R}^2$，以及泰勒展开可知，$\boldsymbol{\Sigma} = (\sum_{k=0}^{\infty} \rho^k \boldsymbol{W}^k)\{\sum_{k=0}^{\infty} \rho^k (\boldsymbol{W}^{\mathrm{T}})^k\}$。这表明，可以用$\boldsymbol{\Sigma} \approx \boldsymbol{\Sigma}^{(K)} = (\sigma_{ij}^{(K)}) = (\sum_{k=0}^{K} \rho^k \boldsymbol{W}^k)$$(\sum_{k=0}^{K} \rho^k \boldsymbol{W}^k)^{\mathrm{T}}$ 来近似 $\boldsymbol{\Sigma}$，K 为某个预先设定的阶数。相应地，$\boldsymbol{\Sigma}_{ij}$ 可用$\boldsymbol{\Sigma}_{ij}^{(K)} = (\sigma_{ii}^{(K)}, \sigma_{ij}^{(K)}; \sigma_{ji}^{(K)}, \sigma_{jj}^{(K)}) \in \mathbb{R}^{2 \times 2}$来近似。由此引出近似成对似然函数：

$$f_{ij}^{(K)}(z_i, z_j) = \frac{1}{2\pi} |\boldsymbol{\Sigma}_{ij}^K|^{-\frac{1}{2}} \exp\left\{-\frac{1}{2} \boldsymbol{Z}_{ij}^{\mathrm{T}} (\boldsymbol{\Sigma}_{ij}^K)^{-1} \boldsymbol{Z}_{ij}\right\} \tag{2.10}$$

则每种情况下的成对似然函数可近似为

$$P(Y_i = 0, Y_j = 0) \approx \int_{-\infty}^{\mu} \int_{-\infty}^{\mu} f_{ij}^{(K)}(z_i, z_j) \mathrm{d}z_i \mathrm{d}z_j = \pi_{00}^{(K)}(\boldsymbol{\theta})$$

$$P(Y_i = 0, Y_j = 1) \approx \int_{-\infty}^{\mu} \int_{\mu}^{\infty} f_{ij}^{(K)}(z_i, z_j) \mathrm{d}z_i \mathrm{d}z_j = \pi_{01}^{(K)}(\boldsymbol{\theta})$$

$$P(Y_i = 1, Y_j = 0) \approx \int_{\mu}^{\infty} \int_{-\infty}^{\mu} f_{ij}^{(K)}(z_i, z_j) \mathrm{d}z_i \mathrm{d}z_j = \pi_{10}^{(K)}(\boldsymbol{\theta})$$

$$P(Y_i = 1, Y_j = 1) \approx \int_{\mu}^{\infty} \int_{\mu}^{\infty} f_{ij}^{(K)}(z_i, z_j) \mathrm{d}z_i \mathrm{d}z_j = \pi_{11}^{(K)}(\boldsymbol{\theta})$$

这里 $\boldsymbol{\theta} = (\mu, \rho)^{\mathrm{T}}$ 为未知参数向量。如下标所示，$\pi_{00}, \pi_{10}, \pi_{01}$ 和 π_{11} 的定义依赖于下标(i, j)，但此处为了简化符号，所以省略。根据复合似然的思想（Shao, 2003；Wang et al, 2013），可对所有成对观测的目标函数求和，由此产生 K 阶近似对数似然函数：

$$\sum_{i,j} \{ \boldsymbol{I}(Y_i = 0, Y_j = 0) \log \pi_{00}^{(K)}(\boldsymbol{\theta}) + \boldsymbol{I}(Y_i = 0, Y_j = 1) \log \pi_{01}^{(K)}(\boldsymbol{\theta}) +$$

$$\boldsymbol{I}(Y_i = 1, Y_j = 0) \log \pi_{10}^{(K)}(\boldsymbol{\theta}) + \boldsymbol{I}(Y_i = 1, Y_j = 1) \log \pi_{11}^{(K)}(\boldsymbol{\theta}) \}$$

但是,如果将所有的成对观测考虑进去,可能会占用大量计算资源且无法在实际中应用。一个折中的方案是考虑那些有连接关系的成对观测,因为它们最有可能彼此相关,从而提供相关信息。这就引出了最终的目标函数:

$$\ell^{(K)}(\boldsymbol{\theta}) = \sum_{(i,j) \in \mathscr{D}} \{ \boldsymbol{I}(Y_i = 0, Y_j = 0) \log \pi_{00}^{(K)}(\boldsymbol{\theta}) + \boldsymbol{I}(Y_i = 0, Y_j = 1) \log \pi_{01}^{(K)}(\boldsymbol{\theta}) +$$

$$\boldsymbol{I}(Y_i = 1, Y_j = 0) \log \pi_{10}^{(K)}(\boldsymbol{\theta}) + \boldsymbol{I}(Y_i = 1, Y_j = 1) \log \pi_{11}^{(K)}(\boldsymbol{\theta}) \}$$

其中 $\mathscr{D} = \{(i,j) : a_{ij} + a_{ji} > 0\}$ 包含全部有连接关系的成对观测。相应估计量由 $\hat{\boldsymbol{\theta}} = \arg\max\limits_{\boldsymbol{\theta}} \ell^{(K)}(\boldsymbol{\theta})$ 给出。由于 $\hat{\boldsymbol{\theta}}$ 是通过优化近似成对似然函数得到的估计量,因此将其称为近似成对极大似然估计量(APMLE)。可以看到,K 越大,近似效果越好,但也需要更大量的计算。因此需要平衡精度与成本,根据经验,$K = 1$ 和 2 足够满足大多数场合的需求。

2.2.3 数值研究

(1) 模拟设定

为证明 APMLE 在有限样本中的性质,本小节给出三个模拟实验。每个模拟实验均对应一个典型的网络拓扑结构,可通过邻接矩阵 $\boldsymbol{A}$ 的生成和 $\boldsymbol{\theta} = (\mu, \rho)^{\mathrm{T}} \in \mathbb{R}^2$ 的设定体现。一旦模拟生成了 $\boldsymbol{A}$,则可通过对 $\boldsymbol{A}$ 的每一行进行归一化得到 W。潜在变量 $\mathbb{Z}$ 根据 $\mathbb{Z} = (\boldsymbol{I} - \rho \boldsymbol{W})^{-1} \boldsymbol{\varepsilon}$ 生成,其中 $\boldsymbol{\varepsilon} \in \mathbb{R}^n$ 由 n 维标准正态随机向量模拟。二元响应变量 Y_i 由式(2.7)生成。这里考虑三种最常见的网络拓扑结构,下面给出具体生成过程。

例 1(随机网络模型) 第一种为随机网络模型,该模型是指节点的入度(即 $q_i = \sum_{j=1}^{N} a_{ji}$)服从随机分布。这样网络中不存在有影响力的节点(即入度相对较大的节点)。为构造该网络结构,从 $[0,5]$ 的均匀分布中,生成 n 个独立同分布的随机变量,用 $U_i (1 \leqslant i \leqslant n)$ 表示。对每个节点 i,从 $\mathscr{S}_F = \{1, 2, \cdots, n\}$ 中无放回地随机选择样本容量 $[U_i]$,$[U_i]$ 表示不小于 U_i 的最小整数,记样本为 $\mathscr{S}_i$。若 $j \in \mathscr{S}_i$,定义 $a_{ij} = 1$;否则 $a_{ij} = 0$。由此得邻接矩阵 $\boldsymbol{A}$。注意,这里的 $[U_i]$ 实际上是每个节点的出度,最后,令 $\boldsymbol{\theta}=(0.1,0.1)^{\mathrm{T}}$。为更真实地描述这一网络结构,令 $n=50$,模拟一个具有 50 个节点的网络并对其进行可视化,如图 2-2 所示,其中圆点表示节点,直线表示边,颜色越深、圆点越大,表示相应入度越大。可以看到,入度的分布几乎是随机的,且不含有影响力的节点。

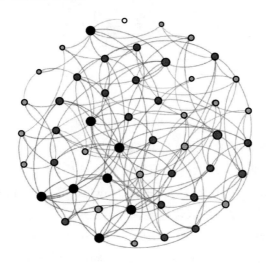

图 2-2 随机网络模型可视化

例 2(幂律分布模型） 幂律分布网络结构(Barabasi,1999;Clauset et al, 2009)也是一种在文献中被广泛研究的网络拓扑结构。该网络结构一个非常重要的特点是,大多数节点只有很少的连接关系,仅有少量节点有大量的连接关系。为模拟这一网络模型,根据 Clauset 等人(2009)的观点生成 $\boldsymbol{A}$ 如下。首先,用与例 1 相同的方式为每个节点生成出度。其次,根据离散幂律分布生成另外 n 个独立同分布的随机变量(记为 $r_i,i=1,\cdots,n$),即 $P(r_i)=ck^{-\alpha}$,c 为正则化常数,$\alpha=2.5$ 为指数参数。α 的值越小表示分布的尾部越厚重。对每个 r_i 生成概率 $p_i=r_i\Big/\sum_{i=1}^{N}r_i$。例 1 将每个节点的出度表示为 $[U_i]$,由此,以概率 p_i 从 $\mathscr{S}_{\mathrm{F}}=\{1,2,\cdots,n\}$ 中无放回地选择样本容量 $[U_i]$,记样本为 $\mathscr{S}_i$。若 $j\in\mathscr{S}_i$,则定义 $a_{ij}=1$,否则 $a_{ij}=0$。最后,令 $\boldsymbol{\theta}=(0.5,0.2)^{\mathrm{T}}$。同样地,令 $n=50$,绘制网络模型的可视化图,如图 2-3 所示。这一网络结构与图 2-2 十分不同,可以看到图中有一个出度很大的节点,这可能是一个有影响力的节点。

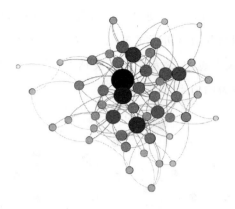

图 2-3　幂律分布模型可视化

例 3（随机区块模型）　随机区块模型（Wang et al，2010；Nowicki et al，2011）也是在以往文献中被广泛研究的网络拓扑结构，例如，该网络结构对社区发现研究极为重要（Zhao et al，2012）。根据 Nowicki 等人（2011）的研究，以相同的概率为每个节点随机分配一个区块标签（$k=1,2,\cdots,K$），其中 $K=n/20$ 为区块数。随后，若 i 和 j 属于同一个区块，则令 $P(a_{ij}=1)=0.5$；否则，$P(a_{ij}=1)=0.001/n$。如此，相比于同区块的节点，不同区块的节点之间有连接关系的可能性更小。最后，令 $\boldsymbol{\theta}=(0,-0.1)^{\mathrm{T}}$。令 $n=50,K=5$ 对该网络结构可视化，如图 2-4 所示。由图 2-4，可以清晰地看到该模拟网络结构中有 5 个区块，同一区块内的节点相互连接，其他情况下无连接。

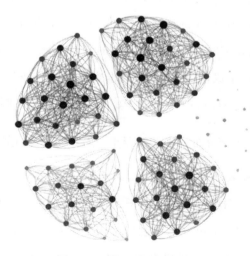

图 2-4　随机区块模型可视化

（2）模拟结果

对每个模拟实验,考虑不同的网络规模(如 $n=1\,000, 2\,000, 4\,000$),并随机重复实验 $M=100$ 次。为了便于说明,只研究一阶和二阶($K=1$ 和 $K=2$)近似成对似然估计量。令 $\hat{\boldsymbol{\theta}}_j^{(m)}=(\hat{\mu}^{(m)}, \hat{\rho}^{(m)})^T$ 为从第 $m(1\leqslant m\leqslant M)$ 次实验中所获得的估计量,考虑以下指标来衡量估计量的性质。首先,对给定参数 $\boldsymbol{\theta}_j(1\leqslant j\leqslant 2)$,用

$$\text{RMSE}_j=\left\{M^{-1}\sum_{m=1}^M(\hat{\boldsymbol{\theta}}_j^{(m)}-\boldsymbol{\theta}_j)^2\right\}^{1/2}$$ 来计算均方根误差。然后,对每个 $1\leqslant j\leqslant 2$,构

造相应估计量的标准差 $\text{SD}_j=\left\{M^{-1}\sum_{m=1}^M(\hat{\boldsymbol{\theta}}_j^{(m)}-\overline{\boldsymbol{\theta}}_j)^2\right\}^{1/2}$,其中 $\overline{\boldsymbol{\theta}}_j=M^{-1}\sum_{m=1}^M\hat{\boldsymbol{\theta}}_j^{(m)}$。最

后,利用这些指标来评估所提方法在有限样本场合的性质。具体结果如表2-3到表2-5所示。从表2-3中可以看出例1的估计量表现一致,即随着 $n\to\infty$,RMSE 和 SD 的值均趋向 0。但由于该方法采用高阶近似,因此该方法在计算上虽然可行但并不是最优的。此外,研究发现 RMSE 和 SD 的值在 $K=1$ 和 $K=2$ 时均十分相似。这表明可以在实际应用中使用一阶近似,以此节约计算资源。表2-4中的例2和表2-5中的例3在数值上也得到了类似的结果。所有这些结果均证实了所提估

计量 $\hat{\boldsymbol{\theta}}$ 确实是一致的。

表 2-3 例 1 的模拟结果($\mu=0.1, \rho=0.1$),汇报 μ 和 ρ 的 RMSE 及 SD

N	$K=1$				$K=2$			
	RMSE_μ	RMSE_ρ	SD_μ	SD_ρ	RMSE_μ	RMSE_ρ	SD_μ	SD_ρ
1 000	0.040 3	0.074 4	0.040 1	0.074 7	0.040 2	0.075 6	0.039 8	0.076 0
2 000	0.029 6	0.056 4	0.028 2	0.056 5	0.029 2	0.057 4	0.027 6	0.057 4
4 000	0.022 6	0.035 2	0.022 6	0.035 3	0.021 8	0.034 3	0.021 9	0.034 5

表 2-4 例 2 的模拟结果($\mu=0.5, \rho=0.2$),汇报 μ 和 ρ 的 RMSE 及 SD

N	$K=1$				$K=2$			
	RMSE_μ	RMSE_ρ	SD_μ	SD_ρ	RMSE_μ	RMSE_ρ	SD_μ	SD_ρ
1 000	0.066 9	0.088 7	0.058 2	0.086 7	0.065 1	0.084 9	0.057 4	0.081 8
2 000	0.043 0	0.062 0	0.036 1	0.061 5	0.042 1	0.062 2	0.035 9	0.060 3
4 000	0.035 6	0.048 2	0.033 3	0.046 8	0.035 8	0.048 4	0.033 4	0.047 0

表 2-5 例 3 的模拟结果($\mu=0, \rho=-0.1$),汇报 μ 和 ρ 的 RMSE 及 SD

N	$K=1$				$K=2$			
	RMSE_μ	RMSE_ρ	SD_μ	SD_ρ	RMSE_μ	RMSE_ρ	SD_μ	SD_ρ
1 000	0.037 5	0.082 5	0.037 6	0.066 3	0.037 1	0.083 4	0.037 0	0.066 6
2 000	0.023 6	0.060 7	0.022 8	0.048 4	0.024 6	0.061 2	0.023 5	0.048 9
4 000	0.018 7	0.044 2	0.018 8	0.034 9	0.019 9	0.043 1	0.020 0	0.034 1

2.2.4　实证分析

在实证分析中,以新浪微博(www. weibo. com)作为示例进一步探究所提方法的可行性。该实证研究的目标是探究新浪微博用户如何通过发帖行为彼此互动。为方便举例说明,该实证分析的数据从一个官方微博账号出发,从其粉丝中随机选择 100 个节点,随后收集该节点的粉丝。由于该模型更适用于稀疏网络结构,所以保留那些出度相对较小的节点。最终得到含有 $n=673$ 个节点的数据集,网络密度为 0.067%,用邻接矩阵记录微博中的关注与被关注关系。图 2-5 展示了所采集的真实网络结构,从图中可以看出,该网络非常稀疏,这与真实情况很相似。对每个节点,定义其二元响应变量为该节点是否在特定的一天发布微博。在数据集中,有 58.25% 的用户在被观测当天发布了微博。本实证分析感兴趣的研究问题是,某人发帖是否会受到与其有连接关系的"朋友"的影响,应用上文提出的方法,可得空间自相关系数 $\hat{\rho}=0.314$,阈值 $\mu=0$。这表明新浪微博用户的发帖行为确实会受与其有联系的用户的影响。

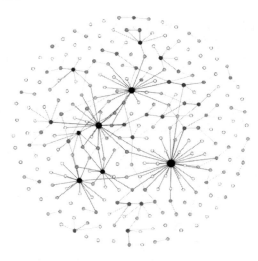

图 2-5　新浪微博采集网络可视化

2.2.5　总结与讨论

本节研究了离散选择模型中的空间自相关估计问题。特别地,考虑了潜在 SAR 框架中的 Probit 离散选择模型。该模型中的网络依赖是不可观测的,而是用二元响应变量来度量的潜在变量。由于目标函数的复杂积分形式,估计该模型的空间自相关极具挑战。因此本节提出一种新的近似方法来解决估计问题,即APMLE方法。数值模拟研究和新浪微博真实数据集均证明了该估计方法的一致性。

最后讨论一些值得深入研究的有趣话题。首先,空间离散选择模型只考虑网络中有直接连接关系的"朋友"。但许多实证研究表明,更高阶关系(如间接相连的节点)也会对消费者行为产生影响。这或许是所提方法的一个延伸,需要进一步研究。其次,这里假定空间自相关在不同用户之间是相同的。但若考虑消费者的异质性,就会违背这一被广泛接受的假设。这也是对所提模型的又一有益扩展,值得专门研究。最后,为进一步理解个人选择,应考虑包含协变量的更复杂的模型,但出于对实际数据可访问性的考虑,此问题留待未来深入研究。

2.3　基于动态网络的链路预测

2.3.1　研究背景

在过去的几十年中,各种在线社交网络经历了快速发展,根据 Statista(www.statista.com)的估计,在 2016 年,全世界范围内大约有 21.3 亿名社交网络用户。流行的社交软件,如 Facebook、Twitter、微信以及新浪微博吸引了数百万名用户通过平台与别人交流。Facebook 每个月的活跃用户达到 14.2 亿人,而 Twitter 的月活跃用户也有 3 亿人。社交网络正成为日常生活必不可少的一部分。

与此同时,与社交网络相关的商业模式也蓬勃发展。正如 Facebook 的年报中所披露的,其 2014 年的收入达 124.7 亿美元,并且其中超过 90% 来自广告收入。其巨大的商业价值在于平台上拥有庞大的活跃用户群体,用户间的频繁交流为广告展示带来了巨额收入。事实上,社交网络越活越,广告展示的机会越多,其商业价值就越大。结果就是,社交网络的活跃度成了公司日常事务中高优先级的目标。

对于一个给定规模的社交网络,其活跃度通常表现在两个维度。第一个就是大量的高质量的用户生产内容,英文叫作 UGC(User Generated Content),第二个就是 UGC 传播的速度和效率。对于第二个方面,一个高效的连接网络是必不可少的。为了提高网络的密度,一方面需要为用户推荐他可能感兴趣的朋友,另一方面又要防止现有的连接断开。精准推荐可能加强用户对社交平台的忠诚度,并且尽可能减少用户的流失,这使得链路预测尤为重要(Butts,2003;Kossinets,2006)。

链路预测就是根据给定的网络结构,预测出网络中两个节点间产生连接的可能性大小(Getoor et al,2005),现有的算法绝大部分都是基于相似性的度量(Newman,2001;Ravasz et al,2002;Adamic et al,2003;Leicht et al,2006;Chowdhury 2010),基于从可观测到的网络结构提取的多种相似性度量进行链路预测。将多种相似性度量纳入一个统一的框架成了一个挑战(LU et al,2011)。更加详细的讨论也可以参见 Koren(2010),Vu 等人(2011)和 Richard 等人(2014)的研究。

为了解决上述问题,本节提出了一种针对链路预测的动态逻辑回归方法,它将多种相似性度量纳入一个统一的模型框架。特别地,假定有一个大小为 n 的网络,并且该网络的结构在时间节点 $\{t:1\leqslant t\leqslant T\}$ 是可观测的,对任意两个节点 i 和 j,如果节点 i 和 j 在时刻 t 是相连的,那么定义 $a_{ij}^t=1$;否则 $a_{ij}^t=0$。这样,不同时刻节点的关系便可以用一系列 $n\times n$ 的邻接矩阵 $\mathscr{A}_t=(a_{ij}^t)$ 来表示(Wasserman et al,1994;Knoke et al,2008,Newman,2010)。接下来考虑如何根据网络的历史信息 $\mathscr{F}_{t-1}=\sigma\{\mathscr{A}_s:s<t\}$ 预测未来的连接关系 a_{ij}^t,这就引出了动态逻辑回归法(Hunter et al,2008),该方法可以灵活地将多种网络结构信息纳入考虑。

该新模型具有优良的表现,因为它允许网络结构极其稀疏。在该模型中又引入二值随机效应,因此有一系列的网络结构特性能够被很好地包含进来,如互粉性、传递性(Hoff et al,2002)。然而,这样做的缺点是似然函数的计算变得太复杂。这导致了标准化的极大似然估计在计算上不可行。为了减小计算复杂度,本节提出一种条件极大似然估计方法,该方法对于大规模的网络计算是可行的。本节将过模拟研究以及真实数据研究两方面来阐述模型的效率。

该模型的提出对现有研究有两方面的贡献。首先,它是一种新颖而有趣的时间序列模型,大部分的传统研究重点在于单因素时间序列模型(Fan et al,2003)。最近,有很多研究聚焦于多元时间序列模型,尤其是高维数据(Bedrick et al,1994;Yuan et al,2007;Pan et la,2008;Lam et al,2012)。然而,关于二值时间序列矩阵的研究(例如,$\mathscr{A}_t$)极其有限。其次,在网络分析领域,大量的研究是关于网络形成机制的。最简单的 Erdös-Rényi 模型是该领域的重要成果。Erdös 等人(1960)对不同连接假定了一个独立性条件。为了允许互粉条件,Holland 等人(1981)提出 p_1 模型,相似的想法被 Wang 等人(1987)和 Nowicki 等人(2001)进一步拓展,因此,随机区块可以被用来建模。其他的相关研究包括指数随机图模型(Hunter et al,2008)和隐空间模型(Hoff et al,2002)。然而,所有这些工作都集中在横截面数据上,而没有基于时间序列框架的网络研究。

2.3.2　研究方法

（1）模型构建

假定网络具有 n 个节点，将其定义为 $\{1,\cdots,n\}$，进一步假定该网络可以被连续地观测到，在一系列等间隔的时间点上，标记为 $\{1,\cdots,T\}$。节点之间不同时刻的关系被表示为一个 $n \times n$ 的邻接矩阵 $\mathscr{A}_t=(a_{ij}^t)$，其中，对任意两个节点 i 和 j，如果节点 i 和 j 在时刻 t 是相连的，则定义 $a_{ij}^t=1(i \neq j)$，否则为 0。对于一个无向的网络，定义 $a_{ij}^t=a_{ji}^t$，然而本研究假定网络是有向的，即 $a_{ij}^t \neq a_{ji}^t$。本研究的目标是根据动态网络进行建模，即在给定它的滞后信息 $\mathscr{F}_{t-1}=\sigma\{\mathscr{A}_{t-1},\mathscr{A}_{t-2},\cdots,\mathscr{A}_0\}$ 的条件下，对 $\mathscr{A}_t$ 的条件分布进行建模。

在实际中，大规模社交网络通常是极其稀疏的。这就意味着 $P(a_{ij}^t=1)$ 极其小，在数学上，这几乎等价于假定 $P(a_{ij}^t=1) \to 0$，当 $n \to \infty$ 时。一旦假定了 a_{ij}^t 和 a_{ji}^t 相互独立，那么可以推出 $P(a_{ij}^t a_{ji}^t=1)$ 更加小，或者条件分布 $P(a_{ij}^t=1 \mid a_{ji}^t=1) \to 0$，当 $n \to \infty$ 时。另一方面，大量的研究表明条件概率 $P(a_{ij}^t=1 \mid a_{ji}^t=1)$ 应该大一些，并且在理论上可以被认为是一个常数。因此，a_{ij}^t 和 a_{ji}^t 不应该被独立建模，必须联合建模（Holland et al，1981）。

对此，定义 $z_{ij}=z_{ji} \in \{0,1\}$，可以看作是二值化的随机效应。定义 $\boldsymbol{Z}=(z_{ij}) \in \mathbb{R}^{n \times n}$，为对称的随机效应矩阵。接下来可以假定 $a_{ij}^t=z_{ij}\tilde{a}_{ij}^t$，其中 $\tilde{a}_{ij}^t \in \{0,1\}$。因此有如下的模型：

$$P(\tilde{a}_{ij}^t=1 \mid \mathscr{F}_{t-1})=\frac{\exp(\boldsymbol{\beta}^{\mathrm{T}}\boldsymbol{X}_{ij}^{t-1})}{1+\exp(\boldsymbol{\beta}^{\mathrm{T}}\boldsymbol{X}_{ij}^{t-1})} \qquad (2.11)$$

$\boldsymbol{X}_{ij}^{t-1}=(X_{ij,1}^{t-1},\cdots,X_{ij,p}^{t-1})^{\mathrm{T}} \in \mathbb{R}^p$ 是根据 $\mathscr{F}_{t-1}$ 得到的 p 维解释性变量，并且 $\boldsymbol{\beta}=(\beta_1,\cdots,\beta_p)^{\mathrm{T}} \in \mathbb{R}^p$ 是相应的待估参数。最后定义 $\widetilde{\mathscr{A}}_t=(\tilde{a}_{ij}^t) \in \mathbb{R}^{n \times n}$。因此有

$$P(a_{ij}^t=1 \mid \mathscr{F}_{t-1})=P(z_{ij}=1)P(\tilde{a}_{ij}^t=1 \mid \mathscr{F}_{t-1})=\alpha_{ij}\frac{\exp(\boldsymbol{\beta}^{\mathrm{T}}\boldsymbol{X}_{ij}^{t-1})}{1+\exp(\boldsymbol{\beta}^{\mathrm{T}}\boldsymbol{X}_{ij}^{t-1})} \quad (2.12)$$

由于大规模社交网络通常是稀疏的，这意味着 $P(a_{ij}^t=1 \mid \mathscr{F}_{t-1})$ 很小，即 $\alpha_{ij} \to 0$，当 $n \to \infty_0$。然而 $a_{ji}^t=1$ 意味着 $z_{ij}=z_{ji}=1$，因此，在条件 $a_{ji}^t=1$ 下，$a_{ij}^t=1$ 是否成立完全取决于 $\tilde{a}_{ij}^t$，因此，$P(a_{ij}^t=1 \mid a_{ji}^t=1)=\exp(\boldsymbol{\beta}^{\mathrm{T}}\boldsymbol{X}_{ij})/\{1+\exp(\boldsymbol{\beta}^{\mathrm{T}}\boldsymbol{X}_{ij})\}$ 是一个固定的数，互粉性条件被很好地满足。

（2）完全似然函数

基于以上模型，我们可以得到如下的完全似然函数：

$$\mathcal{L}(\boldsymbol{\theta}) = \prod_{t=2}^{T} \prod_{i,j} \left[\alpha_{ij} \frac{\exp(\boldsymbol{\beta}^{\mathrm{T}} \boldsymbol{X}_{ij}^{t-1})}{1 + \exp(\boldsymbol{\beta}^{\mathrm{T}} \boldsymbol{X}_{ij}^{t-1})} \right]^{a_{ij}^{t}} \left[\alpha_{ij} \frac{1}{1 + \exp(\boldsymbol{\beta}^{\mathrm{T}} \boldsymbol{X}_{ij}^{t-1})} + (1 - \alpha_{ij}) \right]^{1-a_{ij}^{t}}$$

相应的对数似然函数为

$$\ell(\boldsymbol{\theta}) = \sum_{t=2}^{T} \sum_{i,j} \left[(1 - a_{ij}^{t}) \log \{1 + \exp(\boldsymbol{\beta}^{\mathrm{T}} \boldsymbol{X}_{ij}^{t-1}) - \alpha_{ij} \exp(\boldsymbol{\beta}^{\mathrm{T}} \boldsymbol{X}_{ij}^{t-1})\} + \right.$$
$$\left. a_{ij}^{t} \{(\alpha_{ij} + \boldsymbol{\beta}^{\mathrm{T}} \boldsymbol{X}_{ij}^{t-1}) + \log \alpha_{ij}\} - \log \{1 + \exp(\boldsymbol{\beta}^{\mathrm{T}} \boldsymbol{X}_{ij}^{t-1})\} \right]$$

其中 $\boldsymbol{\theta} = (\boldsymbol{\beta}^{\mathrm{T}}, \alpha_{ij}, i \neq j)^{\mathrm{T}} \in \mathbb{R}^{p+n(n-1)}$。可以看出,优化上述完全似然函数在计算上是个巨大的挑战,主要有以下几个原因。①在时间 t 上以及每一对节点(i,j)之间进行求和,会得到 $Tn(n-1)$ 的计算量。对于大型的社交网络,样本量 n 通常是一个很大的数。这就导致了 $Tn(n-1)$ 的值极其大,使得似然函数的计算复杂度变大。②$\boldsymbol{\theta}$ 的维度(需要优化的参数数量)通常也是特别高的。它是网络大小 n 的平方,这使得本来就困难的计算更加具有挑战。即使拥有所需要的计算能力,直接优化似然函数也是低效的。这是因为绝大多数网络都是极其稀疏的,大部分节点在整个观测时间内都是独立的。这意味着 $a_{ij}^{t} = 0$ 在整个观测阶段没有变化。这样的连接对整个似然函数的贡献极小。然而它们却占据了大量的计算成本,这就导致了直接优化似然函数并不高效。这促使我们建立一个计算上更高效的模型。

（3）条件似然函数

由于网络结构极其稀疏,而且 $a_{ij}^{t} = 0$ 对绝大部分的 t,(i,j) 都成立,显然,这些没有连接的节点对于回归系数 $\boldsymbol{\beta}$ 提供的信息较少,这启发我们只聚焦于那些处于连接状态的节点对。特别是,对于一个给定的时间点 $t \in \{2, \cdots, T\}$,定义 $\mathcal{S}_{t-1} = \{(i,j) : a_{ij}^{t-1} + a_{ij}^{t} > 0\}$,换句话说 $\mathcal{S}_{t-1}$ 收集了所有 t 或 $t-1$ 时刻连接状态的节点对。因此,对于任意的 $(i,j) \in \mathcal{S}_{t-1}$,只能观测到三种状态,$(a_{ij}^{t-1}, a_{ij}^{t}) = (1,0)$,$(a_{ij}^{t-1}, a_{ij}^{t}) = (0,1)$ 和 $(a_{ij}^{t-1}, a_{ij}^{t}) = (1,1)$,它们的似然函数如下:

$$P\{(a_{ij}^{t-1}, a_{ij}^{t}) = (1,0)\} = P(z_{ij} = z_{ji} = 1) P\{(\tilde{a}_{ij}^{t-1}, \tilde{a}_{ij}^{t}) = (1,0)\}$$
$$= \alpha_{ij} \left\{ \frac{\exp(\boldsymbol{\beta}^{\mathrm{T}} \boldsymbol{X}_{ij}^{t-2})}{1 + \exp(\boldsymbol{\beta}^{\mathrm{T}} \boldsymbol{X}_{ij}^{t-2})} \right\} \left\{ \frac{1}{1 + \exp(\boldsymbol{\beta}^{\mathrm{T}} \boldsymbol{X}_{ij}^{t-1})} \right\}$$

同理可得

$$P\{(a_{ij}^{t-1}, a_{ij}^{t}) = (0,1)\} = \alpha_{ij} \left\{ \frac{\exp(\boldsymbol{\beta}^{\mathrm{T}} \boldsymbol{X}_{ij}^{t-1})}{1 + \exp(\boldsymbol{\beta}^{\mathrm{T}} \boldsymbol{X}_{ij}^{t-1})} \right\} \left\{ \frac{1}{1 + \exp(\boldsymbol{\beta}^{\mathrm{T}} \boldsymbol{X}_{ij}^{t-2})} \right\}$$

$$P\{(a_{ij}^{t-1}, a_{ij}^{t}) = (1,1)\} = \alpha_{ij} \left\{ \frac{\exp(\boldsymbol{\beta}^{\mathrm{T}} \boldsymbol{X}_{ij}^{t-2})}{1 + \exp(\boldsymbol{\beta}^{\mathrm{T}} \boldsymbol{X}_{ij}^{t-2})} \right\} \left\{ \frac{\exp(\boldsymbol{\beta}^{\mathrm{T}} \boldsymbol{X}_{ij}^{t-1})}{1 + \exp(\boldsymbol{\beta}^{\mathrm{T}} \boldsymbol{X}_{ij}^{t-1})} \right\}$$

在条件 $a_{ij}^{t-1} = 1$ 下,$a_{ij}^{t} = 1$ 的概率为

$$P(a_{ij}^{t} = 1 | a_{ij}^{t-1} = 1) = \frac{\exp(\boldsymbol{\beta}^{\mathrm{T}} \boldsymbol{X}_{ij}^{t-1})}{1 + \exp(\boldsymbol{\beta}^{\mathrm{T}} \boldsymbol{X}_{ij}^{t-1})} \tag{2.13}$$

值得注意的是,式(2.13)是标准的 a_{ij}^t 作为 0-1 因变量,X_{ij}^{t-1} 作为自变量时的逻辑回归形式。样本为 $\mathscr{S}_{t-1}=\{(i,j):a_{ij}^{t-1}=1\}$,此时需要被优化的对数似然函数为

$$\ell^*(\boldsymbol{\beta})=\sum_{t=2}^{T}\sum_{i,j}\left[a_{ij}^t\boldsymbol{\beta}^{\mathrm{T}}\boldsymbol{X}_{ij}^{t-1}-\log\{1+\exp(\boldsymbol{\beta}^{\mathrm{T}}\boldsymbol{X}_{ij}^{t-1})\}\right]$$

相应的估计量可以通过条件极大似然估计求出,$\hat{\boldsymbol{\beta}}=\arg\max_{\boldsymbol{\beta}}\ell^*(\boldsymbol{\beta})$。为了计算 $\hat{\boldsymbol{\beta}}$,可以使用牛顿法。定义 $\dot{\ell}^*(\boldsymbol{\beta})\in\mathbb{R}^p$ 和 $\ddot{\ell}^*(\boldsymbol{\beta})\in\mathbb{R}^{p\times p}$ 为通过 $\ell^*(\boldsymbol{\beta})$ 得到的一阶和二阶导数。定义 $\hat{\boldsymbol{\beta}}^{(0)}=0$ 作为初始值。对于全部 $s>0$,计算 $\hat{\boldsymbol{\beta}}^{(s+1)}=\hat{\boldsymbol{\beta}}^{(s)}-[\ddot{\ell}^*\{\hat{\boldsymbol{\beta}}^{(s)}\}]^{-1}\dot{\ell}^*\{\hat{\boldsymbol{\beta}}^{(s)}\}$,通过不断更新 $\hat{\boldsymbol{\beta}}^{(s)}$ 直到它在数值上收敛。这样得到最后对于 $\boldsymbol{\beta}$ 的估计值。

2.3.3 数值研究

(1) 随机模拟

为了证明估计量的大样本性质,本节展示三个随机模拟的例子。这三个例子除了 Z 的产生方式不同,其他设置都基本相同。首先生成网络结构,构造 $n\times n$ 的矩阵,其中每个元素 U_{ij} 服从均匀分布。接下来定义 $a_{ij}^0=I(U_{ij}<30/n)$,其中 $I(\cdot)$ 为示性函数。这样可以推导出初始的网络结构 $\mathscr{A}_0=(a_{ij}^0)\in\mathbb{R}^{n\times n}$。一旦 Z 和 $\mathscr{A}_0$ 给定了,$\tilde{\mathscr{A}}_t$ 和 $\mathscr{A}_t$ 就可以根据式(2.1)和式(2.2)产生,于是得到网络结构 $\{\mathscr{A}_t\}$。需要注意的是,为了动态生成 $\mathscr{A}_t$,大量来自网络历史信息的变量需要汇总,例如式(2.1)中的 X_{ij}^{t-1}。为此,考虑三个非常常见的网络相关的统计量。它们具体的计算方式将在下一节给出。接下来介绍不同的 Z 的产生方式。

例 1(伪二元独立模型) 根据 Holland 等人(1981)的观点和如下方法产生 $Z_0=(z_{0,ij})\in\mathbb{R}^{n\times n}$。首先,定义一个二元对 $D_{0,ij}=(z_{0,ij},z_{0,ji})$ 对任意的 $1\leqslant i<j\leqslant n$ 都成立。在二元独立模型中,假定不同的 $D_{0,ij}$ 是对立的。考虑到网络的稀疏性,定义 $P(D_{0,ij}=(1,1))=20n^{-1}$,这使得互相连接的二元对 $D_{0,ij}=(1,1)$ 的个数为 $O(n)$。然后,定义 $P(D_{0,ij}=(1,0))=P(D_{0,ij}=(0,1))=0.5n^{-0.8}$,因此有 $P(D_{0,ij}=(0,0))=1-20n^{-1}-n^{-0.8}$,当 n 很大时趋于 1,因为 $z_{ij}=z_{ji}$,有 $z_{ij}=I(z_{0,ji}+z_{0,ij}>0)$,于是 Z 为对称矩阵。定义 $d_i=\sum_{j=1}^{n}z_{ji}$ 为节点 i 的入度。图 2-6 展示了伪二元独立模型的入度直方图和网络结构可视化,在本例中分别假定 $T=10$,$T=15$ 和 $T=20$。

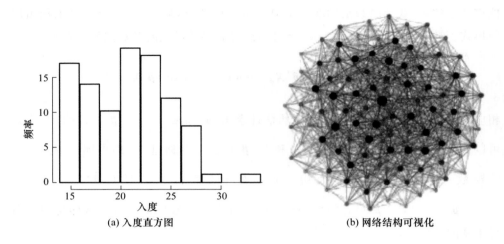

(a) 入度直方图 (b) 网络结构可视化

图 2-6　伪二元独立模型的入度直方图和网络结构可视化

例 2（伪随机区块模型）　接下来考虑产生自另一种常见的网络结构,随机区块模型（Wang et al, 1987；Nowicki et al, 2001）的网络结构。定义 $K \in \{10, 20, 50\}$ 为区块数量,令 $T = 20$,按照 Nowicki 等人（2001）的做法,每个节点以 $1/K$ 的概率被随机分配到某一区块中（$k = 1, \cdots, K$）。如果 i 和 j 在同一个区块,那么令 $P(z_{0,ij} = 1) = 0.03n^{-0.03}$;否则 $P(z_{0,ij} = 1) = 0.01n^{-1}$。同一个区块内的节点相比于不同区间间的节点更容易相连。令 $z_{ij} = I(z_{0,ji} + z_{0,ij} > 0)$,这样就能得到 $\mathbf{Z}_0$,图 2-7 展示了该模型的入度直方图和网络结构。

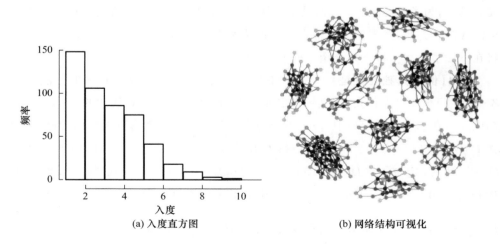

(a) 入度直方图 (b) 网络结构可视化

图 2-7　伪随机区块模型的入度直方图和网络结构可视化

例3（伪幂律分布模型） 根据 Barabasi 等人（1999）的观点，幂律分布也反映了一种常见的网络现象。大多数节点只有很少的边，极少数的点有着大量的边。根据 Clauset 等人（2009）的观点，并且按照如下方式模拟 $\boldsymbol{Z}_0 = (z_{0,ij}) \in \mathbb{R}^{n \times n}$。首先，每个节点 $d_{0,i} = \sum_j z_{0,ji}$ 是从离散的幂率分布中产生的，该分布的形式是 $P(d_{0,i} = k) = ck^{-\alpha}$，其中 c 是标准化后的常数，且指数参数 $\alpha \in \{2.0, 2.3, 2.5\}$，越小的 α 值意味着厚尾分布。其次，对于第 i 个节点，为其随机选取 $d_{0,i}$ 个节点作为与它连接的好友。相应地，令 $z_{ij} = I(z_{0,ji} + z_{0,ij} > 0)$，这样就得到 7。图 2-8 展示了该模型的入度直方图和网络结构。在本例中令 $T = 20$。

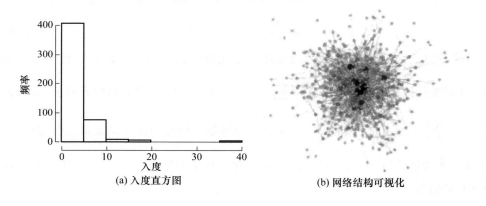

(a) 入度直方图　　　　　　　　　(b) 网络结构可视化

图 2-8　伪幂率分布模型的入度直方图和网络结构可视化

（2）三种网络统计量

正如之前讨论的，为了通过式（2.1）模拟 $\widetilde{\mathscr{A}}$，需要构造解释性变量向量 $\boldsymbol{X}_{ij}^t$。作为示例，这里仅考虑三个（即 $p = 3$）被广泛使用的网络统计量。为此，定义 $\Gamma_i^t = \{j : a_{ji}^t = 1\}$ 为时刻 t 节点 i 向外连接的节点集，$\Gamma'^t_i = \{j : a_{ji}^t = 1\}$ 为时刻 t 连接到节点 i 的节点集。

接下来定义 $\boldsymbol{X}_{ij}^t = (X_{ij,1}^t, X_{ij,2}^t, X_{ij,3}^t)^{\mathrm{T}} \in \mathbb{R}^3$ 如下。

① 惯性效应。过去的文献研究表明人们的行为通常与他们过去的行为相符合（Bawa et al，1990；Chintagunta et al，1998）。因此定义了第一个变量，用以揭示节点间过去的状态，形式如下，该变量的估计系数我们称之为惯性效应。

$$X_{ij,1}^t = a_{ij}^t \tag{2.14}$$

② 同质效应。传统的同质性理论在社交领域表明相互连接的人们往往有着相似的偏好（McPherson et al，1987；Shalizi et al，2011）。对于任意两个节点 i 和 j，都可以把 i 的朋友推荐给 j。这是因为基于同质理论，i 和 j 在某种程度上是相似的，从

数学角度我们定义 $X_{ij,2}^t$ 为节点 i 和节点 j 之间通路为 2 的路径数。一个典型的 i 和 j 之间通路为 2 的例子是,对于 $1 \leqslant k \leqslant n$,有 $i \to k \to j$,这里 $|\Gamma_i^t \bigcap \Gamma_j^{'t}|$ 代表在集合 $\Gamma_i^t \bigcap \Gamma^{'t}$ 中的总数,$X_{ij,2}^t$ 就是矩阵 $\mathcal{A}_t^2$ 中对应的元素。

$$X_{ij,2}^t = \sum_{k=1}^n a_{ik}^t a_{kj}^t = |\Gamma_i^t \bigcap \Gamma_j^{'t}| \tag{2.15}$$

③ 公因子效应。先前的研究表明人们可能被共同的外部因子所影响(Ma et al.(2014))。在实际中,两个人共同的朋友数量往往是新连接形成的重要因素。因此选择节点 i 和 j 之间的公共节点数量作为我们的第三个变量。例如对于节点 $i \to k$ 和 $j \to k$,其中 $1 \leqslant k \leqslant n$,值得注意的是 $X_{ij,3}^t$ 是矩阵 $\mathcal{A}_t \mathcal{A}_t^{\mathrm{T}}$ 中对应的元素。

$$X_{ij,3}^t = \sum_{k=1}^n a_{ik} a_{jk} = |\Gamma_i^t \bigcap \Gamma_j^t| \tag{2.16}$$

除了以上三个变量,其他的网络结构特征也可以被纳入逻辑回归模型中。例如:反同质化效应,定义为 $X_{ij,4}^t = \sum_{k=1}^n a_{jk}^t a_{ki}^t = |\Gamma_j^t \bigcap \Gamma_i^t|$;公共追随者效应,定义为 $X_{ij,5}^t = \sum_{k=1}^n a_{kj}^t a_{ki}^t = |\Gamma_i^t \bigcap \Gamma_j^t|$。更高阶的网络结构特征也可以被纳入模型里,一旦得到 $\hat{\boldsymbol{\beta}}$ 的估计值,那么就可以根据网络在时间 t 的特征构造一个条件似然函数(CLI)的指标,

$$\mathrm{CLI}^t(i,j) = \frac{\exp(\hat{\boldsymbol{\beta}}^{\mathrm{T}} \boldsymbol{X}_{ij}^{t-1})}{1 + \exp(\hat{\boldsymbol{\beta}}^{\mathrm{T}} \boldsymbol{X}_{ij}^{t-1})} \tag{2.17}$$

接下来可以预测当 $\mathrm{CLI}^t(i,j) > c$ 时 $a_{ij}^t = 1$ 的概率,其中 c 是提前设定好的间值。不同的间值选择会导致不同的正确率和错误率,将用 AUC(Pepe et al,2006)展示出来。

(3) 参数估计结果

在整个模拟过程中,设定 $(\beta_1, \beta_2, \beta_3)^{\mathrm{T}} = (1.0, 0.3, 0.8)^{\mathrm{T}}$,对于每一个模型,考虑不同的网络大小,即 $(n = 1\,000, 5\,000, 10\,000)$,每个实验随机重复 $M = 500$ 次。令 $\hat{\beta}^{(m)} = (\hat{\beta}_k^{(m)})^{\mathrm{T}} = (\hat{\beta}_1^{(m)}, \hat{\beta}_2^{(m)}, \hat{\beta}_3^{(m)})^{\mathrm{T}}$ 为第 m 次 $(m \in \{1, \cdots, M\})$ 得到的估计结果。应用两种标准去衡量模型表现。第一,对于一个给定的 β_k,其中 $1 \leqslant k \leqslant 3$,其均方误差为 $\mathrm{RMSE}_k = \left\{ M^{-1} \sum_{m=1}^M (\hat{\beta}_k^{(m)} - \beta_k)^2 \right\}^{1/2}$。第二,对于 β_k,其中 $1 \leqslant k \leqslant 3$,它 95% 的置信区间定义为 $\mathrm{CI}_k^{(m)} = (\hat{\beta}_k^{(m)} - z_{0.975} \widehat{\mathrm{SE}}_k^{(m)}, \hat{\beta}_k^{(m)} + z_{0.975} \widehat{\mathrm{SE}}_k^{(m)})$,其中 $\widehat{\mathrm{SE}}_k^{(m)}$ 是第 m 次的标准误差,z_a 是标准正态分布的 a 的分位点。因此,覆盖率计算如下:

$$CP_k = M^{-1} \sum_{m=1}^{M} I(\beta_k \in CI_k^{(m)})。$$

在所有的模拟中,对每一个 β_k 除了汇报 $RMSE_k$ 和 CP_k 以外,还记录了每次计算所消耗的 CPU 时间(研究中使用的 CPU 是 3.2 GHz)。表 2-6 到表 2-8 展示了详细的实验结果。以表 2-6 为例,当 n 固定时,随着 T 的增加,RMSE 的值在下降,这是符合预期的,因为更大的 T 会带来更大的样本量。相似地,如果 T 固定,随着 n 的增长,RMSE 也会下降。此外,还看到覆盖率总是接近 95% 的标准水平,这意味着估计的标准误差与真实的标准误差很接近。相似的结果也在表 2-6 和表 2-8 中得到。最后,研究发现 CPU 的耗时随着网络大小 n 的增大而增加,它的增加是近似于线性的,如图 2-9 所示。

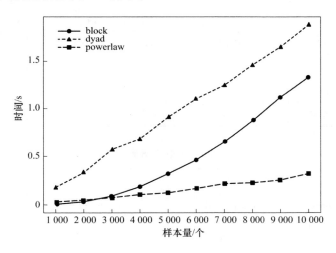

图 2-9　不同样本量下 CPU 的平均消耗时间

（4）链路预测结果

本小节用 CLI 和其他四种相似性度量进行对比,将结果展示在表 2-9 中。这些指标由于他们在计算中的优越性能而被广泛使用在链路预测的领域中。

表 2-6　例 1 随机模拟结果,汇报 RMSE 值（$\times 10^{-2}$）、CP(%) 和 CPU 时间

	$T=10$			$T=15$			$T=20$		
	$n=1\,000$	$n=5\,000$	$n=10\,000$	$n=1\,000$	$n=5\,000$	$n=10\,000$	$n=1\,000$	$n=5\,000$	$n=10\,000$
β_1	0.75(94.2)	0.29(94.6)	0.20(95.4)	0.59(94.8)	0.23(95.0)	0.16(94.0)	0.53(92.2)	0.19(95.6)	0.14(92.0)
β_2	3.12(95.0)	2.84(92.6)	2.56(96.8)	2.55(94.0)	2.18(95.2)	2.12(94.4)	2.22(94.0)	1.86(95.0)	1.78(96.2)
β_3	3.18(94.8)	2.84(95.8)	2.72(94.8)	2.59(95.0)	2.30(95.4)	2.13(95.6)	2.24(95.0)	1.94(94.4)	1.82(94.4)
time	0.175 3	0.868 3	1.868 7	0.276 5	1.438 6	2.847 5	0.369 0	1.901 2	3.889 8

表 2-7　例 2 随机模拟结果,汇报 RMSE 值（×10⁻²）、CP(%) 和 CPU 时间

	$K=10$			$K=20$			$K=50$		
	$n=1\,000$	$n=5\,000$	$n=10\,000$	$n=1\,000$	$n=5\,000$	$n=10\,000$	$n=1\,000$	$n=5\,000$	$n=10\,000$
β_1	0.91(94.8)	0.37(95.0)	0.37(96.4)	1.12(95.6)	0.32(95.4)	0.28(93.8)	1.77(93.0)	0.39(95.6)	0.24(94.2)
β_2	3.57(95.6)	0.65(95.6)	0.59(94.0)	6.64(96.4)	0.85(94.2)	0.47(95.0)	16.1(95.0)	1.62(94.2)	0.68(94.0)
β_3	3.70(96.6)	0.66(95.0)	0.58(93.8)	6.76(95.4)	0.82(94.8)	0.45(96.6)	17.2(95.4)	1.62(95.6)	0.68(94.4)
time	0.103 1	3.929 3	16.988 1	0.051 5	1.681 6	8.390 4	0.022 1	0.606 7	3.008 4

表 2-8　例 3 随机模拟结果,汇报 RMSE 值（×10⁻²）、CP(%) 和 CPU 时间

	$\alpha=2.0$			$\alpha=2.3$			$\alpha=2.5$		
	$n=1\,000$	$n=5\,000$	$n=10\,000$	$n=1\,000$	$n=5\,000$	$n=10\,000$	$n=1\,000$	$n=5\,000$	$n=1\,0000$
β_1	1.06(95.2)	0.42(95.4)	0.28(94.2)	1.00(95.6)	0.44(93.2)	0.28(96.0)	1.08(95.0)	0.47(94.2)	0.33(93.8)
β_2	3.97(93.4)	1.58(94.8)	1.06(97.0)	9.07(96.4)	5.49(95.6)	4.52(95.0)	16.3(94.0)	11.4(95.6)	9.94(95.8)
β_3	3.98(94.0)	1.61(95.8)	1.13(96.0)	8.74(95.8)	5.89(95.4)	4.72(94.8)	16.2(95.0)	12.4(96.0)	9.98(96.2)
time	0.195 7	1.038 1	2.582 0	0.077 3	0.437 7	0.937 0	0.054 7	0.321 0	0.647 4

表 2-9　相似度测量指标

方法	指标
Common Neighbors Index（CNI）	$\lvert \Gamma_i^T \cap \Gamma_j'^T \rvert$
Salton Index（SI）	$\dfrac{\lvert \Gamma_i^T \cap \Gamma_j'^T \rvert}{\sqrt{d_i^T \times d_j^T}}$
Hub Promoted Index（HPI）	$\dfrac{\lvert \Gamma_i^T \cap \Gamma_j'^T \rvert}{\min\{d_i^T, d_j^T\}}$
Hub Depressed Index（HDI）	$\dfrac{\lvert \Gamma_i^T \cap \Gamma_j'^T \rvert}{\max\{d_i^T, d_j^T\}}$

　　以第一个指标 CNI 共同近邻指标为例,在表 2-9 中,CNI 定义为 $\lvert \Gamma_i^T \cap \Gamma_j^T \rvert$,定义 $\Gamma_i^T = \{j : a_{ij}^T = 1\}$ 为时刻 t 节点 i 所连接的节点集,$\Gamma_i^T = \{j : a_{ji}^T = 1\}$ 为时刻 t 连接到节点 i 的节点集。因此 CNI 计算的是 i 和 j 的公共节点。其次,对全部的 (i,j) 节点对都根据 CNI 的值降序排列。定义有着高 CNI 值的节点对会被预测为 1,其余为 0。其余指标都是根据入度 $d_i^T = \sum_j a_{ji}^T = \lvert \Gamma_i' \rvert$ 对 CNI 进行的各种变形,针对

CNI 的优化,更详细的信息可以查阅 Lu 等人(2011)的文章。

对于每一次模拟,固定 $n=1\,000$,利用时间从 1 到 $T-1$ 内的数据去估计 CMLE $\hat{\boldsymbol{\beta}}$,在时刻 T 的预测正确率以 AUC 的形式评估(Pepe et al,2006)。为了节约计算时间,只有那些 $a_{ij}^{T-1}=1$ 的节点对会被计算。表 2-10 中展示了不同模型的 AUC 值,研究发现 CLI 在 AUC 这个指标中表现优秀。这是合理的,因为 CLI 从不同的数据源中提取信息。

表 2-10 在 $a_{ij}^{T-1}=1$ 情况下各个例子中 AUC 的值

方法	CLI	CNI	HDI	HPI	SI
例1					
$T=10$	**0.578 6**	0.561 2	0.561 2	0.561 1	0.561 1
$T=15$	**0.578 5**	0.563 1	0.563 0	0.563 0	0.563 0
$T=20$	**0.578 2**	0.564 0	0.563 9	0.563 9	0.563 9
例2					
$K=10$	**0.583 6**	0.568 1	0.567 7	0.545 7	0.545 9
$K=20$	**0.548 2**	0.538 5	0.538 4	0.511 2	0.511 3
$K=50$	**0.521 1**	0.516 4	0.516 3	0.507 1	0.507 1
例3					
$\alpha=2.0$	**0.628 8**	0.617 3	0.576 7	0.560 0	0.545 0
$\alpha=2.3$	**0.545 5**	0.538 9	0.534 6	0.513 7	0.513 4
$\alpha=2.5$	**0.520 9**	0.517 3	0.516 2	0.507 4	0.507 3

(5)微博数据分析

最后在真实数据集上测试了提出的模型,数据收集来自新浪微博。其中数据集包含 $n=8\,591$ 个节点及其网络结构信息。这些用户的相互关注关系被跟踪记录了 20 天,详细的结果和估计由表 2-11 给出,不仅包含了三种常见的指标,还包含了另外两个指标。由表 2-11 可以发现,除公因子之外其他指标都是显著的,另外惯性效应是最重要的指标,最后,CLI 在 AUC 指标上表现得最好。然而,$a_{ij}^{T-1}=0$ 时,相较于 CNI 的优势可以被忽略不计。

表 2-11 实际数据分析结果

估计			
指标	估计	$\widehat{SE}$	P 值
惯性效应	7.363 3	0.046 4	0.000 0
同质性	0.437 3	0.026 9	0.000 0
公因子效应	−0.010 8	0.024 1	0.654 9
反同质性	0.304 5	0.023 8	0.000 0
共同追随效应	−0.260 6	0.024 7	0.000 0

预测：基于 $a_{ij}^{T-1}=1$				
方法	CLI	CNI	HDI	HPI	SI
$\widehat{AUC}$	0.706 3	0.682 2	0.616 2	0.500 3	0.500 3

预测：基于 $a_{ij}^{T-1}=0$				
方法	CLI	CNI	HDI	HPI	SI
$\widehat{AUC}$	0.816 0	0.813 6	0.703 3	0.663 2	0.648 1

2.3.4 总结与讨论

本章我们讨论了几个值得深入研究的有趣领域,首先,为了预测 $\mathscr{A}_t$,我们仅使用了来自 $\mathscr{A}_{t-1}$ 的数据,在未来的研究中,我们会考虑关于网络结构更高阶的特征,例如 $\mathscr{A}_{t-1}$ 和 $\mathscr{A}_{t-2}$。其次,我们发现 CLI 受惯性影响很大,这在网络变化缓慢时是正确的。但对于快速变化的网络,其表现还不清楚。最后,我们假定 $\boldsymbol{\beta}$ 是不随时间改变的,然而事实上,$\boldsymbol{\beta}$ 是可以随时间改变的。如何动态地建模是未来一个有趣的研究方向。

本章参考文献

ADAMIC L A，ADAR E，2003. Friends and neighbors on the web ［J］. Social Networks，25：211-230.

ANSELIN L，1988. Spatial econometrics：methods and models ［M］. New York：Springer.

ANSELIN L，1980. Estimation methods for spatial autoregressive structures ［M］. NY：Cornell University.

BANERJEE S，CARLIN B P，GELFAND A E，2004. Hierarchical modeling and analysis for spatial data [J]. Crc Pr Inc, 101.

BARABASI A L, ALBERT R, 1999. Emergence of scaling in random networks [J]. Science, 286: 509-512.

BAWA K, 1990. Modeling inertia and variety seeking tendencies in brand choice behavior [J]. Market SCI, 9: 263-278.

BEDRICK E J, TSAI C-L, 1994. Model selection for multivariate regression in small samples [J]. Biometrics, 50: 226-231.

BHAT C R, 2011. The maximum approximate composite marginal likelihood (MACML) estimation of multinomial probit-based unordered response choice models [J]. Transportation Research Part B Methodological, 45: 923-939.

BILL A G, 2014. Computational issues in the estimation of the spatial probit model: a comparison of various estimators [J]. The Review of Regional Studies, 43:131-154.

BROCK W A, DURLAUF S N, 2001. Discrete choice with social interaction [J]. Review of Economics Studies, 68: 235-260.

BRONNENBERG B J, MAHAJAN V, 2001. Unobserved retailer behavior in multimarket data: joint spatial dependence in marketing shares and promotion variables [J]. Marketing Science, 20: 284-299.

BUTTS C T, 2003. Network inference, error, and informant (in) accuracy: a bayesian approach [J]. Soc Netw, 25: 103-140.

CALVÓ-ARMENGOL A, PATACCHINI E, ZENOU Y, 2009. Peer effects and social networks IN education [J]. Review of Economic Studies, 76: 1239-1267.

CASE A C, 1991. Spatial patterns in house demand [J]. Econometrica, 59: 953-965.

CHEN X, CHEN Y, XIAO P, 2013. The impact of sampling and network topology on the estimation of social intercorrelation [J]. Journal of Marketing Research, 50(1)95-110.

CHINTAGUNTA P K, 1998. Inertia and variety seeking in a model of brand-purchase timing [J]. Market SCI, 17: 253-270.

CHOWDHURY G, 2010. Introduction to modern information retrieval [M]. London: Facet Publishing.

CHUNG J, VITHALA R, 2003. A general chopice model for bundles with multiple-category products: application to market segmentation and optimal pricing for bundles[J]. Journal of Marketing Research, 40(2): 115-130.

CLAUSET A, SHALIZI C R, NEWMAN M E J, 2009. Power-law distributions in empirical data [J]. Siam Review, 51(4): 661-703.

COHENDET P, LLERENA P, STAHN H, et al, 1998. The economics of networks: interactions and behaviors [M]. New York: Springer.

ELHORST J P, 2014. Spatial econometrics: from cross sectional data to spatial panels [M]. New York: Springer.

ERDÖS P, RËNYI A, 1960. On the evolution of random graphs [J]. Publ. Math. Inst. Hung. Acad. Sci. , 5: 17-61.

FAN J, YAO Q, 2003. Nonlinear time series: nonparametric and parametric methods [M]. New York: Springer.

GETOOR L, DIEHL C P, 2005. Link mining: a survey [J]. Acm Sigkdd Explor Newslett, 7: 3-12.

GREENE W H, DAVID A H, 2013. Revealing additional dimensions of preference heterogeneity in a latent class mixed multinomial logit model [J]. Applied Economics, 45(14): 1897-1902

GUADAGNI P M, JOHN D C L 1983. A logit model of brand choice calibrated on scanner data [J]. Marketing Science, 2(3): 203-238.

HEAGERTY P J, LELE S R, 1998. A composite likelihood approach to binary spatial data [J]. Journal of the American Statistical Association, 93:1099-1111.

HOFF P D, RAFTERY A E, HANDCOCK M S, 2002. Latent space approaches to social network analysis [J]. Publications of the American Statistical Aossociation, 97: 1090-1098.

HOLLAND P W, LEINHARDT S, 1981. An exponential family of probability distributions for directed graphs [J]. Journal of the American Statistical Aossociation, 76: 33-50.

HUNTER D R, GOODREAU S M, HANDCOCK M S, 2008. Goodness of fit of social network models [J]. Journal of the American Statistical Aossociatioin, 103: 248-258.

HUNTER D R, HANDCOCK M S, BUTTS C T, et al, 2008. Ergm: a package to fit, simulate and diagnose exponential-family models for networks [J]. J STATIST SOFTW, 24: 54860.

IYENGAR R, CHRISTOPHE, VAN DEN B, et al, 2011. Opinion leadership and social contagion in new product diffusion [J]. Marketing Science, 30(2): 195-212.

KAMAKURA, WAGNER A, GARY R, 1989. A probabilistic choice model for market segmentation and elasticity structure [J]. Journal of Marketing Research, 26: 379-390.

KNOKE D, YANG S, 2008. Social network analysis [J]. Encylopedia of Social Network Analysis & Mining, 22: 109-127.

KOPALLE P K, KANNAN P K, BOLDT L B, et al, 2012. The impact of household level heterogeneity in reference price effects on optimal retailer pricing policies [J]. Journal of Retailing, 88(1): 102-114.

KOREN Y, 2010. Collaborative filtering with temporal dynamics [J]. Communications of the ACM 53(4): 89-97.

KOSSINETS G, 2006. Effects of missing data in social networks [J]. Social Network, 28(3): 247-268.

LAM C, YAO Q, 2012. Factor modeling for high-dimensional time series: inference for the number of factors [J]. LSE Research Online Documents on Economics, 40(40): 694-726.

LEE L F, LI J, LIN X, 2010. Specification and estimation of social interaction models with network structure [J]. The Econometrics Journal, 13: 145-176.

LEICHT E A, HOLME P, NEWMAN M, 2006. Vertex similarity in networks [J]. Physical Review E Statistical Nonlinear & Soft Matter, 73: 026-120.

LESAGE J, PACE R K, 2009. Introduction to spatial econometrics [M]. New York: Chapman & Hall.

LI J, LEE L F, 2009. Binary choice under social interactions: an empirical study with and without subjective data on expectations [J]. Journal of Applied Econometrics, 24: 257-281.

LV L, ZHOU T, 2011. Link prediction in complex networks: a survey [J]. PHYS A, 390: 1150-1170.

MA L, KRISHNAN R, MONTGOMERY A L, 2014. Latent homophily or social influence? an empirical analysis of purchase within a social network [J]. Manage SCI, 61: 454-473.

MCPHERSON J M, SMITH-LOVIN L, 1987. Homophily in voluntary organizations: status distance and the composition of face-to-face groups [J]. American Sociological Review, 52: 370-379.

MEL A, CARL F, SUNIL G, et al, 1997. The longterm impact of promotion and advertising on consumer brand choice [J] . Journal of Marketing Research, 248-261.

MOZHAROVSKYI P, VOGLER J, 2016. Composite marginal likelihood estimation of spatial autoregressive probit models feasible in very large samples [J]. Economic Letters, 148: 87-90.

NEWMAN M, 2001. Clustering and preferential attachment in growing networks [J]. Phys Rev Stat Nonlin Soft Matter Phys, 64: 025102.

NEWMAN M, 2010. Networks: an introduction [M]. Oxford: Oxford University Press.

NITZAN I, BARAK L, 2011. Social effects on customer retention [J]. Journal of Marketing, 75(6): 24-38.

SNIJDERS T A B, NOWICKI K, 1997. Estimation and prediction for stochastic blockmodels for graphs with latent block structures [J]. Journal of the American Statistical Aossociation, 96: 1077-1087.

ORD J, 1975. Estimation methods for models of spatial interaction [J]. Journal of the American Statistical Association, 70: 120-126.

PAN J, YAO Q, 2008. Modelling multiple time series via common factors [J]. Biometrika, 95: 365-379.

PEPE M S, CAI T, LONGTON G, 2006. Combining predictors for classification using the area under the receiver operating characteristic curve [J]. Biometrics, 62: 221-229.

RAVASZ E, SOMERA A L, MONGRU D A, et al, 2002. Hierarchical organization of modularity in metabolic networks [J]. Science, 297: 1551-1555.

RICHARD E, GAIFFAS S, VAYATIS N, 2014. Link prediction in graphs with autoregressive features [J]. J MACH LEARN RES, 15: 489-517.

SCOTT D W, 1992. Multivariate Density Estimation: Theory, Practice and visualization [M]. New York: Wiley.

SHALIZI C R, THOMAS A C, 2011. Homophily and contagion are generically confounded in observational social network studies [J]. Social Methods RES, 40: 211-239.

SHAO J, 2003. Mathematical statistics [M]. New York: Wiley.

SMIRNOV O A, 2010. Modeling spatial discrete choice. regional science and urban economics [J], 40(5): 292-298.

THOMPSON S K, 2012. Sampling [M]. New York: Wiley.

VU D Q, HUNTER D, SMYTH P, et al, 2012. Continuous-time regression models for longitudinal networks [J]. Adv. Nerral. Inf. Process. Syst, 24: 2492-2500.

WALL M M, 2004. A close look at the spatial structure implied by the car and SAR models [J]. Journal of Statistical Planning and Inference, 121: 311-324.

WANG H, IGLESIAS E M, WOOLDRIDGE J M, 2013. Partial maximum likelihood estimation of a spatial probit model [J]. Journal of Econometrics, 172: 77-89.

WANG Y J, WONG G Y, 2010. Stochastic block models for directed graphs [J]. Journal of the American Statistical Association, 82(82):8-19.

WASSERMAN S, FAUST K, 1994. Social network analysis: methods and applications [M]. Cambridge: Cambridge University Press.

WEI Y, YILDIRIM P, VAN DEN BULTE C, et al, 2015. Credit scoring with social network data [J]. Marketing Science.

MING Y, EKICI A, LU Z, et al, 2007. Dimension reduction and coefficient estimation in multivariate linear regression [J]. Journal of the Royal Statistical Society, 69: 329-346.

ZHAO Y, LEVINA E, ZHU J, 2012. Consistency of community detection in networks under degree-corrected stochastic block models [J]. Annals of Statistics, 40(40): 2266-2292.

ZHOU J，HUANG D，WANG H S，2018. A note on estimating network dependence in a discrete choice model [J]. Statistics and Its Interface，11：433-439.

ZHOU J，HUANG D，WANG H，2017. A dynamic logistic regression for network link prediction [J]. Science China Mathematics，60(1)：165-176.

ZHOU J，TU Y D，CHEN Y X，et al，2017. Estimating spatial autocorrelation with sampled network data [J]. Journal of Business & Economic Statistics，31(1)：130-138.

第3章　社交网络数据与动态空间面板模型

对网络数据建模的第一个核心是处理网络结构带来的复杂相关关系,这其中最具代表性的方法就是空间自回归模型(Spatial Autoregressive Model,SAR),在该模型的设定中,个体之间的空间相依性通过邻接矩阵来刻画,空间中每个节点的因变量不仅受自身协变量的影响,还会受其在社交网络中关注的其他节点的因变量的影响(Ord,1975;Lee,2004;Anselin,2013)。这一模型简单直观,在计量经济学中被广泛探讨,并且在农业、经济、金融、通信等不同领域有广泛应用,本书已在第2章中做了详细的阐述。然而,如今的网络结构数据所蕴含的相关关系更加复杂、动态多变且面临着不同程度的因变量缺失,现有的 SAR 模型往往无法适用或者计算效率极低。因此,对于带有因变量缺失的、具有复杂相关性的动态网络数据的统计建模方法的深入研究与开发具有重要的理论与现实意义,不仅能够完善和补充现有网络数据和缺失数据建模的理论体系,提供新的理论工具,还能将研究结果直接应用到大规模动态网络数据的缺失插补中。本章重点介绍既有空间依赖,又有时间依赖的动态网络结构数据建模问题,并且还将引入缺失数据的分析,由两节组成。

本章第1节关注同时具有时间和空间依赖关系的动态网络结构数据,并引入对缺失数据的分析。为了捕捉时间效应,采取 AR(1)过程,每个个体具有不同的自相关系数。对于空间自相关系数,采用广泛使用的空间自回归(SAR)模型,在误差项上进行空间相关建模。假设不能观察到所有的数据,并且缺失受一些观察到的外生变量的影响。为了在不完全数据的基础上估计时间和空间依赖性,本节提出了时间效应的加权最小二乘估计(WLSE)和空间效应的加权极大似然估计(WMLE)。与传统的估计方法相比,新提出的 WLSE 和 WMLE 估计方法具有更高的效率。该研究还建立了对应估计量的渐近性质,通过数值模拟研究和实例验证了 WLSE 和 WMLE 的有效性。

本章第2节关注空间动态面板数据(Spatial Dynamic Panel Data Model,SDPD)模型的因变量缺失问题,该模型同时考虑空间和时间相关性。该研究用带有给定协变量的逻辑回归对缺失机制进行建模，假定缺失机制是随机缺失（MAR）。该研究主要探讨具有缺失数据时，如何进行参数估计，解决方法是用所提出的加权极大似然估计（WMLE），此外，还探讨了该统计量的大样本理论性质。在此基础上，该研究提出一种同时利用空间相关性、时间相关性和外生协变量三种信息进行数据插补的新方法。最后，通过模拟研究和真实数据示例验证 WMLE 和所提插补方法的优良性能。

本章内容均是基于作者过往的研究论文整理而成的，论文的详细出处见本章参考文献，其中涉及理论证明的细节请参见论文原文的附录。

3.1　具有空间相关性和缺失数据的自回归模型

3.1.1　研究背景

缺失数据是很多研究人员在工作中经常遇到的问题，如果研究人员不能正确地处理缺失数据，那么他们可能会对数据做出不准确的推断。通常在文献中，对于"缺失机制"有三种不同的假设。第一个是完全随机缺失（Missing Completely at Random，MCAR），具体可参看文献 Rubin（1976），Allison（2001），Briggs 等人（2003），它意味着缺失数据的缺失概率与数据本身或任何其他变量都是无关的。第二个是随机缺失（Missing at Random，MAR），这是一个比 MCAR 更弱的假设（Allison，2001；Rubin，2004）。如果缺失数据的缺失概率与数据本身无关，而是与分析中的其他变量有关，就会出现 MAR 的情况。第三个是非随机缺失（Not Missing at Random，NMAR）。它指出缺失的值依赖于未观察到的变量。处理缺失数据的一个直接方法是从分析中删除它们。当缺失的机制是 MCAR 时，结果不会有偏差，然而这种情况在现实生活中很少发生（Nakai et al，2011）。无论在 MAR 还是 NMAR 的情况下，基于其中完整的数据来进行的统计分析都可能导致有偏差的结果（Shaoet al，2002）。因此，处理缺失数据问题的一种更通用的方法是使用一定的插补方法（Imputation Methods）来处理数据，而不是丢弃数据。

各种插补方法在实践中得到了广泛的应用（Little，1988；Schafer，1997；Qin et al，2008；Miao et al，2016）。有关这方面的文献概述，请参看 Little 等人（2014）的文章。一种直接的方法是用一个合理的猜测值来代替缺失的值，例如平均值、众数或来自相关观察的其他信息。然而，这种策略通常导致有偏估计（Enders，2010）。近年来，Shao 等人（2002）提出一种基于回归分析的插补方法，用回归模型的预测来代替缺失值。该方法充分利用了辅助信息,但在 MCAR 的情况下效率较低(Allison,2001;Briggs et al,2003;Graham,2009)。为了解决这一问题,学者们提出了大量的基于模型的前沿方法,其中一个值得注意的方法是多重插补(Multiple Imputation)。与单一的插补方法不同,多重插补是通过为估算值创建几个可接受的值来考虑缺失数据的不确定性。因为它具有一定的灵活性(Flexibility),多重插补在实践中被相对广泛地使用。除此之外,还有更多的插补方法,如 Rao 等人(1992)提出的热卡填充/就近补齐法(Hot Deck Imputation)、Kong 等人(1994)提出的贝叶斯模拟法(Bayesian Simulation Method)、Wang 等人(2004)提出的回归插补算法(Regression Based Imputation),更多的方法可参看 Wang 等人(2014)、Qin 等人(2008)、Miao 等人(2016)的文章。

上面所提到的插补方法,都建立在一定的相对准确有效的估计方法的基础之上。大多数传统的估计都是针对独立数据(Independent Data)而进行的。然而,独立性的假设相对有一定的限制,因为任何个体都不是独立生存的。对于社会中的每一个个体,它们可能在空间上是相互关联的,从而形成复杂的网络。这种网络结构表征了它们之间具有一定的空间依赖关系。关于这空间相依的文献,请参看 Case (1991)、Bronnenberg 等人(2001)、Lee 等人(2010)、Chen 等人(2013)的报道。因此,我们在现实生活中可能经常遇到这种形式的数据。例如,考虑不同地区的建材价格指数月度数据,它们就具有一定的空间相关性,同时还有一定的时间相关性。我们可以基于不同区域间是否相邻的边界信息,构造一定的空间依赖关系。以往的插补方法一般只考虑了各单元自身的特点,而没有考虑其中的网络结构。最近,Sun 等人(2019)提出了一种基于网络结构的插补模型,该模型通过借用其相关朋友或邻居的信息来进行插补。然而,这种方法只对横断面数据有效,对每个单元都一视同仁,忽略了个体本身的时间相依关系。

基于前面所述,本节提出一个更为一般的模型,主要针对具有时间相关性和空间相关性的数据,同时它们还具有一定的缺失。假设缺失机制是随机缺失(MAR),即因变量是否缺失主要依赖于一些可观测的外生变量。对每个区域或者个体来说,通过一个时间自回归模型来刻画它的时间相依性。个体的自相关系数可以随着个体的变化而变化。此外,我们还通过一个广为使用的空间自回归(Spatial Autoregression,SAR)模型来刻画它的空间相依性,有关 SAR 模型的文献可查看 Ord (1975)、Anselin (1980)、Lee 等人(2010)的报道。

为了估计所提出模型的参数,一个很直观的方法就是基于完整数据的最小二乘估计(Least Squares,LS)。然而对于时间相依的自相关系数,这个方法得到的估计不一定是一致的。因此,我们提出了一种加权最小二乘(Weighted Least

Squares，WLS)估计，每个个体对应的权重是它缺失概率的倒数。在空间相依的空间自相关系数的估计中，我们提出一种加权极大似然估计（Weighted Maximum Likelihood Estimator，WMLE）。具体地，它是考虑每个个体在所得到的似然函数中的缺失概率。此外，我们建立了对应的 WLSE 和 WMLE 的渐近理论。我们还进行了数值模拟来验证估计方法在有限样本下的表现。为进一步地展现所提出方法的有效性，我们提供了一个不同地区每日价格变化的真实数据示例。

总之，本研究做出了以下两个贡献。首先，以往的文献主要假设不同个体之间是相对独立的，并没有考虑它们之间的空间网络的依赖关系。我们将网络结构的相依性和时间依赖性结合起来。其次，为了利用所观测到的和已经缺失的数据，我们提出了时间依赖和空间依赖的相关系数的加权估计。这些加权估计量可以平衡完整情况和不完整情况的影响。

3.1.2 模型和方法论

（1）符号和模型

设所观测到的因变量 $Y_{it} \in R^1$ 为一个连续变量，来自第 i 个区域（节点），第 t 个时间点，其中 $1 \leqslant i \leqslant N, 1 \leqslant t \leqslant T$。为了刻画 Y_{it} 的时间动态性，考虑以下自回归（Autoregression，AR）模型，为了简化参数个数，不妨假设均值为零。具体地，有

$$Y_{it} = \alpha_i Y_{i(t-1)} + \varepsilon_{it} \tag{3.1}$$

其中 α_i 是自相关系数，刻画的是第 i 个区域的时间相关性。此外，ε_{it} 为随机误差项，定义 $\boldsymbol{\varepsilon}_t = (\varepsilon_{1t}, \cdots, \varepsilon_{Nt})^T$，这里假设 $\boldsymbol{\varepsilon}_t$ 存在空间相关性，并且满足空间自回归（Spatial Autoregression，SAR）模型（Ord，1975；Anselin，1980；Lee et al，2010），也即

$$\boldsymbol{\varepsilon}_t = \rho \boldsymbol{W} \boldsymbol{\varepsilon}_t + \boldsymbol{\epsilon}_t \tag{3.2}$$

其中 $\rho \in R^1$ 为空间自回归系数，且满足 $|\rho| < 1$（Carlin et al，2014）。此外，随机干扰 $\boldsymbol{\epsilon}_t = (\epsilon_{1t}, \cdots, \epsilon_{Nt})^T \in R^N$ 满足多元正态分布，满足均值为零，协方差矩阵为 $\sigma^2 \boldsymbol{I}_N \in R^{N \times N}$，$\boldsymbol{I}_N$ 代表一个 $N \times N$ 的单位阵。行标准化后的邻接矩阵（权重矩阵，Weighted Matrix）$\boldsymbol{W}$ 用于获得对应空间上各个节点之间的相关性。一个典型的邻接矩阵定义为 $\boldsymbol{A} = (a_{ij}) \in R^{N \times N}$：若区域（节点）$i$ 与区域 j 是相邻的，则 $a_{ij} = 1$；否则 $a_{ij} = 0$。从而可以得到标准化后的邻接矩阵 $\boldsymbol{W} = (w_{ij}) \in R^{N \times N}$，其中 $w_{ij} = a_{ij}/d_i$，$d_i = \sum_{j=1}^{N} a_{ij}$，为第 i 相邻的区域总数量，根据式(3.2)可以得到 $\boldsymbol{\varepsilon}_t = (\boldsymbol{I} - \rho \boldsymbol{W})^{-1} \boldsymbol{\epsilon}_t$，因此，$\boldsymbol{\varepsilon}_t$ 服从一个多元正态分布，其中均值为 0，协方差矩阵为 $\boldsymbol{\Sigma}_t = (\sigma_{ij,t}) = \sigma^2 (\boldsymbol{I} - \rho \boldsymbol{W})^{-1} (\boldsymbol{I} - \rho \boldsymbol{W}^T)^{-1}$。

在实际中,因变量 Y_{it} 不一定能一直完整地被观测到,例如在实际例子中,Y_{it} 为某一特定建筑材料在第 i 个地区、第 j 个时间点的每月价格指数。由于某些原因,Y_{it} 经常在某些区域里或某些时间点上丢失。为了解决这种缺失数据的问题,定义示性函数(Binary Indicator)为 $Z_{ij} \in \{0,1\}$,它满足

$$P(Z_{it}=1|\mathscr{F}_t)=\frac{\exp(\boldsymbol{\beta}^{\mathrm{T}}\boldsymbol{X}_{it})}{1+\exp(\boldsymbol{\beta}^{\mathrm{T}}\boldsymbol{X}_{it})}\doteq p_{it} \tag{3.3}$$

其中 $Z_{it}=1$ 代表 Y_{it} 非缺失,$Z_{it}=0$ 代表 Y_{it} 缺失。此外,这里的 $\mathscr{F}_t$ 是一个由历史数据 $\{Y_{is}:s\leqslant t\}$ 生成的 σ 域,$\boldsymbol{X}_{it}=(X_{it,1},\cdots,X_{it,p})^{\mathrm{T}}\in R^p$ 为一个 p 维协变量,它是可观测到的非缺失外生变量。$\boldsymbol{\beta}=(\beta_1,\cdots,\beta_p)^{\mathrm{T}}\in R^p$ 为协变量对应的(逻辑)回归系数。式(3.3)意味着因变量 Y_{it} 的缺失机制是基于外生协变量的。

(2)时间相关性的最小二乘估计

本节提出一种时间相关性的最小二乘估计方法。假设有完整的 Y_{it} 和不完整的 Y_{it} 两种情况。通过式(3.1),可以根据优化目标函数 $\sum_{t=2}^{T}(Y_{it}-\alpha_i Y_{i(t-1)})^2$ 得到 α_i 的最小二乘估计(LSE),然而,在实践中,由于存在缺失数据这个问题,并不是所有的 Y_{it} 都能被观察到。因此,只能对观测数据进行最小二乘估计,继而目标函数变成

$$Q_1(\alpha_i)=\sum_{t=2}^{T}Z_{it}Z_{i(t-1)}(Y_{it}-\alpha_i Y_{i(t-1)})^2 \tag{3.4}$$

对应的最小二乘估计(LSE)为

$$\hat{\alpha}_i^{\mathrm{LSE}}=\Big\{\sum_{t=2}^{T}Z_{it}Z_{i(t-1)}Y_{it}Y_{i(t-1)}\Big\}\Big\{\sum_{t=2}^{T}Z_{it}Z_{i(t-1)}Y_{i(t-1)}^2\Big\}^{-1}$$

对式(3.4)求取期望,有

$$E\{Q_1(\alpha_i)\}=E(Z_{it})E(Z_{i(t-1)})\sum_{t=2}^{T}(Y_{it}-\alpha_i Y_{i(t-1)})^2$$

需要注意的是,当存在缺失数据时,损失函数(3.4)将会对每一个样本赋予不同的权重,即 $E(Z_{it})E(Z_{i(t-1)})$,换句话说,这意味着每个样本在这一估计步骤中不是被同等地对待的,这可能会导致 LS 估计 $\hat{\alpha}_i^{\mathrm{OLS}}$ 有所偏差。当缺失机制里的协变量 $\boldsymbol{X}_{it}$ 与研究对象因变量 Y_{it} 相关时,可以证明得到 $\hat{\alpha}_i^{\mathrm{OLS}}$ 不是一致的估计(Inconsistent Estimator),具体的证明细节可以参见原论文附录。为了克服上述这个问题,一个直观的想法是通过乘权值的倒数来修正损失函数(3.4),使得每个样本再次被平等对待。基于这种直觉,提出一个加权最小二乘估计(WLSE),其目标函数如下:

$$Q_2(\alpha_i) = \sum_{t=2}^{T} \frac{Z_{it}Z_{i(t-1)}}{p_{it}p_{i(t-1)}}(Y_{it} - \alpha_i Y_{i(t-1)})^2 \tag{3.5}$$

通过优化目标函数(3.5),可以得到 WLSE:

$$\tilde{\alpha}_i^{\mathrm{WLSE}} = \left\{ \sum_{t=2}^{T} \frac{Z_{it}Z_{i(t-1)}Y_{it}Y_{i(t-1)}}{p_{it}p_{i(t-1)}} \right\} \left\{ \sum_{t=2}^{T} \frac{Z_{it}Z_{i(t-1)}Y_{i(t-1)}^2}{p_{it}p_{i(t-1)}} \right\}^{-1}$$

这里所得到的 WLSE 被视为理想的加权最小二乘估计(Ideal Estimator),因为假设已经知道真实的缺失概率,它是直接使用了 $\boldsymbol{\beta}$ 的真实值,与 p_{it} 和 $p_{i(t-1)}$ 关联的参数。但事实上,$\boldsymbol{\beta}$ 也是需要进行估计的。为了估计 $\boldsymbol{\beta}$,可以使用 Z_{it} 作为二分变量的因变量,$\boldsymbol{X}_{it}$ 作为协变量来建立逻辑回归模型。具体来说,在这个逻辑回归中,我们需要优化对数后的似然(Log Likelihood)函数是

$$\ell^*(\boldsymbol{\beta}) = \sum_{i=1}^{N}\sum_{t=2}^{T} \left[Z_{it}\boldsymbol{\beta}^{\mathrm{T}}\boldsymbol{X}_{it} - \log\{1 + \exp(\boldsymbol{\beta}^{\mathrm{T}}\boldsymbol{X}_{it})\} \right] \tag{3.6}$$

所得到的优化结果,也即是回归系数的估计 $\hat{\boldsymbol{\beta}} = \arg\max_{\boldsymbol{\beta}} \ell^*(\boldsymbol{\beta})$。对于 $\tilde{\alpha}_i^{\mathrm{WLSE}}$,选择用 $\hat{\boldsymbol{\beta}}$ 替换里面的 $\boldsymbol{\beta}$,我们可以得到一个可行的加权最小二乘估计(Feasible Estimator),其中 $\hat{p}_{it} = \exp(\hat{\boldsymbol{\beta}}^{\mathrm{T}}\boldsymbol{X}_{it})/\{1 + \exp(\hat{\boldsymbol{\beta}}^{\mathrm{T}}\boldsymbol{X}_{it})\}$。

$$\hat{\alpha}_i^{\mathrm{WLSE}} = \left\{ \sum_{t=2}^{T} \frac{Z_{it}Z_{i(t-1)}Y_{it}Y_{i(t-1)}}{\hat{p}_{it}\,\hat{p}_{i(t-1)}} \right\} \left\{ \sum_{t=2}^{T} \frac{Z_{it}Z_{i(t-1)}Y_{i(t-1)}^2}{\hat{p}_{it}\,\hat{p}_{i(t-1)}} \right\}^{-1}$$

(3)空间相关性的极大似然估计

除了区域(节点)自身时间上的效应,还应关注区域之间的空间依赖性。本节在极大似然(Maximum Likelihood)框架下估计了空间依赖关系。通过式(3.2),知道空间依赖关系是基于误差项 $\boldsymbol{\varepsilon}_t$ 的。它遵循一个均值为 0 的多元正态分布,协方差 $\Sigma_t = (\Sigma_{ij,t}) = \sigma^2 \boldsymbol{\Omega}^{-1}(\rho)$。这里,$\boldsymbol{\Omega}^{-1}(\rho)$ 是协方差矩阵 $\boldsymbol{\Omega}(\rho) = (\boldsymbol{I} - \rho\boldsymbol{W}^{\mathrm{T}})(\boldsymbol{I} - \rho\boldsymbol{W})$ 的逆矩阵。假设知道所有的残差取值,不分是否缺失,可以得到完整的对数似然(Log Likelihood)函数(忽略常数项):

$$\ell_1(\rho, \sigma^2) = \frac{T-1}{2}\log|\boldsymbol{\Omega}(\rho)| - \frac{N(T-1)}{2}\log(\sigma^2) - \frac{1}{2\sigma^2}\sum_{t=2}^{T}\boldsymbol{\varepsilon}_t^{\mathrm{T}}\boldsymbol{\Omega}(\rho)\boldsymbol{\varepsilon}_t \tag{3.7}$$

然而在实际上,并不是所有的 Y_{it} 都是可被观测到的。考虑到存在缺失的问题,基于可被观测到的数据,有对数似然函数:

$$\ell_2(\rho, \sigma^2) = \frac{T-1}{2}\log|\boldsymbol{\Omega}(\rho)| - \frac{N(T-1)}{2}\log(\sigma^2) -$$

$$\frac{1}{2\sigma^2}\sum_{t=2}^{T}\sum_{i=1,j=1}^{N} Z_{it}Z_{i(t-1)}Z_{jt}Z_{j(t-1)}\varepsilon_{it}\varepsilon_{jt}\,w_{ij}(\rho) \tag{3.8}$$

其中 $w_{ij}(\rho)$ 为矩阵 $\boldsymbol{\Omega}(\rho)$ 的第 (i,j) 个元素,并且它是空间自相关系数 ρ 的函数。

通过计算式(3.8)的期望,发现 ε_{it} 和 ε_{jt} 已经被分配了不同的权重与 $E(Z_{it}Z_{i(t-1)})$ 和 $E(Z_{jt}Z_{j(t-1)})$,这可能导致更低效率的估计。因此,我们遵循与上一节相同的逻辑来推导时间依赖的 WLSE。具体来说,使用 Z_{it},$Z_{i(t-1)}$,Z_{jt} 和 $Z_{j(t-1)}$ 的逆概率来调整似然函数(3.8)。从而可以得到加权对数似然(Weighted Log Likelihood)函数。

$$l_3(\rho,\sigma^2) = \frac{T-1}{2}\log|\boldsymbol{\Omega}(\rho)| - \frac{N(T-1)}{2}\log(\sigma^2) -$$
$$\frac{1}{2\sigma^2}\sum_{t=2}^{T}\sum_{i=1,j=1}^{N}\left\{\frac{Z_{it}Z_{i(t-1)}Z_{jt}Z_{j(t-1)}}{p_{it}p_{i(t-1)}p_{jt}p_{j(t-1)}}\varepsilon_{it}\varepsilon_{jt}\,w_{ij}(\rho)\right\} \tag{3.9}$$

为了优化目标似然函数(3.9),首先推导出 σ^2 的极大似然估计量,通过计算对数似然函数关于它的一阶导数为 0,可以得到

$$\tilde{\sigma}^2 = \{N(T-1)\}^{-1}f(\rho)$$

其中 $f(\rho)$ 被定义为

$$f(\rho) = \sum_{t=2}^{T}\sum_{i=1,j=1}^{N}\left\{\frac{Z_{it}Z_{i(t-1)}Z_{jt}Z_{j(t-1)}}{p_{it}p_{i(t-1)}p_{jt}p_{j(t-1)}}\varepsilon_{it}\varepsilon_{jt}\,w_{ij}(\rho)\right\}$$
$$= \sum_{t=2}^{T}\boldsymbol{\varepsilon}_t^{\mathrm{T}}\boldsymbol{\Omega}(\rho)\,\boldsymbol{\mathscr{P}}_t^{-1}\boldsymbol{\mathscr{L}}_t\boldsymbol{\varepsilon}_t$$

其中 $\boldsymbol{\mathscr{P}}_t = \mathrm{diag}\{p_{it}p_{i(t-1)}\} \in \mathbb{R}^{N\times N}$,$\boldsymbol{\mathscr{L}}_t = \mathrm{diag}\{Z_{it}Z_{i(t-1)}\} \in \mathbb{R}^{N\times N}$。然后对于目标似然函数(2.9),可以用 $\tilde{\sigma}^2$ 来代替 σ^2,继而可以得到 Profiled Likelihood Function,即

$$l_1^*(\rho) = \frac{T-1}{2}\log|\boldsymbol{\Omega}(\rho)| - \frac{N(T-1)}{2}\log(f(\rho)) \tag{3.10}$$

假设已经知道了 α_i 和 β 的真实值,可以由上面的目标函数(3.10)得到 ρ 的估计,定义为理想的估计(Ideal Estimator)。具体地,$\tilde{\rho}^{\mathrm{WMLE}} = \arg\max\limits_{\rho} l_1^*(\rho)$,然而,根据前文所述,可知 α_i 和 β 也是未知的参数,需要先一步进行估计,可参看(2)。由此,可以选择用所得到的估计 $\hat{\alpha}_i^{\mathrm{WLSE}}$ 和 $\hat{\beta}$ 来代入(3.10),从而得到 $l_2^*(\rho)$ 后估计 ρ。具体地,分别选择 $\hat{\varepsilon}_{it} = Y_{it} - \hat{\alpha}_i^{\mathrm{WLSE}}Y_{i(t-1)}$ 和 $\hat{p}_{it}$ 来替代 ε_{it} 和 p_{it},从而得到一个可行的似然函数(Feasible Profiled Likelihood Function):

$$l_2^*(\rho) = \frac{T-1}{2}\log|\boldsymbol{\Omega}(\rho)| - \frac{N(T-1)}{2}\log(\hat{f}(\rho)) \tag{3.11}$$

其中 $\hat{f}(\rho) = \sum_{t=2}^{T}\hat{\boldsymbol{\varepsilon}}_t^{\mathrm{T}}\boldsymbol{\Omega}(\rho)\,\boldsymbol{\mathscr{P}}_t^{-1}\boldsymbol{\mathscr{L}}_t\hat{\boldsymbol{\varepsilon}}_t$,$\hat{\boldsymbol{\varepsilon}}_t = (\hat{\varepsilon}_{1t},\cdots,\hat{\varepsilon}_{Nt})^{\mathrm{T}} \in \mathbb{R}^N$,得到可行的估计 $\hat{\rho}^{\mathrm{WMLE}} = \arg\max\limits_{\rho} l_2^*(\rho)$,同样建立了 ρ 的理想极大似然估计和可行极大似然估计

的渐近理论。在随后的分析中，分别使用 $\tilde{\rho}^{\text{WMLE}}$ 和 $\hat{\rho}^{\text{WMLE}}$ 来表示理想的 WMLE 和可行的 WMLE。

3.1.3　渐近性质

（1）假设条件

为了建立自相关系数 α_i 的两个估计（即理想、可行的 WLSE），和空间自相关系数 ρ 的两个估计（即理想、可行的 WMLE），首先要考虑以下技术条件。

（C1）（随机误差）对于任意的 $i=1,\cdots,N$ 和 $t=1,\cdots,T$，假设随机误差 ϵ_{it} 满足 $E(\epsilon_{it}\,|\,\mathscr{F}_{t-1})=0, E(\epsilon_{it}^2\,|\,\mathscr{F}_{t-1})=\sigma^2>0$，并且 $E(\epsilon_{it}^4\,|\,\mathscr{F}_{t-1})<\infty$。此外，$\boldsymbol{\epsilon}_t=(\epsilon_{1t},\cdots,\epsilon_{Nt})^{\text{T}}\in\mathbb{R}^N$ 在时间上的样本是独立同分布的（Independent and Identically Distributed）。

（C2）（平稳性）对于任一的 $i=1,\cdots,N$，假设 $|\alpha_i|<1$。

（C3）（方差不变性）假设 $\text{var}(\varepsilon_{it})=\sigma_e^2=(1-\alpha_i^2)\sigma_{Y_i}^2>0$，其中 $\sigma_{Y_i}^2=\text{var}(Y_{it})>0$。这里的 σ_e^2 对于任意的个体 i 都是不变的。

（C4）（缺失率）假设对于任意的 $i=1,\cdots,N$ 和 $t=1,\cdots,T$ 存在常数 $\delta>0$ 使得 $p_{it}>\delta$。此外，我们还要求 $E\{Y_{i(t-1)}^2\varepsilon_{it}^2 p_{it}^{-1}p_{i(t-1)}^{-1}\}=\sigma_{1i}^2\in(0,\infty)$。

（C5）（空间相依性）假设 $|\rho|<1$，设 $\dot{\boldsymbol{\Omega}}(\rho)$ 和 $\ddot{\boldsymbol{\Omega}}(\rho)$ 分别为 $\boldsymbol{\Omega}(\rho)$ 的一阶和二阶导数，例如，$\dot{\boldsymbol{\Omega}}(\rho)=\mathrm{d}\boldsymbol{\Omega}(\rho)/\mathrm{d}\rho=-(\boldsymbol{W}^{\text{T}}+\boldsymbol{W})+2\rho\boldsymbol{W}^{\text{T}}\boldsymbol{W}$，$\ddot{\boldsymbol{\Omega}}(\rho)=\mathrm{d}^2\boldsymbol{\Omega}(\rho)/\mathrm{d}^2\rho=2\boldsymbol{W}^{\text{T}}\boldsymbol{W}$，存在常数 $\Lambda_1>0$ 和 $\Lambda_2>0$，使得：

$$\Lambda_1=\lim_{N\to\infty}(2N)^{-1}\text{tr}\left[\{\boldsymbol{\Omega}^{-1}(\rho)\dot{\boldsymbol{\Omega}}(\rho)\}^2\right],\Lambda_2\lim_{N\to\infty}(2N)^{-1}\text{tr}\left[\{\boldsymbol{\Omega}^{-1}(\rho)\ddot{\boldsymbol{\Omega}}(\rho)\}^2\right]$$

此外，存在常数 $c_{\min}$ 和 $c_{\max}$，使得 $c_{\min}<\Lambda_1,\Lambda_2\leqslant c_{\max}$。

（C6）（空间缺失率）定义 $\mathbb{V}_t=(2\sigma^2)^{-1}\boldsymbol{\varepsilon}_t^{\text{T}}\boldsymbol{\Omega}(\rho)\boldsymbol{\mathscr{P}}_t^{-1}\boldsymbol{\mathscr{L}}_t\boldsymbol{\varepsilon}_t,\dot{\mathbb{V}}_t=\mathrm{d}\mathbb{V}_t/\mathrm{d}\rho(2\sigma^2)^{-1}\boldsymbol{\varepsilon}_t^{\text{T}}\dot{\boldsymbol{\Omega}}$ $(\rho)\boldsymbol{\mathscr{P}}_t^{-1}\boldsymbol{\mathscr{L}}_t\boldsymbol{\varepsilon}_t$。当 $\min\{N,T\}\to\infty$ 时，假设 $(\text{NT})^{-1}\sum_{t=2}^T\text{cov}(\mathbb{V}_t)\to\Delta_1>0$，$(\text{NT})^{-1}\sum_{t=2}^T\text{cov}(\dot{V}_t)\to\Delta_2>0$，$(\text{NT})^{-1}\sum_{t=2}^T\text{cov}(\mathbb{V}_t,\dot{V}_t)\to\Delta_3\in\mathbb{R}^1$。此外，假设 $\Delta=\Delta_2-2\eta\Delta_3+\eta^2\Delta_1>0$。这里，当 $N\to\infty$ 时，我们有 $\eta=\lim_{N\to\infty}N^{-1}\text{tr}\{\boldsymbol{\Omega}^{-1}(\rho)\dot{\boldsymbol{\Omega}}(\rho)\}\to0$。

（C7）（发散速度）存在常数 $c>0$，假设 $T=O(N^{1+c})$，即当 $N\to\infty$ 时，T 同样趋于无穷，并且更快。

以上这些条件在文献中十分常用。具体地，条件（C1）是关于随机误差的，这可以在 Lee（2004）、Su 等人（2010）的文章中找到。在这种情况下，$\boldsymbol{\varepsilon}_t=(\boldsymbol{I}-\rho\boldsymbol{W})^{-1}\boldsymbol{\epsilon}_t$ 随着时间的样本也是独立同分布的。条件（C2）保证了时间序列的平稳性。条件

（C3）假设 ε_{it} 的方差对单个个体 i 不变，它控制 Y_{it} 的可变性，还受 Y_{it} 的方差的限制。条件（C4）和条件（C6）给出了缺失率的限制条件。值得注意的是，这里要求缺失率不应过高。条件（C5）给出了空间依赖和网络结构的矩条件。因为在许多实际应用中，ρ 的经验估计值通常很小。因此，我们可以对 $\boldsymbol{\Omega}(\rho)$、$\dot{\boldsymbol{\Omega}}(\rho)$ 进行泰勒展开，$\ddot{\boldsymbol{\Omega}}(\rho)$ 在 $\rho=0$ 处，这使得条件（C5）相对合理。更详细的讨论可以在 Sun 等人（2019）的文章中找到。条件（C7）假设 T 的发散速度快于 N。这个条件控制了由 N 个个体构成的整体偏差，例如，$\sup_i(\hat{\alpha}_i-\alpha)$。

（2）理论性质

基于（1）讨论的假设，本研究提出的估计量具有以下渐近性质。首先给出 α_i 的理想可行 WLSE 的渐近理论。

定理 3.1　假设条件（C1）—（C4）成立，则对任一 $i=1,\cdots,N$，当 $T\to\infty$ 时，有

$$\sqrt{T}(\tilde{\alpha}_i^{\mathrm{WLSE}}-\alpha_i)\to_d N\left(0,\frac{\sigma_{1i}^2}{\sigma_{Y_i}^4}\right)$$

定理 3.1 的证明可在原始论文的附录 B 中给出。根据这一定理，可以得出这样一个结论，理想估计 $\tilde{\alpha}_i^{\mathrm{WLSE}}$ 是一致的，并且是渐近正态的。对于可行估计量 $\hat{\alpha}_i^{\mathrm{WLSE}}$，它的渐近性质由定理 3.2 给出。

定理 3.2　假设条件（C1）—（C4）成立，则对任一 $i=1,\cdots,N$，当 $T\to\infty$ 时，有

$$\sqrt{T}(\hat{\alpha}_i^{\mathrm{WLSE}}-\alpha_i)\to_d N\left(0,\frac{\sigma_{1i}^2}{\sigma_{Y_i}^4}\right)$$

类似于理想的估计 $\tilde{\alpha}_i^{\mathrm{WLSE}}$，定理 3.2 建立了自相关系数 α_i 可行 WLSE 的一致性，以及渐近正态性。下面得到了空间自相关系数的理想和可行估计的渐近理论。然后给出 ρ 的理想 WMLE 的性质。

定理 3.3　假设条件（C1）和（C5）—（C7）成立，当 $\min\{N,T\}\to\infty$ 时，有

$$\sqrt{NT}(\tilde{\rho}^{\mathrm{WMLE}}-\rho)\to_d N\left(0,\frac{\Delta}{\Lambda_1^2}\right)$$

该定理表明，在某些条件下，理想的 WMLE $\tilde{\rho}^{\mathrm{WMLE}}$ 是一致的和渐近正态的。对于估计的协方差矩阵，假设这里给出了误差项 $\boldsymbol{\varepsilon}_t$ 和参数 (α,β)。类似于 $\tilde{\rho}^{\mathrm{WMLE}}$，在定理 3.4 中，给出了可行 WMLE $\hat{\rho}^{\mathrm{WMLE}}$ 的渐近正态性。

定理 3.4　假设条件（C1）—（C7）成立，当 $\min\{N,T\}\to\infty$ 时，有

$$\sqrt{NT}(\hat{\rho}^{\mathrm{WMLE}}-\rho)\to_d N\left(0,\frac{\Delta}{\Lambda_1^2}\right)$$

该定理建立了 ρ 的可行 WMLE 的一致性和渐近正态性。对于对应参数估计的协方差矩阵，使用估计的 $\hat{\beta}$ 和 $\hat{\alpha}_i^{\mathrm{WLSE}}$，以及 $\hat{\varepsilon}_{it}=Y_{it}-\hat{\alpha}_i^{\mathrm{WLSE}}Y_{i(t-1)}$。

3.1.4　数值研究

（1）模型设定

为了评估所提方法在有限样本下的表现，本节进行了一些数值模拟。

首先，介绍了网络结构 A 的生成机制。根据模型设定，一旦 A 生成，它在不同的时间点都是固定的。对于给定的网络大小 N，我们得到邻接矩阵 $\boldsymbol{A}=(a_{ij})$ 如下。①生成 N 个独立同分布的随机变量，分布为一个期望为 10 的指数分布。对于任意的节点 $1\leqslant i\leqslant N$，用 U_i 来表示所得到的随机变量。对于每个节点 i，从所有节点 $\mathscr{S}_F=\{1,2,\cdots,N\}$ 中随机选择 $[U_i]$ 个节点作为样本大小，其中 $[U_i]$ 表示不小于 U_i 的最小整数。用 $\mathscr{S}_i$ 表示这些选定的样本。②如果 $j\in\mathscr{S}_i$，则定义 $a_{ij}=1$；否则 $a_{ij}=0$。③对于所有的 $1\leqslant i\leqslant N$，设定 $a_{ii}=0$。从而我们得到了邻接矩阵 $\boldsymbol{A}$。然后，通过对每一行 $\boldsymbol{A}$ 进行标准化，可以得到 $\boldsymbol{W}$。此后，$\boldsymbol{W}$ 在不同的时间点上是固定的。

其次，对于给定的时间点 t，根据 $\boldsymbol{\varepsilon}_t=(\boldsymbol{I}-\rho\boldsymbol{W})^{-1}\boldsymbol{\epsilon}_t$ 生成空间误差项 $\boldsymbol{\varepsilon}_t$，其中 $\boldsymbol{\epsilon}_t$ 是均值为 0，协方差为 $\sigma^2\boldsymbol{I}_N$ 的正态分布。我们设置 $\sigma^2=4$，并分别考虑 $\rho=0.1$ 和 0.5 两种情况。然后利用模拟的空间误差项，根据式（3.1）生成响应变量 Y_{it}。具体地，对于每个节点 i，首先，从 0.2 到 0.7 之间的均匀分布模拟 α_i；其次，给定样本大小 T，模拟 Y_{it} 长度为 T_0+T 的时间序列，删除最前面的 T_0 观察值，以消除初始值的影响，在数值模拟中，将所有模拟设定为 $T_0=10$；最后，得到每个节点 i 的 $\{Y_{it}\}$ 的序列。

最后考虑两个缺失的机制，根据式（3.3），对于每个节点 i，将 Y_{it} 设置为不丢失，概率为 p_{it}。为了简单起见，在这里考虑一个协变量 $\boldsymbol{X}_{it}\in\mathbb{R}^1$，那么因变量的非缺失概率为 $\{\exp(\beta_0+\beta_1\boldsymbol{X}_{it})\}/\{1+\exp(\beta_0+\beta_1\boldsymbol{X}_{it})\}$，其中 β_0 是一个控制缺失数据级别的调优参数，β_1 是相应的系数。这里考虑 β_0 的两个不同值，即 $\beta_0=1$ 和 0.5。根据模型设定，这两个值导致缺失率分别接近于 25% 和 35%。在 MCAR 的情况下，协变量 $\boldsymbol{X}_{it}$ 是根据标准正态分布模拟的。在 MAR 的例子中，我们设 $\boldsymbol{X}_{it}=Y_{it}Y_{i(t-1)}+e_{it}$，其中 e_{it} 是由标准正态分布生成的。对于每个数值模拟，将 β_1 设置为 0.1。为了得到相对可靠的评估，每个实验重复次数 $M=1\,000$。

（2）最小二乘估计的表现

根据定理 3.1 和 3.2，理想估计和可行的 WLS 估计是一致的并且渐近正态的。为了探究这两个估计在有限样本下的渐近表现，考虑不同的时间 $T=200$，$500,1\,000,2\,000$。此外，还考虑了不同的网络大小 $N=100,200,400$。

令 $\hat{\boldsymbol{\theta}}^{(m)}=(\hat{\theta}_k^{(m)})^{\mathrm{T}}=(\hat{\alpha}_i^{\mathrm{LSE}(m)},\tilde{\alpha}_i^{\mathrm{WLSE}(m)},\hat{\alpha}_i^{\mathrm{WLSE}(m)})^{\mathrm{T}}$ 为第 m 次所得到的最小二乘理

想、可行的估计,其中 $m=1,\cdots,M$,选择以下两个度量标准来衡量所提出估计方法的表现。首先,对于任一给定的参数 θ_k,其中 $1\leqslant k\leqslant 3$,它们对应的均方根误差为 $\text{RMSE}_k=\{M^{-1}\sum_{m=1}^{M}(\hat{\theta}_k^{(m)}-\theta_k)^2\}^{1/2}$。其次,对于任意的 $1\leqslant k\leqslant 3$,θ_k 对应估计的 95% 置信区间(Confidence Interval)为 $\text{CI}_k^{(m)}=(\hat{\theta}_k^{(m)}-z_{0.975}\widehat{\text{SE}}_k^{(m)},\hat{\theta}_k^{(m)}+z_{0.975}\widehat{\text{SE}}_k^{(m)})$,其中 $\widehat{\text{SE}}_k^{(m)}$ 是基于定理 3.1 和 3.2 所得到的渐近方差,代入所得到的估计计算得到对应的标准误差。此外,z_α 是标准正态分布的 α 分位点。最后,这对应的覆盖率(Coverage Probability,CP)为 $\text{CP}_k=M^{-1}\sum_{m=1}^{M}I(\theta_k\in CI_k^{(m)})$,其中 $I(\cdot)$ 是示性函数。

对于任意给定的时间 T,计算所有节点(区域)对应的标准 RMSE_k 和 CP_k 的平均值。模拟结果展现在表 3-1 和表 3-2,这里考虑两种不同的缺失率,它由调优参数 β_0 控制。具体地说,将 β_0 设置为 1 和 0.5,以分别实现大约 25% 和 35% 的缺失率。表 3-1 展示了 MCAR 情形下的结果。可以看到以 $N=100$ 为例,三个估计的 RMSE 平均值随着 T 的增大而减小。此外,$\tilde{\alpha}_i^{\text{WLSE}}$ 和 $\hat{\alpha}_i^{\text{WLSE}}$ 的覆盖率稳定在 95% 左右。一个有趣的发现是,缺失率越低,平均 RMSE 越小。在 ρ 和 N 的不同模型设定中,所得到的结果几乎相同。表 3-2 给出了 MAR 情形下的结果。从表中可以看出,传统的 OLS 估计不再是一致的,而两个 WLS 估计都还算一致,表现相对好。因为 $\tilde{\alpha}_i^{\text{WLSE}}$ 和 $\hat{\alpha}_i^{\text{WLSE}}$ 的 RMSE 值仍随着 T 的增加而减少。此外,CP 保持在正常水平 95% 左右。所有的结果都证实了定理 3.1 和 3.2 的理论结果。

(3)极大似然估计的表现

定理 3.3 和 3.4 分别证明了参数 ρ 理想的和可行的 WMLE 是一致的和渐近正态的。为了验证这些估计的渐近结果,考虑不同的网络大小($N=100,200,500$)和不同的时间跨度($T=100,200,500$)。与 α_i 的最小二乘估计类似,也使用 RMSE 和 CP 来评估 ρ 的估计表现。

详细的数值模拟结果总结在表 3-3 和表 3-4 中。从这两个表中,可以得出以下结论。第一,在表 3-3 给出的 MCAR 情形中,发现理想的和可行的 WMLE 都是一致的。因为当 $N\to\infty$ 和 $T\to\infty$,它们的 RMSE 值逐渐趋近于 0。第二,覆盖概率与名义置信度 95% 相当接近,说明估计的标准误差(即 $\widehat{\text{SE}}$)是很接近的。第三,对于表 3-4 中所示的 MAR 情形,可以得到相似的结论。这意味着所提出的两个估计在 MAR 缺失机制中也是一致的。所有这些发现都证实了所提出的估计 $\tilde{\rho}^{\text{WMLE}}$ 和 $\hat{\rho}^{\text{WMLE}}$ 确实是一致的,并且是渐近正态的,即都证实了定理 3.3 和 3.4 的理论结果。

101

表 3-1 数值模拟结果（MCAR 情形下，平均缺失率为 25%（$\beta_0=1$）和 35%（$\beta_0=0.5$）；时间相关性系数估计对应的 RMSE 值（$\times 10^{-2}$），括号中给出了理想 WLS($\tilde{\alpha}_i^{WLSE}$)和可行 WLS($\hat{\alpha}_i^{WLSE}$)的 CP(%)

N	T	$\rho=0.1,\beta_0=1$			$\rho=0.1,\beta_0=0.5$			$\rho=0.5,\beta_0=1$			$\rho=0.5,\beta_0=0.5$		
		$\hat{\alpha}_i^{OLS}$	$\tilde{\alpha}_i^{WLS}$	$\hat{\alpha}_i^{WLS}$	$\hat{\alpha}_i^{OLS}$	$\tilde{\alpha}_i^{WLS}$	$\hat{\alpha}_i^{WLS}$	$\hat{\alpha}_i^{OLS}$	$\tilde{\alpha}_i^{WLS}$	$\hat{\alpha}_i^{WLS}$	$\hat{\alpha}_i^{OLS}$	$\tilde{\alpha}_i^{WLS}$	$\hat{\alpha}_i^{WLS}$
100	200	8.52	8.52(95.0)	8.52(95.0)	10.05	10.06(94.9)	10.06(95.3)	8.51	8.52(95.0)	8.52(95.0)	10.06	10.08(94.9)	10.08(95.3)
	500	5.35	5.35(95.0)	5.35(95.0)	6.29	6.30(95.0)	6.30(95.1)	5.35	5.36(95.0)	5.36(95.0)	6.30	6.31(94.9)	6.31(95.0)
	1 000	3.77	3.77(94.9)	3.77(94.9)	4.43	4.44(95.0)	4.44(95.1)	3.78	3.78(95.0)	3.78(95.0)	4.44	4.44(94.9)	4.44(95.0)
	2 000	2.67	2.67(95.0)	2.67(95.0)	3.13	3.14(95.0)	3.14(95.0)	2.67	2.67(94.9)	2.67(94.9)	3.13	3.14(94.9)	3.14(95.0)
200	200	8.61	8.62(95.0)	8.62(94.9)	10.17	10.18(94.7)	10.18(95.2)	8.61	8.61(95.0)	8.61(94.9)	10.17	10.18(94.8)	10.18(95.2)
	500	5.38	5.38(95.1)	5.38(95.0)	6.34	6.35(95.0)	6.35(95.2)	5.39	5.39(95.0)	5.39(95.0)	6.34	6.35(95.0)	6.35(95.1)
	1 000	3.80	3.80(95.0)	3.80(95.0)	4.46	4.46(95.0)	4.46(95.1)	3.80	3.80(95.0)	3.80(95.0)	4.46	4.47(95.0)	4.47(95.1)
	2 000	2.69	2.69(95.1)	2.69(95.0)	3.16	3.16(95.0)	3.16(95.0)	2.69	2.70(95.0)	2.70(95.0)	3.16	3.16(95.0)	3.16(95.0)
400	200	8.63	8.64(94.9)	8.64(94.9)	10.18	10.19(94.8)	10.19(95.2)	8.63	8.64(94.9)	8.64(94.9)	10.17	10.19(94.8)	10.19(95.2)
	500	5.41	5.41(94.9)	5.41(95.0)	6.36	6.37(94.9)	6.37(95.1)	5.41	5.41(95.0)	5.41(95.0)	6.36	6.37(95.0)	6.37(95.1)
	1 000	3.82	3.82(95.0)	3.82(95.0)	4.49	4.49(95.0)	4.49(95.1)	3.81	3.82(95.0)	3.82(95.0)	4.49	4.49(95.0)	4.49(95.1)
	2 000	2.69	2.70(95.0)	2.70(95.0)	3.17	3.17(95.0)	3.17(95.0)	2.69	2.70(95.0)	2.70(95.0)	3.17	3.17(95.0)	3.17(95.0)

表3-2　数值模拟结果〔MAR情形下,平均缺失率为 25%($\beta_0=1$)和 35%($\beta_0=0.5$)〕:时间相关性系数估计对应的 RMSE 值($\times 10^{-2}$),括号中给出了理想 WLS($\tilde{\alpha}_i^{\text{WLSE}}$)和可行 WLS($\hat{\alpha}_i^{\text{WLSE}}$)的 CP(%)

N	T	$\rho=0.1,\beta_0=1$			$\rho=0.1,\beta_0=0.5$			$\rho=0.5,\beta_0=1$			$\rho=0.5,\beta_0=0.5$		
		$\hat{\alpha}_i^{\text{OLS}}$	$\tilde{\alpha}_i^{\text{WLS}}$	$\hat{\alpha}_i^{\text{WLS}}$	$\hat{\alpha}_i^{\text{OLS}}$	$\tilde{\alpha}_i^{\text{WLS}}$	$\hat{\alpha}_i^{\text{WLS}}$	$\hat{\alpha}_i^{\text{OLS}}$	$\tilde{\alpha}_i^{\text{WLS}}$	$\hat{\alpha}_i^{\text{WLS}}$	$\hat{\alpha}_i^{\text{OLS}}$	$\tilde{\alpha}_i^{\text{WLS}}$	$\hat{\alpha}_i^{\text{WLS}}$
100	200	9.43	8.12(95.3)	8.12(95.1)	11.56	9.36(95.3)	9.35(95.3)	9.62	8.16(95.4)	8.16(95.2)	11.82	9.41(95.3)	9.40(95.3)
	500	7.87	5.15(95.3)	5.15(95.1)	10.14	5.94(95.2)	5.93(95.2)	8.15	5.19(95.1)	5.19(95.0)	10.50	5.99(95.2)	5.98(95.2)
	1 000	7.28	3.65(95.1)	3.65(95.1)	9.63	4.23(95.0)	4.22(95.0)	7.58	3.67(95.1)	3.67(95.0)	10.01	4.26(95.1)	4.25(95.2)
	2 000	6.96	2.58(95.0)	2.58(95.0)	9.36	2.98(95.1)	2.98(95.1)	7.28	2.60(95.0)	2.60(95.0)	9.76	3.02(95.0)	3.02(95.0)
200	200	9.63	8.26(95.3)	8.26(95.1)	11.83	9.53(95.3)	9.53(95.3)	9.80	8.31(95.3)	8.30(95.1)	12.07	9.58(95.3)	9.57(95.3)
	500	8.02	5.22(95.2)	5.22(95.1)	10.35	6.04(95.2)	6.04(95.2)	8.27	5.25(95.1)	5.25(95.1)	10.67	6.08(95.1)	6.08(95.2)
	1 000	7.44	3.69(95.0)	3.69(95.1)	9.84	4.28(95.1)	4.27(95.1)	7.71	3.72(95.0)	3.71(95.0)	10.19	4.32(95.1)	4.32(95.1)
	2 000	7.12	2.63(95.0)	2.62(95.0)	9.58	3.03(95.1)	3.03(95.1)	7.42	2.64(95.0)	2.64(95.0)	9.95	3.06(95.1)	3.06(95.1)
400	200	9.65	8.27(95.3)	8.27(95.0)	11.86	9.54(95.3)	9.53(95.3)	9.81	8.30(95.3)	8.30(95.3)	12.07	9.57(95.4)	9.57(95.4)
	500	8.05	5.23(95.1)	5.23(95.0)	10.38	6.05(95.2)	6.05(95.2)	8.27	5.26(95.1)	5.26(95.1)	10.68	6.09(95.2)	6.09(95.2)
	1 000	7.45	3.71(95.0)	3.71(95.0)	9.86	4.30(95.1)	4.30(95.1)	7.70	3.73(95.0)	3.73(95.0)	10.19	4.33(95.1)	4.33(95.1)
	2 000	7.15	2.62(95.1)	2.62(95.0)	9.62	3.04(95.0)	3.04(95.0)	7.42	2.64(95.1)	2.64(95.0)	9.95	3.07(95.0)	3.07(95.0)

表3-3 数值模拟结果〔MCAR 情形下，平均缺失率为 25%（$\beta_0=1$）和 35%（$\beta_0=0.5$）〕：时间相关性系数估计对应的 RMSE 值（$\times 10^{-2}$），括号中给出了理想 WMLE（$\widetilde{\rho}^{\text{WML}}$）和可行 WMLE（$\widehat{\rho}^{\text{WML}}$）的 CP（%）

N	T	$\rho=0.1, \beta_0=1$		$\rho=0.1, \beta_0=0.5$		$\rho=0.5, \beta_0=1$		$\rho=0.5, \beta_0=0.5$	
		$\widetilde{\rho}^{\text{WML}}$	$\widehat{\rho}^{\text{WML}}$	$\widetilde{\rho}^{\text{WML}}$	$\widehat{\rho}^{\text{WML}}$	$\widetilde{\rho}^{\text{WML}}$	$\widehat{\rho}^{\text{WML}}$	$\widetilde{\rho}^{\text{WML}}$	$\widehat{\rho}^{\text{WML}}$
100	100	2.49(93.3)	2.50(93.3)	2.73(94.3)	2.74(93.8)	2.22(93.6)	2.23(93.4)	2.49(92.9)	2.49(93.3)
	200	1.71(94.8)	1.71(94.0)	1.88(95.1)	1.89(94.0)	1.66(93.5)	1.67(92.8)	1.84(94.4)	1.85(93.5)
	500	1.12(95.3)	1.14(94.6)	1.24(95.6)	1.27(93.9)	1.10(95.0)	1.12(92.3)	1.24(95.5)	1.26(91.6)
200	100	1.70(95.2)	1.71(94.7)	1.91(94.8)	1.93(94.7)	1.54(94.4)	1.55(94.0)	1.72(95.1)	1.75(93.8)
	200	1.28(93.2)	1.27(93.2)	1.43(93.4)	1.43(92.9)	1.25(92.1)	1.25(92.4)	1.42(92.7)	1.42(93.1)
	500	0.81(94.6)	0.81(94.2)	0.89(94.7)	0.90(94.5)	0.78(95.3)	0.78(94.5)	0.86(94.6)	0.87(94.6)
500	100	1.09(94.6)	1.09(94.9)	1.23(94.8)	1.24(94.4)	0.98(94.2)	0.98(94.4)	1.12(93.3)	1.13(93.1)
	200	0.75(95.4)	0.75(95.6)	0.83(96.0)	0.83(96.0)	0.73(95.4)	0.73(94.7)	0.82(96.0)	0.82(95.8)
	500	0.50(94.7)	0.50(94.6)	0.56(95.2)	0.56(94.9)	0.49(94.5)	0.50(94.2)	0.56(95.2)	0.57(94.9)

表3-4　数值模拟结果〔MAR情形下，平均缺失率为 25%（$\beta_0=1$）和 35%（$\beta_0=0.5$）〕：时间相关性系数估计对应的 RMSE 值（$\times10^{-2}$），括号中给出了理想 WMLE（$\tilde{\rho}^{\text{WMLE}}$）和可行 WMLE（$\hat{\rho}^{\text{WMLE}}$）的 CP（%）

| N | T | $\rho=0.1,\beta_0=1$ | | $\rho=0.1,\beta_0=0.5$ | | $\rho=0.5,\beta_0=1$ | | $\rho=0.5,\beta_0=0.5$ | |
		$\tilde{\rho}^{\text{WML}}$	$\hat{\rho}^{\text{WML}}$	$\tilde{\rho}^{\text{WML}}$	$\hat{\rho}^{\text{WML}}$	$\tilde{\rho}^{\text{WML}}$	$\hat{\rho}^{\text{WML}}$	$\tilde{\rho}^{\text{WML}}$	$\hat{\rho}^{\text{WML}}$
100	100	2.48(93.7)	2.47(93.2)	2.76(94.3)	2.78(93.6)	2.17(94.3)	2.18(94.1)	2.51(93.1)	2.51(92.5)
	200	1.69(94.2)	1.71(93.8)	1.87(94.8)	1.87(94.0)	1.67(93.5)	1.68(92.8)	1.84(93.8)	1.85(93.3)
	500	1.14(95.3)	1.15(94.3)	1.25(94.7)	1.26(94.1)	1.12(94.6)	1.13(91.3)	1.27(93.6)	1.28(91.7)
200	100	1.70(94.5)	1.70(94.2)	1.90(94.7)	1.91(94.2)	1.55(94.8)	1.56(94.5)	1.74(94.2)	1.75(93.3)
	200	1.30(92.7)	1.29(92.6)	1.44(92.4)	1.43(93.1)	1.29(91.8)	1.28(91.2)	1.45(92.0)	1.45(92.2)
	500	0.82(94.6)	0.82(94.4)	0.90(94.6)	0.90(94.6)	0.80(94.4)	0.80(93.1)	0.89(94.4)	0.89(94.1)
500	100	1.08(94.6)	1.08(94.8)	1.22(94.5)	1.22(94.5)	0.98(94.5)	0.98(94.7)	1.11(93.4)	1.11(93.7)
	200	0.72(96.0)	0.72(95.6)	0.82(95.8)	0.82(95.5)	0.71(95.8)	0.71(95.3)	0.82(95.3)	0.82(94.5)
	500	0.50(95.2)	0.50(94.8)	0.58(94.7)	0.58(94.7)	0.50(93.9)	0.50(93.8)	0.59(93.9)	0.59(93.9)

（4）实际数据分析

本节使用一个实际数据集测试了所提出方法的有效性。数据来源于工程建材查询平台,该平台主要为客户提供建材价格信息。从 2017 年 6 月到 2018 年 5 月,收集了中国大陆 32 个省份的一种建材的月平均市场价格。响应变量为月度价格对数的变化,它可能是空间相关的,也可能是时间相关的。由于一些原因,这个变量有一些缺失的值,这意味着不能完全观察到价格数据。在这种情况下,如果想要估计空间依赖的影响,基于不完整数据的传统方法可能会有问题。然而,提出的方法仍然可以很好地处理这种不完整的数据集。

为了使用本文提出的方法估计 ρ,首先,定义了基于各省地理位置信息构建的网络结构。具体来说,如果省份 i 与省份 j 相邻,则 $a_{ij}=1$,否则 $a_{ij}=0$。这就得到一个 32×32 的邻接矩阵。然后,假设缺失率会受月度效应的影响。因此,让 $\boldsymbol{X}_{it}$ 作为月份变量。为了说明,给出了消火栓材料的计算结果。该材料的相应缺失率约为 12%,将模型应用于该材料的月度价格变化后,估计 ρ 为 0.546,其估计标准误差为 0.141,因此,结论是估计的空间依赖性在 5% 水平上具有统计学意义。这些结果表明,利用该模型可以获得不完全数据集的空间依赖效应。

3.1.5　总结与讨论

本节研究了基于缺失数据的时间和空间依赖关系的数据。为了捕捉时间效应,使用了一个 AR(1) 过程,每个个体具有不同的自相关系数。对于空间自相关系数,采用广泛使用的空间自回归(SAR)模型,在误差项上进行空间相关建模。假设不能观察到所有的数据,并且缺失受一些观察到的外生变量的影响。为了在不完全数据的基础上估计时间和空间依赖性,本研究提出了时间效应的加权最小二乘估计(WLSE)和空间效应的加权极大似然估计(WMLE)。与传统的估计方法相比,新提出的 WLSE 和 WMLE 估计方法具有更高的估计效率。本研究还建立了这两个估计量的相合性和渐近正态性。通过数值模拟研究和实例验证了 WLSE 和 WMLE 的有效性,并讨论了一些未来可研究的方向。首先,假设 AR(1) 过程来表征动态趋势,它可以被更一般的 AR(p) 形式所代替。其次,不同个体之间的横截面相关关系在未来值得研究。最后,基于本研究提出的估计方法,还可以用来对缺失数据进行插补。

3.2 因变量随机缺失的空间动态面板数据插补

3.2.1 研究背景

本研究来自一个实际的数据分析问题,中国建设工程造价网是负责收集各种建筑材料价格信息的政府网站(CECN, http://www.cecn.org.cn/),该机构需要每月编制并公布价格指数。为此,CECN 需收集不同地点、不同时间的各种建筑材料的价格信息。然而,由于许多现实因素,收集到的价格信息很少是完整的,价格信息缺失已成为价格指数编制的一个重大挑战。因此,如何处理这些不完整的价格信息是一个大问题,而数据插补是一个常见选择。

值得注意的是,CECN 在规定时间和固定地点收集价格信息,并得到空间面板结构数据集,为对该类数据进行插补,需考虑两种相关关系。第一是空间相关,即从邻近地点收集的价格应该彼此相关;第二种是时间相关,即当前价格的数值应与历史价格的数值相关。因此,如何建立一个同时考虑空间相关性和时间相关性的模型成为一个十分重要的问题。

已有的大量关于各种相关关系研究的文献可梳理如下:对于时间相关性,有时间序列模型(Brockwell et al,1991;Fuller,1996);对于空间相关性,空间自回归(SAR)模型已被广泛使用(Ord,1975;Anselin,1980;Lee et al,2010)。为同时考虑空间相关性和时间相关性,Yu 等人(2008)提出空间动态面板数据(Spatial Dynamic Panel Data, SDPD)模型,并建议使用伪极大似然法进行估计。后来,Lee 等人(2014)提出广义矩法(GMM),对带有多个空间滞后的 SDPD 模型进行估计。Li(2017)对该模型进一步扩展,允许加入多个空间的时间滞后项。Yang(2018)则研究了带有空间误差的 SDPD 模型。所有这些开创性研究均建立在完整数据集的基础上,而对有缺失数据的情况并未进行深入的研究,相应的插补方法也未得到发展。

然而,数据缺失是实践中的常见问题,对空间动态面板数据尤其如此,正如在CECN 案例中看到的,价格指数的编制受缺失数据的影响。因此,发展统计方法来应对这一挑战是有必要的。一般而言,有三种关于缺失机制的假设(Rubin,1976),分别为完全随机缺失(MCAR)、随机缺失(MAR)和不可忽略的缺失(NM),有关三种缺失机制的详细讨论参见 Little 和 Rubin(2002)的文章。在含有协变量和缺失响应变量的回归框架下，MCAR 意味着缺失完全独立于协变量和响应变量。相反，MAR 则表明缺失依赖于协变量，但是在控制了协变量的效应后，缺失与否独立于响应变量？最后，NM 表明，即使在控制协变量的效应之后，缺失也依赖于响应变量。由于 MCAR 在许多实际应用中是一个过于严格而难以达到的假设，另一方面，NM 又会导致可识别问题，这使得 MAR 成为统计学研究中广泛使用的假设。因此，本节余下部分皆采用 MAR 假设（Rubin，1987；Rao et al，1992；Sun et al，2019）。

在 MAR 假设下，基于完整数据的估计量可能会导致严重的偏倚结果（Shao et al，2002；Nakai et al，2011）。为解决这一问题，很多学者提出了多种插补方法，如 Rao 和 Shao（1992）研究了多种热卡插补法，Shao 和 Wang（2002）提出联合回归插补法，亦有类似的半参数方法被提出（Wang et al，2004；Liang et al，2007；Wang et al，2008；Wang et al，2016；Zhao et al，2016）。还有一种被广泛使用的方法是多重插补，该方法允许对一个缺失的响应变量进行多次插补（Rubin，1987；Schafer，1997；Allison，2001），更多细节详见 Little 和 Rubin 在 2002 年的经典概述。尽管大多现有插补方法都很有效，但他们都针对独立数据（Schafer，1997；Qin et al，2008；Miao et al，2016）。近年来，部分研究者开始对探索具有空间或时间相关性的插补方法感兴趣，Rahman 等人（2015）提出一种利用滞后相关性的时间序列插补法；Wang 和 Lee（2013a）使用三种方法对带有缺失响应变量的空间自回归模型进行估计；Sun 和 Wang（2019）提出针对空间自回归模型的插补法。纵观现有文献，对于空间面板数据，似乎不存在能够同时兼顾空间相关性、时间相关性和外生协变量的插补方法。

本节提出的插补方法属于回归插补的范畴，独特之处在于它同时考虑空间相关性、时间相关性以及外生协变量。具体而言，本方法以 Yu 等人（2008）的经典 SDPD 模型作为模型基础，加入 SAR 结构下的截面空间相关性，并通过向量自回归（VAR）加入时间相关性，同时通过线性回归模型考虑外生协变量的效应，采用逻辑回归模型模拟缺失机制，并采用 MAR 假设，该模型允许外生协变量与是否缺失相关，假定协变量是被完全观测且完整的。为估计未知参数，本节提出一种新的加权对数似然函数，并由此得到加权极大似然估计量（WMLE）。在适当的正则条件下，可以从理论上证明 WMLE 的一致性和渐近正态性。基于 WMLE，本研究提出一种新的插补方法，即在插补时，同时考虑空间相关性、时间相关性和外生协变量的效应，这极大改善了插补结果。因此，该方法可用于 CECN 数据集中的缺失价格插补,以及编制合理的建筑材料价格指数。

3.2.2　研究方法

(1) 模型设定

令 $Y_{it} \in \mathbb{R}^1$ 为在时间点 $t(1 \leqslant t \leqslant T)$ 从第 $i(1 \leqslant i \leqslant N)$ 个地点收集的连续响应变量,为对 Y_{it} 建模,采用 Yu 等人(2008)的空间动态面板数据模型,具体设置如下:

$$\mathbb{Y}_t = \lambda \mathbf{W} \mathbb{Y}_t + \gamma \mathbb{Y}_{t-1} + \rho \mathbf{W} \mathbb{Y}_{t-1} + \mathbb{X}_t \boldsymbol{\beta} + \boldsymbol{\varepsilon}_t \tag{3.12}$$

$\mathbb{Y}_t = (Y_{1t}, \cdots, Y_{Nt})^{\mathrm{T}} \in \mathbb{R}^N$ 是在时间点 t 收集的响应向量,$\mathbb{X}_t = (\mathbf{X}_{1t}^{\mathrm{T}}, \cdots, \mathbf{X}_{Nt}^{\mathrm{T}})^{\mathrm{T}} \in \mathbb{R}^{N \times p}$ 是相应的协变量矩阵,$\mathbf{X}_{it} = (X_{it1}, \cdots, X_{itp})^{\mathrm{T}}$ 是 p 维外生协变量。矩阵 $\mathbf{W} \in \mathbb{R}^{N \times N}$ 是行归一化权重矩阵,用来捕捉不同地点的空间相关性。例如,假设有一邻接矩阵 $\mathbf{A} = a_{ij} \in \mathbb{R}^{N \times N}$,若地点 i 与地点 j 相邻,则 $a_{ij} = 1$,否则 $a_{ij} = 0$,那么 $\mathbf{W} = (w_{ij}) \in \mathbb{R}^{N \times N}$ 可定义为 $w_{ij} = a_{ij}/d_i$,且 $d_i = \sum_{j=1}^{N} a_{ij}$ 为与 i 相邻的地点总数。$\boldsymbol{\varepsilon}_t = (\varepsilon_{1t}, \cdots, \varepsilon_{Nt})^{\mathrm{T}} \in \mathbb{R}^N$ 是残差向量,可假定其服从均值为 0、协方差阵为 $\sigma^2 \mathbf{I} \in \mathbb{R}^{N \times N}$ 的多元正态分布,其中 $\mathbf{I}$ 为维度恰当的单位矩阵。

记 $\mathbf{S} = \mathbf{I} - \lambda \mathbf{W}$,则由 Lee(2004)的论述可知,只要 $|\lambda| < 1$,则 $\mathbf{S}$ 可逆。因此假定 $|\lambda| < 1$,定义 $\mathbf{M} = \mathbf{S}^{-1}(\gamma \mathbf{I} + \rho \mathbf{W})$,则式(3.12)可重写为

$$\mathbb{Y}_t = \mathbf{M} \mathbb{Y}_{t-1} + \mathbf{S}^{-1} \mathbb{X}_t \boldsymbol{\beta} + \mathbf{S}^{-1} \boldsymbol{\varepsilon}_t \tag{3.13}$$

在实际中,响应变量 Y_{it} 可能是不完整的,故利用二元变量 $Z_{it} \in \{0,1\}$ 来表征 Y_{it} 是否被观测到。具体地,若 Y_{it} 被观测,则定义 $Z_{it} = 1$,否则 $Z_{it} = 0$。接着,假定

$$P(Z_{it} = 1 \mid \mathscr{F}) = p_{it} = \frac{\exp(\boldsymbol{\zeta}^{\mathrm{T}} \mathbf{X}_{it})}{1 + \exp(\boldsymbol{\zeta}^{\mathrm{T}} \mathbf{X}_{it})} \tag{3.14}$$

其中,$\mathscr{F}$ 是由 $\{(Y_{it}, \mathbf{X}_{it}) : 1 \leqslant t \leqslant T, 1 \leqslant i \leqslant N\}$ 产生的 σ 域,$\boldsymbol{\zeta} = (\zeta_1, \cdots, \zeta_p)^{\mathrm{T}} \in \mathbb{R}^p$ 是相应的回归系数向量。易知式(3.14)采用 MAR 缺失机制,因为在已观测到协变量 $\mathbf{X}_{it}$ 的条件下,响应变量 Y_{it} 的缺失独立于 Y_{it} 本身。需要注意,式(3.14)中的外生协变量可能与式(3.12)中的不同,它们可能包含关于区域或时间的变量。

(2) 加权极大似然估计

接下来,考虑如何估计式(3.12)中的参数。定义 $\boldsymbol{\theta} = (\boldsymbol{\delta}^{\mathrm{T}}, \lambda, \sigma^2)^{\mathrm{T}} \in \mathbb{R}^{p+4}$,其中 $\boldsymbol{\delta} = (\gamma, \rho, \boldsymbol{\beta}^{\mathrm{T}})^{\mathrm{T}} \in \mathbb{R}^{p+2}$。因为假设中 ε_t 服从均值为 0、协方差阵为 $\sigma^2 \mathbf{I}$ 的多元正态分布,所以由式(3.2),有以下完整数据的对数似然函数(省略部分常数):

$$l_1(\boldsymbol{\theta}) = (T-1)\log|\mathbf{S}| - \frac{N(T-1)}{2}\log(\sigma^2) - \frac{1}{2\sigma^2}\sum_{t=2}^{T} \boldsymbol{\varepsilon}_t^{\mathrm{T}} \boldsymbol{\varepsilon}_t \tag{3.15}$$

其中 $\boldsymbol{S} = \boldsymbol{I} - \lambda \boldsymbol{W}$，$\boldsymbol{\varepsilon}_t = \boldsymbol{S}\,\mathbb{Y}_t - \gamma\,\mathbb{Y}_{t-1} - \rho \boldsymbol{W}\,\mathbb{Y}_{t-1} - \mathbb{X}_t \boldsymbol{\beta} = \widetilde{\mathbb{Y}}_t - \widetilde{\mathbb{X}}_t \boldsymbol{\delta}$。这里，$\widetilde{\mathbb{Y}}_t = \boldsymbol{S}\,\mathbb{Y}_t \in \mathbb{R}^N$，$\widetilde{\mathbb{X}}_t = (\mathbb{Y}_{t-1}, \boldsymbol{W}\,\mathbb{Y}_{t-1}, \mathbb{X}_t) \in \mathbb{R}^{N \times (p+2)}$。接着，考虑如何处理不完整观测。注意到 $E(Z_{it} Z_{i(t-1)} \mid \mathscr{F}) = p_{it} p_{i(t-1)}$，这表明不同的样本对 $(Y_{it}, Y_{i(t-1)})$ 应有不同的权重（如 $p_{it}, p_{i(t-1)}$），即在估计过程中不再平等地对待每对样本，但这可能会降低 $\boldsymbol{\theta}$ 的效率（Zhou et al，2020）。这启发我们考虑以下加权对数似然函数：

$$l_2(\boldsymbol{\theta}) = (T-1)\log \mid \boldsymbol{S} \mid - \frac{N(T-1)}{2}\log(\sigma^2) - \frac{1}{2\,\sigma^2} \sum_{t=2}^{T} \sum_{i=1}^{N} \frac{Z_{it} Z_{i(t-1)}}{p_{it} p_{i(t-1)}} \varepsilon_{it}^2$$

$$(3.16)$$

易证 $E\{l_2(\boldsymbol{\theta}) \mid \mathscr{F}\} = l_1(\boldsymbol{\theta})$。这表明加权对数似然函数（3.16）是基于完整数据的对数似然函数（3.15）的无偏估计。由此可得到 $\boldsymbol{\theta}$ 的一个合理估计量。

然而，加权对数似然函数（3.16）不能直接用于参数估计。这是由于 p_{it} 是未知参数，为解决这一问题，可用 p_{it} 的相合估计量 $\hat{p}_{it} = \{\exp(\hat{\boldsymbol{\zeta}}^{\mathrm{T}} \boldsymbol{X}_{it})\} / \{1 + \exp(\hat{\boldsymbol{\zeta}}^{\mathrm{T}} \boldsymbol{X}_{it})\}$ 来代替 p_{it}，其中 $\hat{\boldsymbol{\zeta}}$ 是逻辑回归模型（3.14）的极大似然估计量。这引出了下列实际可行的加权对数似然函数：

$$l_3(\boldsymbol{\theta}) = (T-1)\log \mid \boldsymbol{S} \mid - \frac{N(T-1)}{2}\log(\sigma^2) - \frac{1}{2\sigma^2} \sum_{t=2}^{T} \sum_{i=1}^{N} \frac{Z_{it} Z_{i(t-1)}}{\hat{p}_{it}\,\hat{p}_{i(t-1)}} \varepsilon_{it}^2$$

$$(3.17)$$

如此，得到切实可行的加权极大似然估计（WMLE）$\hat{\boldsymbol{\theta}} = \arg \max_{\boldsymbol{\theta}} l_3(\boldsymbol{\theta})$。下一小节将详细研究其渐近性质。

（3）理论结果

首先介绍一些符号，对于任意 $N \times N$ 矩阵 $\boldsymbol{C} = (c_{ij}) \in \mathbb{R}^{N \times N}$，定义 $\|\boldsymbol{C}\|_\infty = \max_{1 \leqslant i \leqslant N} \sum_{j=1}^{N} \mid c_{ij} \mid$，$\|\boldsymbol{C}\|_1 = \max_{1 \leqslant i \leqslant N} \sum_{i=1}^{N} \mid c_{ij} \mid$ 和 $\mathrm{abs}(\boldsymbol{C}) = (\mid c_{ij} \mid) \in \mathbb{R}^{N \times N}$。记 $\boldsymbol{G} = \boldsymbol{W}\boldsymbol{S}^{-1} = (G_{ij}) \in \mathbb{R}^{N \times N}$，$\boldsymbol{\mathscr{P}}_t = \mathrm{diag}\{p_{it} p_{i(t-1)}\} \in \mathbb{R}^{N \times N}$。此外，定义 $\boldsymbol{\Delta}_{NT} = [\boldsymbol{\Delta}_{NT,11}, \boldsymbol{\Delta}_{NT,12}, 0; \boldsymbol{\Delta}_{NT,12}^{\mathrm{T}}, \boldsymbol{\Delta}_{NT,22}, \boldsymbol{\Delta}_{NT,23}; 0, \boldsymbol{\Delta}_{NT,23}^{\mathrm{T}}, \boldsymbol{\Delta}_{NT,33}] \in \mathbb{R}^{(p+4) \times (p+4)}$，其中

$$\boldsymbol{\Delta}_{NT,11} = \frac{1}{NT}\frac{1}{\sigma^2}\sum_{t=2}^{T} \widetilde{\mathbb{X}}_t^{\mathrm{T}} \boldsymbol{\mathscr{P}}_t^{-1} \widetilde{\mathbb{X}}_t, \quad \boldsymbol{\Delta}_{NT,12} = -\frac{1}{NT}\frac{1}{\sigma^2}\sum_{t=2}^{T} \widetilde{\mathbb{X}}_t^{\mathrm{T}} \boldsymbol{\mathscr{P}}_t^{-1}(\boldsymbol{G}\,\widetilde{\mathbb{X}}_t \boldsymbol{\delta})$$

$$\boldsymbol{\Delta}_{NT,22} = \boldsymbol{\Delta}_{NT,22,1} + \boldsymbol{\Delta}_{NT,22,2}, \quad \boldsymbol{\Delta}_{NT,22,1} = \frac{1}{NT}\frac{1}{\sigma^2}\sum_{t=2}^{T} (\boldsymbol{G}\,\widetilde{\mathbb{X}}_t \boldsymbol{\delta})^{\mathrm{T}} \boldsymbol{\mathscr{P}}_t^{-1}(\boldsymbol{G}\,\widetilde{\mathbb{X}}_t \boldsymbol{\delta})$$

$$\boldsymbol{\Delta}_{NT,22,2} = \frac{1}{NT}\sum_{t=2}^{T} \Big\{ 2\sum_{i=1}^{N} G_{ii}^2 (p_{it}^{-1} p_{i(t-1)}^{-1} - 1) + \mathrm{tr}(\boldsymbol{G}\boldsymbol{G}^{\mathrm{T}} \boldsymbol{\mathscr{P}}_t^{-1}) + \mathrm{tr}(\boldsymbol{G}^2) \Big\}$$

$$\boldsymbol{\Delta}_{NT,23} = \frac{1}{NT}\frac{1}{2\sigma^2}\sum_{t=2}^{T}\{3\mathrm{tr}(\boldsymbol{G}\boldsymbol{\mathscr{P}}_t^{-1}) - \mathrm{tr}(\boldsymbol{G})\}, \quad \boldsymbol{\Delta}_{NT,33} = \frac{1}{4NT\sigma^4}\sum_{t=2}^{T}\{3\mathrm{tr}(\boldsymbol{\mathscr{P}}_t^{-1}) - N\}$$

为了研究所提 $\boldsymbol{\theta}$ 的 WMLE 的渐近性质,考虑以下条件:

(C1)(权重矩阵)空间权重矩阵 $\boldsymbol{W}$ 满足 $\|\boldsymbol{W}\|_{\infty} < \infty$;

(C2)(空间相关性)假设 $\lambda \in (-1,1)$,另外,假设 $\mathscr{M} = \sum_{k=1}^{\infty}\mathrm{abs}(\mathscr{M}^k)$ 存在且满足 $\|\mathscr{M}\|_{\infty} < \infty$ 和 $\|\mathscr{M}\|_1 < \infty$;

(C3)(大数定律)存在正定矩阵 $\boldsymbol{\Delta}$ 满足 $\boldsymbol{\Delta}_{NT} \rightarrow_p \boldsymbol{\Delta}$,当 $\min\{N,T\} \rightarrow \infty$。

这些条件在现有文献中经常使用。条件(C1)是 SAR 文献中的标准假设(Yu et al,2008;Wang et al,2013)。条件(C2)是关于 $\mathscr{M}$ 及其幂的假设,控制时间序列之间和横截面之间的相关性;若 $\rho = \gamma = 0$,则该条件通常可满足,更多细节详见 Yu 等人(2008)和 Li(2017)的报道。条件(C3)是大数定律型假设,需要注意,为保证 $\boldsymbol{\Delta}$ 的正定性,缺失率不能太大;若没有缺失数据,例如当 $\boldsymbol{\mathscr{P}}_t = \boldsymbol{I}$ 时,则上述假设可以被基本满足,此时可得相应正矩阵 $\boldsymbol{\Lambda}$。Yu 等人(2008)的定理 3 中也有该情况下的类似假设。借助以上条件,可得以下定理。

定理 3.5　假设条件(C1)~(C3)如上所述,进一步假设 $\min\{N,T\} \rightarrow \infty$,则有 $\sqrt{NT}(\hat{\boldsymbol{\theta}} - \boldsymbol{\theta}) \rightarrow_d N(0, \boldsymbol{\Lambda}^{-1}\boldsymbol{\Delta}\boldsymbol{\Lambda}^{-1})$,其中 $\boldsymbol{\Lambda}$ 为当所有 p_{it} 固定为 1(如 $\boldsymbol{\mathscr{P}}_t = \boldsymbol{I}$ 时)$\boldsymbol{\Delta}$ 的特例。

定理 3.5 的证明可参见原始论文的附录。该定理证明了 $\boldsymbol{\theta}$ 的 WMLE 估计的一致性和渐近性。需要注意,收敛性也依赖于包含在 $\boldsymbol{\Delta}$ 中的缺失率。作为有效的统计推断,可用 $\hat{\boldsymbol{\Delta}}_{NT}$ 对 $\boldsymbol{\Delta}$ 进行一致估计,而 $\hat{\boldsymbol{\Delta}}_{NT}$ 可通过用 $\hat{\boldsymbol{\theta}}$ 和 $\hat{p}_{it}$ 分别替代 $\boldsymbol{\Delta}_{NT}$ 中的 $\boldsymbol{\theta}$ 和 p_{it} 得到,也可通过 $\hat{\boldsymbol{\Lambda}} = \hat{\boldsymbol{\Lambda}}_{NT}$ 来一致估计 $\boldsymbol{\Lambda}$,此时 $\hat{\boldsymbol{\Delta}}_{NT}$ 中所有的 $\hat{p}_{it}$ 均为 1。

(4)插补方法

根据估计的 $\hat{\boldsymbol{\theta}}$,接下来考虑如何对 $\mathbb{Y}_t$ 进行插补。简单起见,记 $\mathbb{Y}_t = (\mathbb{Y}_t^{(1)}, \mathbb{Y}_t^{(2)})^{\mathrm{T}}$,其中 $\mathbb{Y}_t^{(1)}$ 为已观测向量,$\mathbb{Y}_t^{(2)}$ 为未观测向量。需要注意,$\mathbb{Y}_t^{(1)}$ 在不同时间点 t 可能与不同地点相关。为对 $\mathbb{Y}_t^{(2)}$ 进行插补,首先研究 $E(\mathbb{Y}_t^{(2)} | \mathbb{Y}_t^{(1)}, \mathbb{Y}_{t-1}, \mathbb{X}_t)$,于是有以下命题。

命题 3.1　给定 $\mathbb{Y}_{t-1}$ 和 $\mathbb{X}_t$,则可得 $\mathbb{Y}_t = (\mathbb{Y}_t^{(1)}, \mathbb{Y}_t^{(2)})^{\mathrm{T}}$ 服从条件均值为 $\boldsymbol{\mu}_t = (\mu_t^{(1)}, \mu_t^{(2)})^{\mathrm{T}} = \boldsymbol{M}\mathbb{Y}_{t-1} + \boldsymbol{S}^{-1}\mathbb{X}_t\boldsymbol{\beta}$、条件协方差为 $\boldsymbol{\Sigma} = [\Sigma^{(11)}, \Sigma^{(12)}; \Sigma^{(21)}, \Sigma^{(22)}] = \sigma^2(\boldsymbol{S}^{\mathrm{T}}\boldsymbol{S})^{-1}$ 的多元正态分布,进一步可得 $E(\mathbb{Y}_t^{(2)} | \mathbb{Y}_t^{(1)}, \mathbb{Y}_{t-1}, \mathbb{X}_t) = \mu_t^{(2)} - \Sigma^{(21)}(\Sigma^{(11)})^{-1}(\mathbb{Y}_t^{(1)} - \mu_t^{(1)})$。

命题 3.1 提示了一种有趣的递归插补方法。具体来说，从 $\mathbb{Y}_0$ 出发，此时整个响应向量 $\mathbb{Y}_0$ 根本没有被观测到，可以用一个相对简单的估计量 $\mathbb{Y}_0^* = \overline{\mathbb{Y}}^c$ 来对它进行插补，其中 $\overline{\mathbb{Y}}^c = (Y_1^c, \cdots, Y_N^c)^T \in \mathbb{R}^N$ 且 $Y_i^c = \left(\sum\limits_{t=1}^{T} Z_{it} Y_{it} \right) \Big/ \left(\sum\limits_{t=1}^{T} Z_{it} \right)$ 为已观测响应变量的简单均值。显然，$\overline{\mathbb{Y}}^c$ 是对 $\mathbb{Y}_0$ 的粗略估计，也可以尝试其他替代方法（如 $\mathbb{Y}_0 = 0$）。只要 T 足够大，总体结果均十分相似。只要 Y_{t-1}^* 被观测，便可将其作为 $\mathbb{Y}_{t-1}$。那么，由命题 3.1 可知，可用 $\mathbb{Y}_t^* = (\mathbb{Y}_t^{(1)}, \mathbb{Y}_t^{*(2)})^T$ 替代 $\mathbb{Y}_t^*$。这里，$\mathbb{Y}_t^{*(2)} = \hat{\mu}_t^{(2)} - \hat{\Sigma}^{(21)} (\hat{\Sigma}^{(11)})^{-1} (\mathbb{Y}_t^{(1)} - \hat{\mu}_t^{(1)})$，其中 $(\hat{\mu}_t^{(1)}, \hat{\mu}_t^{(2)})^T = \hat{\mu}_t = \hat{M} Y_{t-1}^* + \hat{S}^{-1} \mathbb{X}_t \hat{\beta}$，$\hat{\Sigma} = [\hat{\Sigma}^{(11)}, \hat{\Sigma}^{(12)}; \hat{\Sigma}^{(21)}, \hat{\Sigma}^{(22)}] = \hat{\sigma}^2 (\hat{S}^T \hat{S})^{-1}$；$\hat{M}$ 可通过用 $\hat{\theta}$ 代替 M 中的 θ 得到，$\hat{S}$ 同理可得。接着，重复上述过程，得到完整插补响应序列 $\{\mathbb{Y}_t^*\}_{t=1}^{T}$。之后，可基于 $\{\mathbb{Y}_t^*\}_{t=1}^{T}$ 展开标准统计分析（如计算不同时间点的样本均值）。

3.2.3　数值研究

（1）模拟设定

接下来进行模拟研究来证明所提方法的大样本性质。首先，产生 N 个独立同分布的随机变量，服从均值为 10 的指数分布，记为 $U_i (1 \leqslant i \leqslant N)$。对每个地点 i，从 $\mathscr{S}_F = \{1, 2, \cdots, n\}$ 中无放回地随机选择样本容量 $[U_i]$，$[U_i]$ 表示不小于 U_i 的最小整数，记样本为 $\mathscr{S}_i$。若 $j \in \mathscr{S}_i$，定义 $a_{ij} = 1$；否则 $a_{ij} = 0$。然后，对每个 $1 \leqslant i \leqslant N$，令 $a_{ii} = 0$，通过用 a_{ji} 代替 $a_{ij} (i < j)$ 来使 A 对称。最后，对 A 的每一行进行归一化得 W，W 在不同时间点是固定不变的。

一旦 W 和 N 给定，可根据 $\mathbb{Y}_t = M \mathbb{Y}_{t-1} + S^{-1} \mathbb{X}_t \beta + S^{-1} \varepsilon_t$ 来产生响应变量 $\mathbb{Y}_t$，其中 ε_t 由均值为 0、协方差阵为 $\sigma^2 I$ 的多元正态分布模拟。设置 $(\gamma, \rho, \beta, \lambda, \sigma^2)^T$ 的真值为 $(0.3, 0.2, 2, 0.5, 1)^T$。为模拟 $\mathbb{Y}_t$ 序列，首先由一多元标准正态分布产生 $\mathbb{Y}_0$，再由式（3.2）对 $t = 1, \cdots, T_0 + T$ 产生相应 $\mathbb{Y}_t$ 序列，其中 T_0 为指定整数。例如，本研究假设 $T_0 = 1\,000$，则重新定义 $\mathbb{Y}_t = \mathbb{Y}_{t-T_0}$，$t = T_0 + 1, \cdots, T + T_0$，得最终序列 $\{\mathbb{Y}_t : 1 \leqslant t \leqslant T\}$。

为便于说明，考虑 $p = 2$ 和 $X_{it} = (X_{it1}, X_{it2})^T \in \mathbb{R}^2$。固定 $X_{it1} = 1$ 作为截距，定义 $X_{it2} = Y_{it} Y_{i(t-1)} + e_{it1}$，从标准正态分布中产生 e_{it1}。这样一来，X_{it2} 对 $\mathbb{Y}_t$ 有影响且可被完全观测，满足 MAR 假设。为简单起见，只考虑不同 X_{it2} 间的时间相关性。

根据式(3.14)产生 Z_{it}。因为 $\boldsymbol{\zeta}=(\zeta_0,\zeta_1)^{\mathrm{T}}\in\mathbb{R}^2$,固定 $\zeta_1=0.1$,但允许 ζ_0 取不同的值,则总体缺失率可被控制在 $25\%(\zeta_0=1)$ 到 $35\%(\zeta_0=0.5)$ 之间。

（2）模拟结果

考虑不同大小的网络($N=100,200,500$)和不同的时间间隔($T=100,200,$ 500)。为保证模拟结果的可靠性,对每个(N,T)组合随机重复实验 $R=500$ 次。对每个给定的(N,T)组合,用 $\hat{\alpha}^{(r)}$ 代表第 r 次实验中所得的一个特定估计量(例如, $\hat{\gamma}$)。进一步假定估计目标为 α,则定义均方根误差为 RMSE $=$ $\left\{R^{-1}\sum_{r=1}^{R}(\hat{\alpha}^{(r)}-\alpha)^2\right\}^{1/2}$,此外,构建 95% 的置信区间 $\mathrm{CI}^{(r)}=(\hat{\alpha}^{(r)}-z_{0.975}\widehat{\mathrm{SE}}^{(r)},$ $\hat{\alpha}^{(r)}+z_{0.975}\widehat{\mathrm{SE}}^{(r)})$。其中 $\widehat{\mathrm{SE}}^{(r)}$ 可根据定理 3.5 中的渐近协方差公式获得, z_α 是标准正态分布的 α 分位数。所以,经验覆盖概率 ECP $=R^{-1}\sum_{r=1}^{R}I(\alpha\in CI^{(r)})$,其中 $I(\cdot)$ 为示性函数。详细模拟结果见表 3-5 和表 3-6。

根据表 3-5 和表 3-6 可得以下结论。例如,表 3-5 展示了缺失率约为 25% 时的情况,可发现 $\boldsymbol{\theta}$ 的 WMLE 是一致的,当 $\min\{N,T\}\rightarrow\infty$ 时 RMSE 趋近于 0。另外, ECP 十分接近 95%。这表明所得估计量是渐近正态的,且估计标准差(即 $\widehat{\mathrm{SE}}$)可以很好地近似真实的 SE。表 3-6 展示了缺失率约为 35% 时的示例,结果在数值上与表 3-5 相似。

表 3-5　缺失率 25%($\zeta_0=1$)的模拟结果,汇报每个(N,T)组合的 RMSE 值($\times 10^{-2}$)和估计量,ECP(%)在括号中给出

N	T	$\hat{\gamma}$	$\hat{\rho}$	$\hat{\beta}$	$\hat{\lambda}$	$\hat{\sigma}^2$
	100	0.59(94.8)	1.67(94.4)	1.37(95.6)	1.52(94.0)	2.05(96.8)
100	200	0.42(95.0)	1.26(95.6)	0.95(96.0)	1.19(94.4)	1.44(96.8)
	500	0.27(94.4)	0.85(94.6)	0.60(95.2)	0.76(94.0)	0.92(96.2)
	100	0.42(95.6)	1.14(95.2)	1.01(93.4)	1.09(94.4)	1.47(96.4)
200	200	0.30(95.2)	0.89(95.8)	0.68(96.4)	0.79(94.8)	1.06(95.0)
	500	0.19(94.6)	0.55(97.0)	0.41(96.0)	0.53(94.2)	0.64(96.2)
	100	0.27(94.6)	0.73(94.6)	0.60(95.8)	0.67(93.8)	0.89(97.4)
500	200	0.20(94.2)	0.58(94.4)	0.44(94.4)	0.51(95.2)	0.60(97.2)
	500	0.12(95.0)	0.36(95.2)	0.29(94.2)	0.32(94.8)	0.40(97.6)

表 3-6　缺失率 35%($\zeta_0 = 0.5$)的模拟结果,汇报每个(N, T)组合的 RMSE 值($\times 10^{-2}$)
和估计量,ECP(%)在括号中给出

N	T	$\hat{\gamma}$	$\hat{\rho}$	$\hat{\beta}$	$\hat{\lambda}$	$\hat{\sigma}^2$
100	100	0.70(95.6)	1.87(95.8)	1.62(94.6)	1.71(94.4)	2.36(96.4)
	200	0.49(95.8)	1.43(96.2)	1.11(96.2)	1.33(95.0)	1.69(96.8)
	500	0.31(95.6)	0.99(93.8)	0.69(96.2)	0.87(94.2)	1.08(97.2)
200	100	0.48(95.4)	1.29(97.0)	1.22(92.4)	1.29(93.2)	1.72(95.4)
	200	0.34(95.0)	1.01(95.8)	0.79(96.6)	0.92(95.0)	1.24(96.2)
	500	0.22(96.0)	0.64(96.4)	0.52(94.4)	0.60(95.8)	0.73(96.6)
500	100	0.32(94.4)	0.84(96.2)	0.72(95.8)	0.78(95.0)	1.05(95.6)
	200	0.23(94.0)	0.67(93.0)	0.49(95.8)	0.59(95.0)	0.71(98.4)
	500	0.14(93.2)	0.43(95.4)	0.34(94.6)	0.38(94.4)	0.48(96.6)

(3) 插补结果

如前文所提,本研究以实际应用为目的,即 CECN 价格指数构成问题。在无缺失响应变量(即价格信息)的情况下,价格指数可以通过对在同一时间点从不同地点收集到的价格取均值来简单构建。在统计学上,即计算 $\hat{\mu}_t = N^{-1} \sum_{i=1}^{N} Y_{it}$。但不幸的是,若响应变量大量缺失,这个简单的统计量就无法计算。于是,插补成为一种自然的选择。具体地,对给定的 (i, t),令 Y_{it}^* 为某种特定插补方法下对 Y_{it} 的插补值。一旦获得 Y_{it}^*,基于插补响应变量可计算价格指数,公式为 $\hat{\mu}_t^* = N^{-1} \sum_{i=1}^{N} \{ Z_{it} Y_{it} + (1 - Z_{it}) Y_{it}^* \}$。若 Y_{it} 不缺失,则 $Z_{it} = 1$;否则 $Z_{it} = 0$。在模拟设置下,插补准确率可通过均方根误差 $RMSE = \left\{ T^{-1} \sum_{t=1}^{T} (\hat{\mu}_t - \hat{\mu}_t^*)^2 \right\}^{1/2}$ 来衡量。因为对每个 (N, T) 组合,模拟实验(在前一小节中给出)随机重复 500 次,所以对每个 (N, T) 组合会产生 500 个 RMSE 的值,进一步取均值汇总于表 3-7 中。

表 3-7　缺失率 25%($\zeta_0 = 1$)的插补结果,汇报每个(N, T)组合的 RMSE 值($\times 10^{-2}$)和插补方法

N	T	SDPD	MIBC	CCBR	OSNA	LOCF
100	100	0.101 8	0.274 9	0.260 2	0.292 7	0.193 7
	200	0.071 6	0.197 2	0.181 9	0.207 1	0.140 4
	500	0.045 0	0.130 1	0.113 7	0.132 5	0.098 9

N	T	SDPD	MIBC	CCBR	OSNA	LOCF
	100	0.097 7	0.285 7	0.261 5	0.293 6	0.192 0
200	200	0.068 4	0.203 7	0.184 2	0.207 8	0.140 7
	500	0.043 6	0.134 3	0.115 0	0.134 6	0.098 5
	100	0.095 7	0.293 5	0.263 8	0.295 3	0.191 9
500	200	0.067 1	0.208 3	0.183 7	0.208 6	0.140 4
	500	0.042 5	0.136 2	0.115 0	0.134 2	0.098 6

为了便于比较,考虑以下竞争的插补方法。第一,是本文所提的插补方法,是基于 Yu 等(2008)空间动态面板数据模型的方法,简称 SDPD。另一方面,实际中缺少 SDPD 类模型的支持,只能考虑一些简单的插补方法。比如基于完整案例的均值插补法(MIBC),即通过 $\hat{\mu}_t^c = n_{ct}^{-1} \sum_{i=1}^{N} Z_{it} Y_{it}$ 和 $n_{ct} = \sum_{i=1}^{N} Z_{it}$ 对 Y_{it} 进行插补。第二,也可考虑一种基于完整观测回归(CCBR)的插补方法,即通过 $\hat{Y}_{it}^c = \boldsymbol{X}_{it}^{\mathrm{T}} \hat{\boldsymbol{\beta}}^c$ 对 Y_{it} 进行插补,其中 $\hat{\boldsymbol{\beta}}^c = \left(\sum_{i=1}^{N} \sum_{t=1}^{T} Z_{it} \boldsymbol{X}_{it} \boldsymbol{X}_{it}^{\mathrm{T}} \right)^{-1} \left(\sum_{i=1}^{N} \sum_{t=1}^{T} Z_{it} \boldsymbol{X}_{it} Y_{it} \right)$ 是基于完整观测得到的普通最小二乘估计量。第三,还可考虑计算 Y_{it} 的邻居平均(OSNA),即 $Y_{it}^s = n_{ts}^{-1} \sum_{j=1}^{N} a_{it} Y_{jt} Z_{jt}$,对 Y_{it} 进行插补,其中 $n_{ts} = \sum_{j=1}^{N} a_{it} Z_{jt}$。因为 $\boldsymbol{A} = (a_{ij})$ 是相关的邻接矩阵,最后,也可考虑利用 Y_{it} 的最近历史观测来进行插补,即一种被称为最近观测(LOCF)的方法(Shao et al,2003)。具体地,对给定的 Y_{it},定义 $t_{\max} = \max\{s:s<t, Z_{is}=1\}$,则可利用 $Y_{it_{\max}}$ 对 Y_{it} 进行插补。这样一来,共有五种不同的插补方法(本文所提的 SDPD 方法和四种竞争方法)。在模拟实验中对它们进行评估,详细的 RMSE 值见表 3-7 和表 3-8。

表 3-7 展示了缺失率约为 25% 的情况下的插补结果。可以看到,在 RMSE 数值方面,SDPD 方法的插补准确率明显优于其他四种方法。此外,当 $\{N, T\}$ 增加时,插补准确率提高。表 3-8 中为缺失率为 35% 时的示例,结果在数值上是相似的。

表 3-8 缺失率 35%($\zeta_0 = 0.5$)的插补结果,汇报每个(N,T)组合的 RMSE 值($\times 10^{-2}$)和插补方法

N	T	SDPD	MIBC	CCBR	OSNA	LOCF
	100	0.133 4	0.373 1	0.359 6	0.396 3	0.251 8
100	200	0.093 7	0.267 1	0.251 1	0.279 7	0.184 4
	500	0.058 8	0.175 8	0.157 5	0.178 4	0.131 6
	100	0.127 6	0.388 0	0.361 5	0.398 0	0.251 9
200	200	0.089 3	0.276 4	0.254 8	0.281 6	0.184 4
	500	0.056 9	0.181 3	0.159 1	0.181 0	0.130 9
	100	0.124 6	0.398 1	0.364 3	0.400 2	0.250 5
500	200	0.087 3	0.282 3	0.254 1	0.282 2	0.183 7
	500	0.055 3	0.184 2	0.159 2	0.180 7	0.131 1

(4) 真实数据示例

作为本文的最后一个示例,对 CECN 数据集应用不同插补方法检验其效果。这里将响应变量定义为价格变化的对数,即 $Y_{it} = \log(P_{it}) - \log(P_{i,t-1})$,其中 P_{it} 是在时间点 t(某月)于地点 i(某省)采集的某建筑材料的价格。针对这一情况,共有 26 个地点(即选定省份)被研究、$T=15$ 个月的数据被收集。该研究的目的是形成指数来反映整体价格变动(即变化)。在统计学上,这相当于对每个时间点 t 计算 $\hat{\mu}_t = N^{-1} \sum_{i=1}^{N} Y_{it}$。但由于各种实际原因,约有 25% 的价格信息 Y_{it} 不幸丢失。初步的数据分析表明缺失率明显取决于月份(如春节在二月),这说明可以收集每个 Y_{it} 的协变量 X_{it1},其中 $X_{it1}=1$。若 t 恰好为一月、二月或三月,则这些月份的缺失率由于某些实际原因会明显高于其他月份。此外,考虑另一协变量,建筑行业固定资产投资增长率 X_{it2}。显然,X_{it1} 和 X_{it2} 均为一直可观测的协变量。

下面尝试对该数据集应用所提估计方法,详细结果见表 3-9。首先,发现 ζ_1 被估计为 $-1.220\ 6$,在 0.1% 的水平上负显著。这证实了上文的猜测,即某几个月(一月、二月或三月)的缺失率远高于其他月份。随后,发现其他参数(如 γ,λ,ρ)在 5% 的水平上显著。这表明在价格变化动态中的确同时存在空间相关性和时间相关性。特别地,γ 的估计为 $\hat{\gamma} = -0.323\ 8$,表明过去时间点更高(低)的价格会导致同一地点在当前时间点更低(高)的价格。同时,ρ 和 λ 均被分别正向估计为 0.373 4 和 0.579 9,表明相邻地点在不同时间点的价格动态是正相关的。

表 3-9 真实数据估计结果

参数	系数估计	标准误	P 值
γ	-0.3238	0.0900	<0.001
λ	0.5799	0.0569	<0.001
ρ	0.3734	0.1233	<0.05
ζ_0	1.8066	0.1960	<0.001
ζ_1	-1.2206	0.2465	<0.01
ζ_2	-0.0177	0.0089	<0.05
β_1	-0.0025	0.0070	0.721
β_2	0.0003	0.0002	0.134
σ^2	0.0023	0.0002	<0.001

根据所估计的参数,对数据集应用上文所提的各种插补方法。发现 LOCF 和 OSNA 方法在实际中并不可行,这是因为有些地点缺少早期价格信息,因此 LOCF 无法应用;同时,也有部分地点的所有邻近价格信息在同一时间点缺失,这使得 OSNA 不可行。因此只余下两种竞争方法,分别为 CCBR 和 MIBC。

接下来,分别基于三种方法(即 SDPD、CCBR 和 MIBC)插补后的数据,编制价格变化指数,结果如图 3-1 所示。由图可见,大多数情况下(如四月之后的月份),不同方法所得的插补结果十分相似。这是意料之中的,因为那些月份的数据相对完整且月度缺失率只有 12% 左右。但最初的几个月(如一月、二月或三月)却出现巨大差异。这几个月的缺失率很高,分别为 85%(一月)、73%(二月)和 65%(三月)。因此,插补结果十分不稳定。不同插补方法或许会导致不同的插补结果。本节提出的模型有效考虑了空间相关性和时间相关性,而其他方法都未能做到这一点。

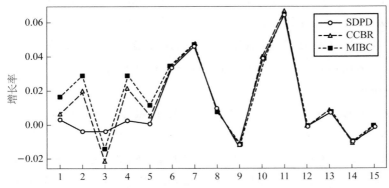

图 3-1 不同插补方法的价格变化指数

注:带圆圈的实线(—○—)对应 SDPD 方法;带三角形的虚线(--△--)对应 CCBR 方法;带正方形的点线(··■··)对应 MIBC 方法。

3.2.4 总结与讨论

本节提出了一种新的插补方法来分析具有因变量缺失的空间动态面板数据模型,以 Yu 等人(2008)的 SDPD 模型作为模型基础,采用 logistic 回归模型模拟缺失机制,提出 WMLE 来解决存在缺失数据时的参数估计问题,并探究相关的渐近性质。此外,该研究还提出了一种新的基于回归的插补方法,该方法可利用空间相关性、时间相关性和外生协变量的信息。最后,通过模拟研究和真实数据示例验证了 WMLE 和插补方法的性能。

作为总结,这里讨论一些值得深入研究的有趣话题。第一,SDPD 模型可考虑时间和个体固定效应(Lee et al,2010)。第二,可考虑更灵活的空间滞后(如不同的空间权重矩阵)和时间滞后(Li,2017)。第三,可通过拓展使误差项空间相关。第四,SDPD 模型假定空间相关性和时间相关性均由标量参数反映,可考虑更加灵活的相关性参数(Dou et al,2016;Zhu et al,2019)。第五,本研究中的权重矩阵是预先定义的。但在很多情况下,权重矩阵是内生确定的,因为具有相似特征的地点更有可能是相互关联的。因此,如何对这种内生现象建模是未来值得研究的重要课题。

本章参考文献

ALLISON P D, 2002. Missing data: Quantitative applications in the social sciences [J]. British Journal of Mathematical & Statistical, 55(1): 193-196.

ANSELIN L, 1980. Estimation methods for spatial autoregressive structures [M]. New York: Cornell University.

BRIGGS A, CLARK T, WOLSTENHOLME J, et al, 2003. Missing … presumed at random: cost-analysis of incomplete data[J]. Health Economics, 12 (5): 377-392.

BROCKWELL P J, DAVIS R A, 1991. Time Series: Theory and methods [M]. New York: Springer.

CARLIN B P, GELFAND A E, BANERJEE S, 2014. Hierarchical modeling and analysis for spatial data [M], Boca Raton: Chapman and Hall/CRC.

CASE A C, 1991. Spatial patterns in household demand [J]. Econometrica, 59: 953-965.

CHEN X, CHEN Y, XIAO P, 2013. The impact of sampling and network topology on the estimation of social intercorrelation [J]. Journal of Marketing Research, 95-110.

DOU B, PARRELLA M L, YAO Q, 2016. Generalized yule-walker estimation for spatio-temporal models with unknown diagonal coefficients [J]. Journal of Econometrics, 194: 369-382.

FULLER W A, 1996. Introduction to statistical time series [M]. [S. l.: s. n.].

GAO Z, MA Y, WANG H, et al, 2019. Banded spatio-temporal autoregressions [J]. Journal of Econometrics, 208: 211-230.

GRAHAM J W, 2009. Missing data analysis: making it work in the real world [J]. Annual Review of Psychology, 60: 549-576.

HAMILTON J, 1994. Time series analysis [M]. Princeton: Princeton University Press.

LIU J, ZHOU J, WANG H S, 2021. Imputation for spatial dynamic panel data with dependent variable missing at random[R]. [S. l.: s. n.].

ZHOU J, LIU J, WANG F F, et al, 2020. Autoregressive model with spatial dependence and missing data [J]. Journal of Business & Economic Statistics, 00(0): 1-7.

KONG A, LIU J S, WONG W H, 1994. Sequential imputations and Bayesian missing data problems [J]. Journal of the American Statistical Association, 89(425): 278-288.

LEE L F, 2004. Asymptotic distributions of quasi-maximum likelihood estimators for spatial autoregressive models [J]. Econometrica, 72 (6): 1899-1925.

LEE L F, LI J, LIN X, 2013. Specification and estimation of social interaction models with network structure [J]. The Econometrics Journal, 13: 145-176.

LEE L F, YU J, 2010. A spatial dynamic panel data model with both time and individual fixed effects [J]. Econometric Theory, 26(2): 564-597.

LEE L F, YU J, 2014. Efficient GMM estimation of spatial dynamic panel data models with fixed effects [J]. Journal of Econometrics, 180(2): 174-197.

LEE L, LIU X, LIN X, 2010. Specification and estimation of social interaction models with network structures[J]. The Econometrics Journal, 13: 145-176.

LEE L, YU J, 2010. Estimation of spatial autoregressive panel data models with fixed effects [J]. Journal of Econometrics, 154: 165-185.

LESAGE J, PACE R, 2009. Introduction to spatial econometrics [M]. Boca Raton: Chapman & Hall/CRC.

LI K. Fixed-effects dynamic spatial panel data models and impulse response analysis [J]. Journal of Econometrics, 2017, 198(1): 102-121.

LIANG H, WANG S, CARROLL R J. Partially linear models with missing response variables and error-prone covariates [J]. Biometrika, 2007, 94: 185-198.

LITTLE R J, 1988. Missing-Data Adjustments in Large Surveys [J]. Journal of Business and Economic Statistics, 6: 287-296.

LITTLE R J, RUBIN D B, 2022. Statistical analysis with missing data[M]. Hoboken: Wiley.

MIAO W, DENG P, GENG Z, 2016. Identifiability of normal and normal mixture models with nonignorable missing data [J]. Journal of the American Statistical Association, 111: 1673-1683.

NAKAI M, KE W, 2011. Review of methods for handling missing data in longitudinal data analysis [J]. International Journal of Mathematical Analysis, 5(1): 1-13.

ORD K, 1975. Estimation methods for models of spatial interaction[J]. Journal of the American Statistical Association, 70: 120-126.

QIN J, SHAO J, ZHANG B, 2008. Efficient and doubly robust imputation for covariate-dependent missing response [J]. Journal of the American Statistical Association, 103: 797-810.

RAHMAN S A, HUANG Y, CLAASSEN J, et al, 2014. Imputation of missing values in time series with lagged correlations [C]//IEEE International Conference on Data Mining Workshop.

RAO J N K, SHAO J, 1992. Jackknife variance estimation with survey data under hot deck imputation [J]. Biometrika, 79: 811-822.

RUBIN D B，1976. Inference and missing data［J］. Biometrika，63： 581-592.

RUBIN D B，1987. Multiple imputation for nonrespondents in surveys［M］. New York：Wiley.

SCHAFER J L. Analysis of incomplete multivariate data［M］. New York： Chapman and Hall，1997.

SHAO J，WANG H，2002. Sample correlation coefficients based on survey data under regression imputation［J］. Journal of the American Statistical Association，97：544-552.

SHAO J，ZHONG B，2003. Last observation carryforward and last observation analysis［J］. Statistics in Medicine，22(15)：2429-2441.

SU L，YANG Z，2015. QML estimation of dynamic panel data models with spatial errors［J］. Journal of Econometrics，185：230-258.

SUN Z，WANG H，2019. Network imputation for a spatial autoregression model with incomplete data［J］. Social Science Electronic Pubulishing.

WANG Q H，LINTON O，HÄARDLE W K，2004. Semiparametric regression analysis with missing response at random［J］. Journal of the American Statistical Association，99：334-345.

WANG Q，DAI P，2008. Semiparametric model-based inference in the presence of missing responses［J］. Biometrika，95(3)：721-734.

WANG Q，ZHANG T，HÄRDLE W K，2016. An extended single-index model with missing response at random［J］. Scandinavian Journal of Statistics，43(4)：1140-1152.

WANG S，SHAO J，KIM J K，2014. An instrumental variable approach for identification and estimation with nonignorable nonresponse［J］. Statistica Sinica，24：1097-1116.

WANG W，LEE L F，2013a. Estimation of spatial autoregressive models with randomly missing data in the dependent variable［J］. Econometrics Journal，43(3)：521-538.

WANG W，LEE L F，2013b. Estimation of spatial panel data models with randomly missing data in the dependent variable［J］. Regional Science and Urban Economics，43(3)：521-538.

YANG Z，2018. Unified M-estimation of fixed-effects spatial dynamic models with short panels [J]. Journal of Econometrics，205(2)：423-447.

YU J，DE JONG R，LEE L，2008. Quasi-maximum likelihood estimators for spatial dynamic panel data with fixed effects when both n and t are large [J]. Journal of Econometrics，146：118-134.

ZHAO P X，TANG X R，2016. Imputation based statistical inference for partially linear quantile regression models with missing responses [J]. Metrika，79(8)：991-1009.

ZHOU J，LIU J，WANG F，et al，2020. Autoregressive Model with Spatial Dependence and Missing Data [J].

ZHU X，CHANG X，LI R，et al，2019. Portal nodes screening for large scale social networks [J]. Journal of Econometrics，209(2)：145-157.

第4章　社交网络数据在线上平台的应用

第2章和第3章主要从理论角度梳理了和社交网络数据相关的统计模型及相应估计量的统计理论性质，在具体实践中，有很多场景会涉及社交网络数据的具体分析，因此，本章开始将关注和社交网络数据相关的实际应用问题。具体地，本章关注线上社交平台所产生的一系列数据和相关研究问题，包括社交网络、在线直播等。本章由三节组成，每节具体解决的问题如下。

本章第1节关注社交网络中用户关注类型与发帖类型对发帖行为的影响。随着在线社交网络（例如，Facebook、Twitter、微博）的蓬勃发展，用户在线分享已经成为人们进行线上交流的主要方式之一。在社交平台上，人们可以选择关注自己感兴趣的用户，这些用户可以是明星，也可以是普通人。同时人们在社交平台的发帖行为也可以分为两种，分别是原创和转发别人的帖子。对于平台运营者来说，发帖的数量与质量直接与平台的收入挂钩，因此如何鼓励人们在社交平台上发帖成为研究人员关心的问题之一。该节着眼于用户关注的类型（意见领袖 VS 非意见领袖）和发帖类型（原创 VS 转发）对自身发帖行为的影响，采用从新浪微博获取的相关数据，从实证角度分析用户关注类型和发帖类型对自身发帖行为的影响，并运用工具变量的方法解决了相关内生性问题。研究发现意见领袖的发帖数（无论是转发还是原创）对自身发帖行为都具有正向影响；而对于非意见领袖来说，他们的原创帖对用户自身的发帖行为具有正向影响，而对用户的转发帖行为则具有负向影响。这是因为意见领袖很少与普通用户进行互动，作为信息的传递和扩散者，意见领袖的存在为普通用户提供了良好的发帖素材与来源，对用户的发帖行为产生纯粹的外生影响。然而对于非意见领袖来说，他们的转发帖很大程度上会挤压目标用户用于发帖的时间，从而抑制用户的发帖行为。研究结果可以帮助研究人员更好地理解意见领袖和非意见领袖在社交平台的作用，深刻洞悉用户发帖背后的动机。对于平台企业来说，营销人员可以根据用户关注的类型进行差异化的营销策略，从而提升平台的活跃度。本研究建议平台的营销方案要因人而异，多采取个性化的营销策略。

本章第 2 节关注基于社交媒体 UGC 的交互效用研究。在线用户创造内容（User Generated Content，UGC）已经成为人们在社交平台上进行交流与信息分享的主要方式，高质量的 UGC 能够吸引更多的广告主以及为平台带来可观的收入。因此，如何鼓励人们在社交平台上贡献优质的内容已成为研究人员关心的重要问题之一。用户为何发帖，产生 UGC 的动机是什么，已经受到越来越多学者的关注。本节提出了一个全面的效用理论模型用于研究用户的发帖动机。首先，在已有的内在效用和形象效用的基础上，该研究提出了交互效用的概念，具体的，交互效用是指用户通过与社交平台上的好友进行互动而获得的效用。其次，该研究在效用最优化的方程中加入了时间约束这一条件，通过该约束条件，可以进一步分析用户如何分配发帖与阅读他人帖子的时间。最后，该研究用新浪微博的数据对理论模型进行了实证检验。

本章第 3 节关注社会交互视角下直播平台打赏的影响因素。直播的一个新颖功能是观众可以向主播发送付费礼物，另外，观众可以通过发送弹幕，即一种在屏幕上实时滚动的评论，与主播互动。该节旨在研究观众的社交互动在直播平台上打赏中的作用。研究认为，观众与观众的互动可以通过从弹幕中提取的促进因素来影响观众的兴奋水平，从而促进打赏。与弹幕相关的促进因素类型有他人在场、社会竞争和情绪激励；具体来说，他人在场通过总字数来度量，社会竞争通过争论水平来度量，情绪激励通过弹幕相似度、兴奋相关词数和表情符号数来度量。基于中国某主要直播平台数据的实证结果显示，除表情符号数外，其他 4 个变量都对打赏行为有正向影响。本章内容均基于作者过往的研究论文整理而成，论文的详细出处详见书后的参考文献。

4.1　社交网络中用户关注类型与发帖类型
对发帖行为的影响

4.1.1　研究背景

随着在线社交平台（例如，Facebook、Twitter、微博）的蓬勃发展，在线分享已经成为社交平台上用户进行交流与信息分享的主要手段之一（邓胜利 等，2014）。与此同时，消费者也越来越多地借助网络中的信息来帮助自己进行选择与判断。例如，当消费者在寻找某个品牌时，他们会关注别人的推荐以此来更精细化自己的购物体验（葛红宁 等，2016；徐晓彤 等，2014）。用户在社交平台上选择他们感兴趣的人(或团体)进行关注,这些被关注的人基本可以分为两类:一类是比较著名的有影响力的人,例如影视明星、政治家或一些领域的专家等,这些人也通常被称为意见领袖(刘果,2014;马宁 等,2014);另一类则是普通用户,例如同学、同事、亲戚、朋友等。消费者的偏好和选择不是独立形成的,而是会受到其他消费者的影响,在互联网时代,这种影响多是通过网络口碑进行传播的(Trusov et al,2010)。消费者的类型不同,其所产生的影响也是不同的。Reingen 和 Kernan(1986)研究发现,彼此联系不紧密的消费者关系只起到传递信息的作用,只有联系紧密的消费者才相信彼此的推荐并倾向于选择相同的产品或服务。但是该研究中并未明确地提到意见领袖的作用。因此本研究推断,在网络口碑传播时代,来自意见领袖和非意见领袖的影响是不同的。

用户的发帖可以分为原创帖和转发帖,而发帖的数量和质量直接影响社交平台的活跃度。组织行为领域的研究表明创新是一个组织进化的动力(Strebel,1986),对于在线社交平台来说,创新来源于用户的原创行为,如果一个社交平台每天被重复的信息充斥着,那么久而久之这个平台就会沉寂下去,因此平台的原创性直接决定了其创新程度,进而影响网站的活跃度。这说明帖子的类型也会对用户发帖行为产生不一样的影响。之前的很多文献都对用户发帖动机进行了研究(Shriver et al,2013,Toubia et al,2013,Iyer et al,2016)。例如,Shriver 等人(2013)的文章研究了发帖数与好友数之间的因果关系,Toubia 和 Stephen(2013)从效用的角度解释了社交网站用户的发帖动机,Iyer 和 Katona(2015)从受关注的角度研究了影响社会化交流的因素,该文章的一个重要结论是随着信息交流范围的扩大,信息交流的动机会逐渐减弱。但是鲜有文献从发帖类型进行研究,本研究认为原创帖和转发帖无论是在创作成本还是创作内容上都有本质的不同,因此它们对发帖行为的影响也是不同的。综上所述,用户的关注类型(意见领袖 VS 非意见领袖)和发帖类型(原创 VS 转发)是发帖行为研究中被忽略的两个方面,为了弥补这方面的缺失,本研究将从用户关注的类型和发帖类型两个角度出发,研究对用户发帖行为的影响。

4.1.2 理论回顾与研究假设

(1) 意见领袖 VS 非意见领袖

意见领袖的概念起源于传播学,指的是那些将所获得的信息进行二次传播并能影响他人决策的个体(Corey,1971)。从一些综述性的文章中可知(涂红伟 等,2014)意见领袖通常也是一些有影响力的人,这类人对他人的行为意向产生影响,具体表现为可以使他人的行为方式发生改变,影响个体的决策行为以及个体的行为信念。Ohanian(1990)认为可信度(Trustworthiness)、专业性(Expertness)和吸引力(Attractiveness)是有影响力的人不同于普通人产生说服力的主要驱动因素。可信度指接受者在多大程度上会相信信息源传递的信息,大量研究表明有影响力的人的可信度在很大程度上影响了消费者的态度(Suki,2014)、品牌偏好(Lis et al,2013)以及购买行为(Morin et al,2012)。专业性指接受者感知到的有效主张来源的程度,是指有影响力的人所拥有的知识、经验和技能。研究表明,信息源的专业性对态度改变有积极影响(Maddux et al,1980),例如对意见或者喜好能否达成一致(Horai et al,1974)。也有学者研究专业性对黑人社会经济地位的影响(Ross et al,1973)。大量的广告传播研究表明外在吸引力在消费者进行决策判断时起着重要的作用(Chaiken,1979),有研究表明这是因为代言人的外在吸引力具有社会适应性(Kahle et al,1985)。其他研究也表明,提高信息源的外在吸引力,可以提高消费者对产品或服务的态度的积极性(Muda et al,2011),同时对如何进行意见领袖的选择具有积极作用(Hollensen et al,2013)。从之前的研究结果可以看出意见领袖具有区别于非意见领袖的一些特质,因此如何挖掘意见领袖以及意见领袖的传播机制一直是学者们普遍关注的问题(冯时 等,2013),例如一些学者研究了如何进行在线社交平台上意见领袖的识别(蔡淑琴 等,2013),这对在线平台的信息传播具有重要意义。

意见领袖会对消费者的行为产生影响,无论这种影响是正面的还是负面的,它都会对消费者的决策以及后续的选择起到一定的作用,这一理论又被称为"影响假设"(Watts et al,2007)。从构建水平理论(Construe Level Theory)的角度,意见领袖被感知到的和他人的社会距离(Social Distance)相比于非意见领袖要远,这是因为意见领袖通常是一些领域中比较有影响力的人,而这些人与普通用户通常会有一些距离感,因此,意见领袖很难施加一些具有个人属性的影响(Trope et al,1998)。可以推断意见领袖在不同的情景下将产生不同的影响。近年来,识别有影响力的用户已经成为广大学者关注的问题之一,例如,如何识别一个社区里有影响力的主播(Agarwal et al,2008),如何识别学术社交网络里有影响力的学者(Li et al,2013)以及如何识别政府关系网络里有影响力的领导者(Huang et al,2011)。从现有文献可以看出,意见领袖与非意见领袖会对消费者的决策产生不同的影响,因此研究用户关注类型与发帖行为之间的关系具有重要意义。

（2）原创 VS 转发

促进在线社交平台发展的一个驱动力就是用户在线创造内容，即用户的发帖（原创帖与转发帖），这直接影响平台的活跃度。对于在线社交平台来说，原创性的内容通常被认为是创新的源泉，而转发的内容一般认为是信息的重复传播。社交平台的发展主要和创新程度相关，换句话说，创新性决定了一个社交平台的生存时间。因此，如果一个社交平台上原创的内容越多，那么该平台就处在一个不断上升发展的状态。然而，如果一个社交平台每天都充斥着重复的信息，用户无法从平台上获得新的信息和知识，那么该社交平台很有可能就会走向消亡。由此可以看出，发帖类型对于维护平台的活跃度具有重要的意义。可以推断，为了使社交平台更加活跃，平台运营者会更鼓励用户发原创帖。以往的文献中关于发帖的研究包括但不局限于用户产生内容的影响因素研究（张甯 等，2015）、用户内容质量评判的研究（金燕 等，2016）、用户内容质量对渠道商品品牌权益的影响研究（汪旭晖 等，2015）以及品牌帖子转发与品牌偏好的关系（沈璐 等，2016）。

本研究关注帖子的类型是如何影响用户发帖行为的。用户发帖分为原创帖和转发帖，从创作成本上看，原创帖的创作成本要远高于转发帖，因为它需要作者付出更多。同时原创帖也是一个社交网站新内容、新信息的来源，是社交媒体可持续发展的一个源动力。在内容上，原创帖更关注和用户自身相关的话题，比较具有个人特征，而转发帖涉及的内容相对广泛，隐私性较差。因此，社交网络中用户受到的来自原创帖和转发帖的感知是不一样的。例如，如果用户关注的人发的原创帖居多，那么很有可能会激发该用户的原创动力，因为根据社会影响理论，处在同一个圈子的人更趋于表现相同的行为。反之，如果一个用户周围的朋友每天都在不停地转发，那么他进行原创的动力也会大大下降，取而代之的是转发朋友圈中的重复信息。搜索现有的关于社交网络的文献发现，鲜有对发帖类型的研究，本研究将填补这一空白，探究发帖类型对用户发帖行为的影响。

（3）研究假设

如前所述，本研究将用户关注的人群类型分为意见领袖和非意见领袖，将发帖类型分为原创帖和转发帖，社交平台上的用户既会关注意见领袖，又会关注非意见领袖，同时他所关注的这些人既发原创帖，又发转发帖。本研究将探讨意见领袖的原创帖、非意见领袖的原创帖、意见领袖的转发帖和非意见领袖的转发帖对目标用户发帖（原创和转发）行为的影响。

首先，从发帖类型看，原创帖具有创新性，更关注用户的个人特征，具有较高的亲密性和隐私性，同时原创帖的创作会占用作者更多的成本。而当涉及和个人特质比较相关的内容时,根据前面的论述可知,意见领袖被感知到的社会距离要比非意见领袖被感知到的社会距离远。也就是说,非意见领袖的原创帖更容易与目标用户产生共鸣,进而影响他们的发帖行为。因此,虽然目标用户会收到很多原创帖的信息,但是由于这些原创帖的作者身份不同,所传递出的信息的影响力也就不同。当发出者身份类型与目标用户更接近时,影响力越强,反之越弱。因此,本研究的第一个假设如下。

假设 1 非意见领袖的原创帖比意见领袖的原创帖更能激发目标用户的发帖(原创或转发)行为。

其次,对于转发帖来说,它比原创帖的创作成本更低,而且关注的内容更加广泛,与转发者的个人特质联系较少。如果一个帖子被某一个有影响力的人转发后,其传播速度会呈爆发式的增长,因此一个帖子能否会成为热门帖子和被转发者的类型有着极其密切的关系。意见领袖在传播信息方面有很大的优势,这是为什么很多企业在做微博营销时,不惜花重金邀请一些明星进行宣传。相比于非意见领袖,意见领袖的信息传播速度更快,范围更广。因此与非意见领袖相比,意见领袖对转发帖的传播会产生更多的作用。于是,本研究有如下假设。

假设 2 意见领袖的转发帖比非意见领袖的转发帖更能激发目标用户的发帖(原创或转发)行为。

4.1.3　数据与变量介绍

(1) 数据收集

本研究的研究数据来自新浪微博,基于研究目的,需要收集一个包含动态网络结构的固定样本组的时间序列数据。为了获取固定样本组用户,本研究采取滚雪球抽样的方法(Chen et al,2013)。网络结构具有稀疏性,换言之,任给两个个体,他们之间有联系的概率几乎为 0,如果采用随机抽样的方法,抽出的将会是独立的个体,而非具有网络结构的个体,这样的样本无法满足研究的需要。而滚雪球抽样能在一定程度上保留抽出个体的网络结构。具体的实施程序如下,从微博上某官方账号的粉丝中随机抽取 10 个用户 ID,以此为初始抽样种子,运用滚雪球抽样的方法,每次抽取上一批用户粉丝的 ID,去除重复的 ID,如此反复,最终形成一个约有 8 500 个 ID 的网络结构,该网络结构的密度为 1.23%。将此网络结构样本作为本研究的固定样本组数据,并且从 2013 年 11 月 11 日开始一直到 2014 年 3 月 20日持续记录这些样本的信息,主要包括三类信息:第一类为网络结构信息,记录了用户之间关注与被关注的关系;第二类为用户的个人信息,如昵称、粉丝数、好友数、发帖数、账号创建时间、地理位置、性别以及个人描述;第三类是微博文本信息,记录了每天发微博(原创与转发)的文本内容。最终收集到的用于本研究的数据有947 662 个观测,包含 8 340 个用户 116 天的观测数据。

本研究研究的是个体用户的发帖(原创与转发)行为,因此,需要删去公众账号(如一些企业的官方微博),因为这些账号的发帖行为不同于普通用户,所以不在本研究范围内。为此,本研究聘请了 40 个助研手动检查每一个用户的个人描述,如果出现了诸如"某某公司官方微博"这样的字样,那么认为这是一个公众账号,从现有样本中剔除。最终经过手动整理,留下的用于分析的样本为 862 118 个观测,横跨 116 天。

(2)变量构建

通过对数据的初步分析,本研究发现,用户平均每人每天发帖的中位数只有0.04,换言之,平均每人每天发帖数不超过 1 条,大部分用户都是不发帖的状态,详细的分析可参见后文的描述性分析。可以推断发与不发具有本质的区别,考虑到数据中有大量的 0 存在,所以本研究定义因变量为是否发帖,发帖=1,不发帖=0。具体的,考虑两个因变量,分别是用户是否发原创帖和是否发转发帖。在解释变量的构建上,首先考虑 4 个主要的变量,分别为用户关注的意见领袖原创帖数、转发帖数,用户关注的非意见领袖原创帖数、转发帖数。本研究把粉丝数超过 10 万的用户定义为意见领袖,否则为非意见领袖。通常来说,意见领袖的影响是外生的,因为意见领袖的行为更容易影响他人,而他们本身并不容易受其他人的影响。来自非意见领袖的影响相对复杂,目标用户和其关注的非意见领袖之间是可以互相影响的,这给后续探索因果关系带来了障碍,为此本研究会采取工具变量的方法来解决这一问题。除了以上 4 个主要变量之外,本研究还构建了一些控制变量,具体的变量解释详见表 4-1。

表 4-1 变量说明

	变量名称	类型	说明
因变量	Tweet	连续型	原创帖数
	Retweet	连续型	转发帖数
4 个关键变量	BVtweet	连续型	意见领袖原创帖数
	BVretweet	连续型	意见领袖转发帖数
	ORtweet	连续型	非意见领袖原创帖数
	ORretweet	连续型	非意见领袖转发帖数

续 表

变量名称	类型	说明
Lag_tweet	连续型	上一期原创帖数
Lag_retweet	连续型	上一期转发帖数
Tenure	连续型	使用微博的天数
Gender	离散型；1=男性	用户性别
Authorize	离散型；1=微博认证	是否认证用户
Location	离散型；1=北京	是否在北京
Fan	连续型	粉丝数
Celebrity	离散型；1=名人	是否为名人
Lag_repost	连续型	上一期被转发数

控制变量（行跨度左侧）

4.1.4 内生性问题与工具变量

（1）内生性问题

以往的文献指出在做和社会网络相关的分析时，必须要谨慎处理可能遇到的内生性问题（Manski et al，2000）。在本研究的实证分析中，有三个变量是具有内生性问题的，分别是 Fan、ORtweet 以及 ORretweet。本研究采取工具变量的方法来解决内生性问题。

在具体介绍内生性问题之前，为了能更好地阐述，本研究先用示意图来进行社交关系的说明。如图 4-1 所示，用圆圈代表用户，用箭头代表有向的关注关系，例如用户 A 关注了用户 B，则箭头由 A 指向 B。对于 A 用户，他关注了 B 和 C，根据本研究的分类，B 和 C 要么是意见领袖，要么是非意见领袖，此时，只要 B 和 C 发帖，A 就可以看见，因为 A 关注了他们。再看用户 i，他的箭头指向 A，说明他关注了 A，所以他是 A 的粉丝，A 用户发帖，i 可以看见，但是 i 发帖，A 不能看见，因为 A 没有关注 i。用户 j 关注了 i，但没有关注 A，称 j 为 A 的二阶粉丝。以下工具变量的介绍会基于此图进行说明。

① 粉丝数的工具变量

本研究研究用户的粉丝数对发帖行为的影响，粉丝数也可以看成用户发帖的一个函数，即用户的发帖行为也能影响他的粉丝数，例如用户为了吸引更多的粉丝而发帖。所以粉丝数这个变量具有内生性。需要为粉丝数寻找一个工具变量，该工具变量应该与内生性变量高度相关，并且不直接影响因变量。在本研究中，粉丝

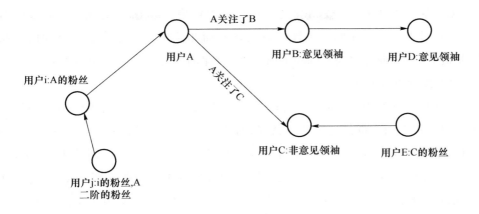

图 4-1 社交关系示意图

数的工具变量是用户的二阶粉丝数(即粉丝的粉丝数)。如图 4-1,用户的二阶粉丝数即为 j 的个数。统计分析表明用户的粉丝数与其二阶粉丝数之间的相关系数高达 0.677($p<0.000$),显著相关。所以用二阶粉丝数作为用户粉丝数的工具变量是合理的。将此工具变量命名为 IVfan。

② 非意见领袖原创帖数的工具变量

在社交网络中,用户的行为会受和他相连的邻居的影响,他可以受到关注者的影响,同时也可以影响到他的关注者。这使得非意见领袖原创帖数具有内生性问题,他的工具变量是用户关注的非意见领袖的粉丝数。如图 4-1,如果以用户 A 为研究对象,那么 A 的非意见领袖原创帖数应为所有用户 C 发的原创帖数。那么它的工具变量为所有用户 E 的个数,即非意见领袖的粉丝数。统计分析表明非意见领袖原创帖数和非意见领袖粉丝数的相关系数为 0.567($p<0.000$),可以认为非意见领袖的粉丝数是非意见领袖原创帖数的一个合理的工具变量。将此工具变量命名为 ORfan。

③ 非意见领袖转发帖数的工具变量

最后一个具有内生性的变量是用户关注的非意见领袖转发帖数,理由与第二个内生性变量基本相似,在此不再赘述,该变量的工具变量为用户关注的人关注的意见领袖而非该用户关注的意见领袖的发帖数(原创和转发)。具体的,如图 4-1,仍以用户 A 为例,他的非意见领袖转发帖数应为所有用户 C 的转发帖数。那么它的工具变量应该是所有用户 D 的发帖数,因为按照定义,此时 D 是 B 的意见领袖。A 关注的意见领袖 B 发的帖子在一定程度上和 A 关注的其他人的转发帖是相关的,但假如这些用户关注的人关注的意见领袖不是该用户关注的意见领袖,那么这些意见领袖发的帖子并不会直接对该用户产生影响。综上,非意见领袖转发帖数的工具变量为用户关注的人关注的意见领袖而非该用户关注的意见领袖的发帖数,将这个工具变量命名为 Fdbigv_post。两个变量的相关系数为 $0.338(p < 0.000)$。

(2) 控制方程方法

在计量经济学中,通常用二阶段最小二乘法(2SLS)解决内生性问题,然而,2SLS 只适用于因变量是连续型的情况,对于因变量是离散的(如本例中的 0-1 变量)情况,2SLS 不是一个合适的方法。因此下面将介绍控制方程(Control Function,CF)方法解决当因变量是离散情形时的内生性问题。和 2SLS 一样,CF 方法依赖于相同的模型识别条件。设 y_1 为二元响应变量,X 为内生性变量,z 为外生变量(不包括工具变量),z_1 为工具变量。首先,将内生变量 X 对所有的外生变量(z)以及工具变量(z_1)进行 OLS 回归,得到残差项 $\hat{v}_2$。其次,将二元响应变量 y_1 对 z、X 以及 $\hat{v}_2$ 进行 Probit 回归,得到系数估计值。在本例中,X 包含三个内生性变量,他们分别是,Fan、ORtweet 以及 ORretweet。z 为不包括工具变量的所有外生自变量,z_1 为工具变量,y_1 为二元响应变量,即是否原创(转发)。

4.1.5 实证分析

(1) 描述性分析

首先给出各个变量的描述性分析结果,包含每个变量的最大值、最小值、均值以及中位数。表 4-2 汇报的是平均每人每天的描述性统计量。

表 4-2 各个变量的描述性统计分析

变量名称	均值	中位数	最小值	最大值
Tweet	0.423	0.043	0	37.830
Retweet	0.680	0.078	0	33.060
BVtweet	205.600	137	0	1 932
BVretweet	140.100	96.970	0	1 274
ORtweet	18.490	10.440	0	538.300
ORretweet	31.450	16.950	0	1 111
Tenure	1 196	1 184	81	1 615
Gender	0.652	1	0	1
Authorize	0.437	0	0	1
Location	0.588	1	0	1

变量名称	均值	中位数	最小值	最大值
Fan	47.950	5.982	0	3 648
Celebrity	0.014	0	0	1
Lag_repost	114.900	0.060	0	99 400
天数	116			
用户数	8 340			

从表 4-2 的结果可以看到,首先,对于大部分用户来说,平均每人每天的发帖数(原创或转发)仅有 0.423,这说明不发帖是常态。同时平均每人每天发帖数的最大值也仅有 37.830,说明用户在微博上大部分状态是"消费内容"而不是"创造内容"。其次,用户平均使用微博的时间是 3.277 年,名人占比为 1.4%,并且可以看到超过一半的用户注册地是在北京。有 65.2% 的用户是男性,并且有 43.7% 的用户是微博认证用户。粉丝数的中位数位为 5.982,而它的最大值为 3 648。这也印证了在社交网络中,大部分的用户都只有很少的粉丝,只有很少一部分用户会拥有非常庞大的粉丝群。这说明粉丝数呈幂律分布(Power-Law Distribution)的形式。转发数和粉丝数非常相似,有很少的帖子会被转发很多次,大部分的帖子都没有被转发过。最后,看一下关键的四个变量,结果显示,意见领袖和非意见领袖的发帖数存在着显著差异,平均来说,意见领袖的发帖数(原创帖与转发帖)要显著地高于非意见领袖的发帖数(原创帖与转发帖)。这说明意见领袖比非意见领袖更加活跃,正是这种活跃性才使得意见领袖成为社交平台上的信息传播者。

(2)模型结果

本节汇报模型结果,表 4-3 展示的是无工具变量的模型估计结果。在表 4-3 中,第三列表示因变量是否发原创帖,最后一列表示因变量是否发转发帖。从表中可以得出以下结论。首先,看因变量为是否原创的情形,微博使用时间越长的用户越容易发帖;和女性相比,男性发帖的意愿相对较低;微博认证用户比非认证用户更愿意发帖;粉丝数越多的用户更愿意发帖;和普通用户相比,名人的发帖意愿更强烈。再来看四个关键变量,意见领袖的转发帖数和非意见领袖的转发帖数都会抑制用户的发帖行为,其他变量对用户的发帖行为具有正向促进作用。其次,看因变量为是否转发的情形。性别变得不再显著,而地理位置变得显著,北京用户相比于非北京用户更愿意发帖;粉丝数和用户发帖行为是负向关系。在四个关键变量里,非意见领袖的转发对用户的发帖行为是正向影响,其他变量的结果和因变量为是否原创时基本保持一致。

表 4-3　二元 Probit 回归结果(无工具变量)

	变量名	是否原创	是否转发
	Lag_tweet	1.069***	0.356***
		(0.005)	(0.005)
	Lag_retweet	0.298***	1.001***
		(0.004)	(0.004)
	Tenure	0.129***	0.166***
		(0.008)	(0.007)
	Gender	−0.014***	−0.004
		(0.004)	(0.004)
控制变量	Authorize	0.206***	0.046***
		(0.004)	(0.004)
	Location	0.002	0.046***
		(0.004)	(0.004)
	Fan	0.017***	−0.010***
		(0.001)	(0.001)
	Celebrity	0.063***	0.293***
		(0.015)	(0.015)
	Lag_repost	0.077***	0.064***
		(0.002)	(0.002)
	BVtweet	0.029***	0.034***
		(0.003)	(0.003)
	BVretweet	−0.051***	−0.029***
关键变量		(0.004)	(0.003)
	ORtweet	0.057***	0.052***
		(0.003)	(0.003)
	ORretweet	−0.011***	0.067***
		(0.003)	(0.002)
时间的固定效应		加入	加入
观测个数		862 118	
Rho(相关系数)		0.408***	
		(0.002)	
对数似然值		−556 252.43	

注:括号里数字为标准误;"***"表示显著性水平为 0.001,"**"表示显著性水平为 0.01,"*"表示显著性水平为 0.05,"."表示显著性水平为 0.1。

接下来采取工具变量的估计方法进行回归分析,根据 CF 的实施步骤,首先分别用每一个内生性变量对所有的外生变量及工具变量进行 OLS 回归,这样得到三个回归方程,具体的参数估计结果见表 4-4。

表 4-4　CF 方法第一步的 OLS 回归结果

变量名	Fan	ORtweet	ORretweet
Fdbigv_post	−0.048***	−0.287***	−0.132***
	(0.003)	(0.004)	(0.004)
ORfan	0.173***	0.424***	0.489***
	(0.001)	(0.001)	(0.001)
IVfan	0.460***	0.020***	0.036***
	(0.000)	(0.000)	(0.000)
Lag_tweet	−0.074***	0.095***	0.049***
	(0.002)	(0.003)	(0.003)
Lag_retweet	−0.221***	0.180***	0.229***
	(0.002)	(0.002)	(0.002)
Tenure	0.044***	0.192***	0.158***
	(0.003)	(0.004)	(0.004)
Authorize	0.144***	0.070***	0.075***
	(0.002)	(0.002)	(0.002)
Gender	0.072***	0.045***	0.023***
	(0.002)	(0.002)	(0.002)
Location	−0.113***	0.178***	0.215***
	(0.002)	(0.002)	(0.002)
Celebrity	1.886***	−0.132***	−0.293***
	(0.007)	(0.008)	(0.009)
Lag_repost	0.265***	0.003*	0.017***
	(0.001)	(0.001)	(0.001)
BVtweet	−0.019***	0.081***	−0.025***
	(0.001)	(0.002)	(0.002)
BVretweet	−0.021***	0.139***	0.174***
	(0.001)	(0.002)	(0.002)
常数项	−0.956	−0.721	−1.556
观测个数	861 710	861 710	861 710
调整 R 方	0.802	0.567	0.585
F 值	27 431.37	8 876.79	9 552.77

注:括号里数字为标准误;"***"表示显著性水平为 0.001,"**"表示显著性水平为 0.01,"*"表示显著性水平为 0.05,"."表示显著性水平为 0.1。

表 4-4 汇报了 CF 方法第一阶段的 OLS 回归结果,三个方程的因变量分别是对应的内生性变量,一般认为 F 统计量大于 10 时所选的工具变量是有效的,在本例中,所选的三个工具变量都是有效的。提取 OLS 回归的残差项,将其作为新的控制变量,放入第二阶段的回归方程中,可以得到使用工具变量之后的模型估计结果,具体结果汇报见表 4-5。

表 4-5　二元 Probit 模型估计结果(工具变量之后)

	变量名	是否原创	是否转发
控制变量	Lag_tweet	1.044*** (0.005)	0.347*** (0.005)
	Lag_retweet	0.352*** (0.004)	1.045*** (0.004)
	Tenure	0.151*** (0.008)	0.195*** (0.008)
	Gender	−0.001 (0.004)	0.019*** (0.004)
	Authorize	0.189*** (0.005)	0.032*** (0.004)
	Location	0.034*** (0.004)	0.071*** (0.004)
	Fan	0.041*** (0.002)	0.009*** (0.002)
	Celebrity	−0.174*** (0.016)	0.123*** (0.016)
	Lag_repost	0.072*** (0.002)	0.056*** (0.002)
关键变量	BVtweet	−0.013** (0.005)	0.022*** (0.005)
	BVretweet	0.011** (0.004)	0.019*** (0.004)
	ORtweet	0.560*** (0.038)	0.214*** (0.040)
	ORretweet	−0.556*** (0.032)	−0.175*** (0.034)

续　表

	变量名	是否原创	是否转发
残差项	Fan_res	0.017*** (0.003)	0.016*** (0.003)
	ORtweet_res	−0.464*** (0.038)	−0.128*** (0.040)
	ORretweet_res	0.605*** (0.032)	0.293*** (0.034)
时间的固定效应		加入	加入
观测个数		861 710	861 710
Rho(相关系数)		0.401*** (0.002)	
对数似然值		−552 518.4	

注:括号里数字为标准误;"***"表示显著性水平为 0.001,"**"表示显著性水平为 0.01,"*"表示显著性水平为 0.05,"."表示显著性水平为 0.1。

从表 4-5 的结果中可以得到以下结论。总体来说,系数的估计与没有应用工具变量之前的结果基本保持一致,但除了以下几个变量。对于因变量为是否发原创帖:使用工具变量之后性别变为不显著变量;是否为名人与发帖行为之间的正向关系也变为负向关系,这说明相比于普通人,名人发的原创帖更少;意见领袖的原创帖数对用户的发帖行为也变为负向影响,而意见领袖的转发帖数则变为正向影响,假设 2 得到了验证。对于因变量为是否发转发帖:性别变为显著变量;粉丝数与发帖行为的关系也由之前的负相关变为正相关;意见领袖的转发帖数对用户发帖行为的影响变成正向影响,而非意见领袖的转发帖数变为负向影响,假设 1 得到了验证。

意见领袖的原创帖数对用户的原创帖具有负向影响,这是因为意见领袖作为有影响力的人,很少与普通用户进行互动,他们的原创帖很可能只和自身有关,并不会涉及普通用户,所以意见领袖的原创帖数并不会促进一个用户的原创行为。然而,本研究看到意见领袖的原创帖数会对用户的转发行为产生正向影响,这可能是由意见领袖发帖性质决定的。例如,意见领袖发帖的内容可以成为用户发帖的信息来源或是创作素材,同时转发意见领袖的帖子也可以创造更多的社会互动。所以意见领袖的原创帖可以正向影响用户的转发行为。此外,本研究发现意见领袖的转发帖数可以正向影响用户的原创帖及转发帖行为。这是因为意见领袖作为社交平台上的信息传播者,他转发的内容往往可以成为他人的创作素材,从而降低他人的创作成本。所以从创作成本的角度看,意见领袖的转发帖数可以正向影响用户的发帖行为(原创或转发)。

非意见领袖的原创帖数可以正向影响用户的发帖行为。对于用户关注的非意见领袖来说,他们之间由于彼此联系而互相影响,所以也就不难理解正相关的关系。本研究发现一个有意思的结果,非意见领袖的转发帖数对用户的发帖行为具有负向影响,可以用时间成本约束的理论去解释这个结果。用户花在社交平台上的时间是有限的,如果用户每天都被千篇一律的帖子刷屏,会大大增加他的阅读成本以及筛选好帖子的成本,留给他原创的时间就会大大下降。此外,由于应用了工具变量,当用户关注的非意见领袖总是发一些用户不喜欢的帖子时,势必引起用户反感。所以从时间成本以及帖子受喜欢程度的角度来看,非意见领袖的转发帖会大大增加用户的阅读成本,从而抑制用户的原创热情。

再来看控制变量的结果:微博使用时间越长的用户发帖(原创或转发)意愿越强;男性比女性更愿意转发,但并没有证据表明男性和女性在发原创帖的意愿上有差异;微博认证用户比非认证用户更愿意发帖;北京用户比非北京用户更愿意发帖。该分析结果可以帮助营销人员更好地进行用户细分,将有限的营销资源应用到最有价值的用户身上。

应用工具变量之前,粉丝数的系数估计为负,应用工具变量之后,系数估计变为正。该结论与 Toubia 和 Stephen(2013)的结论不一致,可能是由粉丝数的内生性造成的,应该小心解读它的系数估计。从结果中可以看到,名人更愿意转发,一方面,因为在很多社交平台上,名人可以充当信息的传播者,他们通常是某一领域的意见领袖,而很多企业也希望通过名人的转发来增加自己产品或品牌的知名度。所以通过名人进行传播的信息更容易被公众关注到,有更大的价值。这也就解释了为什么名人比普通人转发得更多。另一方面,本研究发现是否为名人与是否发原创之间是负相关的,可以用时间成本的约束来解释。名人花费了太多的时间来转帖,所以留给自己进行原创的时间就会十分有限,那么和普通用户相比,名人的原创帖就会大大减少。此外,上一期的转发数与用户的发帖行为具有正向关系,从某种程度上来说,转发数代表帖子的受欢迎程度,如果一个人的帖子被很多人转发,那么会激起用户再次发帖的冲动,这说明用户发的内容能够被人认可,会让用户感受到和别人的互动。

4.1.6　总结与讨论

本研究着眼于用户关注的类型(意见领袖 VS 非意见领袖)和发帖类型(原创

VS转发)对发帖行为的影响,采用从新浪微博获取的相关数据,从实证角度分析了用户关注类型和发帖类型对用户发帖行为的影响,并运用工具变量的方法解决了变量的内生性问题。研究发现,意见领袖的原创帖数对用户发原创帖的行为具有负向影响,对用户转发帖的行为具有正向影响。可能的原因是意见领袖作为有影响力的人,很少与普通用户进行互动,他们的原创帖大多数和自身有关,并不会涉及普通用户,所以意见领袖的原创帖数并不会促进用户的原创行为。然而,他们发帖的内容可以成为用户发帖的信息来源或是创作素材,所以意见领袖的原创帖可以正向影响用户的转发行为。此外,本研究发现意见领袖的转发帖数可以正向影响用户的原创及转发行为。这是因为意见领袖作为社交平台上的信息传播者,他转发的内容往往可以成为他人的创作素材,从而降低他人创作的成本。非意见领袖的原创帖数可以正向影响用户的发帖(原创和转发)行为。对于用户关注的非意见领袖来说,他们之间由于彼此联系而互相影响,所以具有正相关的关系。本研究发现一个有意思的结果,非意见领袖的转发帖对用户的发帖(原创和转发)行为具有负向影响,本研究用时间成本约束的理论解释了这个结果。用户花在社交平台上的时间是有限的,如果用户每天都被千篇一律的帖子刷屏,会大大增加他的阅读成本以及筛选好帖子的成本,留给其原创的时间就会大大下降,从而抑制用户原创和转发的热情。

本研究的一个贡献是区别分析了不同用户类型对发帖行为的影响,意见领袖的言论或意见很容易影响他人,但他们自身很难受非意见领袖的影响。而在非意见领袖身上,这个情形恰恰相反,非意见领袖很容易被意见领袖影响,但他们本身并没有任何影响力。本研究的实证分析结果也支持了这一结论。意见领袖不经常和用户进行互动,他们发的帖子通常会被认为是某种信息的来源,因此意见领袖往往是信息传播者而不承担社交功能。这启示我们,如果营销人员希望用户更多地参与到社交平台的活动中,那么应该对非意见领袖进行营销,尤其是鼓励非意见领袖的原创性工作。综上所述,本研究的结论可以帮助企业营销人员更好地理解用户发帖的背后动机,帮助营销人员更好地进行营销策划。企业的营销方案要因人而异,多采取个性化的营销方式。

本研究仍然存在着一些不足,希望在未来的研究中得以改进。首先,研究数据来自固定样本组的局部网络结构数据,本研究并没有观察到全网的数据,这是研究的一个局限性。在未来,本研究可以获取更加全面的网络结构数据,但是在现实中,想要获得全网的数据显然是不现实的,并且也很难做到。其次,本研究只区分了两类用户的影响(意见领袖和非意见领袖),而本研究知道用户关注的类型可以根据不同的标准进行划分,因此,本研究建议在未来的研究中对用户类型做更加细致的划分,以期进一步探索来自不同用户类型的影响。最后,用户的发帖动机是多方面的,目前本研究只是探索了发帖与不发帖的区别,未来的研究中还可以探索更多层面的动机因素。

4.2　原创还是转发？基于社交媒体 UGC 的交互效用研究

4.2.1　研究背景

随着在线社交平台(例如,Facebook、Twitter 以及微博)的蓬勃发展,在线用户创造内容(User Generated Content,UGC)已经成为社交平台用户进行交流与信息分享的主要手段。UGC 的产生与网络活跃度息息相关,一般来说,一个社交网站活跃度越高,广告主展示广告的机会就越多,平台的收入也会越高。例如,Facebook 2014 年的年报显示,其营业收入超过 120 亿美金,而其中有 90% 的收入来自广告销售。Facebook 之所以有如此多的广告收入,是因为每天有数以亿计的用户活跃在其平台上。活跃用户的 UGC 对 Facebook 来说是潜在的商业价值,因此如何提高 UGC 的数量与质量成为平台运营者关心的主要问题之一。

UGC 的种类众多,本研究重点讨论文本形式的 UGC。已有文献对用户发帖动机的研究表明,人们在 Twitter 上发帖是为了获得内在效用(Intrinsic Utility)和形象效用(Image-Related Utility)(Toubia et al,2013)。然而,还有很多其他效用驱动的动机因素并未被很好地研究。例如,Shriver 等人(2013)的一项调查研究显示,有相当比例的用户表示在网上发帖是为了扩大自己的社交圈以及和圈里的好友进行互动。因此本研究认为,由于社交网络的独特性,使得相互联系的用户之间产生了更多的互动,而这种基于互动效用的动机研究正是之前文献中未涉及的,因此本研究的第一个贡献是研究基于交互效用(Interaction Utility)的发帖动机。本研究的第二个贡献是探究用户的时间成本,即用户在发帖与阅读帖子之间是如何进行时间分配的。之前的文献只从发帖的角度进行研究,而忽略了时间成本因素。假设人们用在社交平台上的时间是一定的,即用户发帖和阅读帖子的时间是一定的,那么在有限的时间里,用户需要平衡发帖与阅读他人的帖子的时间。本研究在优化用户的效用函数时,加入了时间成本这一条件,使决策者可以考虑不同情况下的最优决策。

4.2.2 文献回顾

近年来学术界关于 UGC 的研究掀起一阵热潮,在 2012 年,国际著名的营销学杂志《营销科学》(*Marketing Science*)曾专门刊出一期关于 UGC 研究的特刊(Special Topic)。在所有发表的研究论文中,学者们关注的研究主题可以大体划分为以下三个方面:(1)UGC 是如何产生的以及用户为什么要贡献 UGC;(2)UGC 带来的影响;(3)UGC 数据所产生的新的方法(Fader et al,2012)。本研究将重点回顾和社交网站发帖动机相关的研究。

Shriver 等人(2013)的一篇文章研究了发帖数与好友数之间的因果关系。作者研究了社会网络效应对 UGC 的影响,尽管他们并未直接研究效用或动机,但是该研究发现了一个重要的结论,社会关系可以对是否发帖及发帖数量产生重要影响。同年,Toubia 等人(2013)的文章从效用角度探讨人们在 Twitter 上的发帖动机。他们指出内在效用和形象效用可以驱动用户发帖。其中内在效用假设人们的行为受自身内在满足感的驱使,人们可以从发帖中直接获得效用。而形象效用则是受他人感知的驱使,即人们获得的形象效用主要来自他人的认可,例如拥有更多的粉丝。研究表明当粉丝数增加时,人们的发帖行为会因受不同效用的驱使而不同。如果用户受内在效用驱使多一些,那么粉丝数的增加会带来发帖数的增加。如果用户受形象效用的驱使多一些,那么粉丝数的增加会带来发帖数的减少。他们的实证研究结果表明在解释用户发帖动机时,形象效用比内在效用更重要。最近的一篇分析文章,Iyer 等人(2016)从受关注的角度研究了影响社会化交流的因素。作者指出为了获得接收者的注意,信息发送者之间的竞争是影响信息产生的一个重要因素。该研究的一个重要结论是随着信息交流范围的扩大,信息交流的动机会逐渐减弱。

综上所述,以上回顾的三篇文献都直接或间接地研究了发帖动机或由效用驱动的动机。然而,对于为了扩大社交圈以及和他人进行互动的动机,似乎还没有与之对应的研究。这样的研究需要研究者能够观察到网络结构。而事实上,在 Toubia 等人(2013)的文章里已明确指出如果有网络结构数据,那么会更加丰富现有的研究结果。用户的社交网络结构对于评价 UGC 具有重要意义。这是因为人们的行为很容易受与他在同一个网络里的好友的影响。实际上,近年来在营销领域有很多相关的研究在探索社会交互对行为预测的影响(Goel et al,2013;Iyengar et al,2011;Dover et al,2012;Nitzan et al,2011;Wang et al,2013;施

卓敏 等,2015;周志民 等,2011)。这些研究结果表明加入社会交互信息之后的行为预测的精度要比没加入这些信息的预测精度高很多。

随着网络结构数据越来越受到重视,许多传统的营销问题在这个新的情境下都进行了重新检验,例如新产品扩散研究(Iyengar et al,2011;Dover et al,2012;Hu et al,2014;Iyengar et al,2015;Risselada et al,2014),用户流失(Nitzan et al,2011),信用评分(Wei et al,2016),网络扩散(Hasan et al,2015)以及消费者选择(Narayan et al,2011)。因为通过好友关系可以获得传统变量无法获取的信息。在预测消费者行为上,社会交互也起了很大的作用,作为个体的我们并不是独立存在于这个世界上的,每个人都会形成不同的复杂的社会网络,来自个体网络信息的变量对于预测个体行为将是一个强有力的指标。为了研究互动行为,需要获得网络结构数据和好友信息。互动行为在解释传统的营销问题上发挥了重要的作用,因此本研究认为如果在解释用户发帖动机时引入社会交互,会更加丰富人们对UGC的理解。本研究在理论上有以下创新:首先,从微观层面上解释发帖动机时引入了社会交互的概念;其次,发帖可以进一步被区分为原创帖和转发帖,每种发帖动机背后的机制是不同的。按照常识,原创帖比转发帖需要付出更多的成本,因为原创帖需要更多原创性的工作和富有创造力的想法。接下来将具体讨论理论模型。

4.2.3　理论回顾与研究假设

（1）内在效用 VS 形象效用 VS 交互效用

内在效用被定义为个体进行某种活动的一种自然需求,这是一种先天的兴趣,不依赖于任何其他的外在因素(Ryan et al,2000)。当人们被内在效用驱使时,个体的行为只和他们的内在特质有关。形象效用被认为是社会地位的测量(Toubia et al,2013),该效用关注的是别人对自己的看法。当用户受形象效用驱使时,他们更希望在别人面前表现自己,通过被别人注意和尊重而获得自我实现。形象效用更强调结果层面,而对于实现这一结果的过程并没有过多限制,例如粉丝数增加被认为是形象效用的一种体现(Toubia et al,2013),根据形象效用的定义,其他用户对某个用户发的帖子进行了评论或转发,表明其他用户认可该用户及该用户的发帖,那么也可以认为是形象效用的一种体现。

交互效用是本研究新提出的概念,将它定义为用户从某些特定的社会互动活动中因满足感而获得的效用。根据 Goffman(1983)经典的社会交互文献,这些社会互动活动包括交换、竞争、合作、冲突和强迫。本研究认为在社交媒体上的互动基本可以被分为两类。第一类是他人的反馈,例如,一个典型的情形是其他用户对某个用户发的帖子进行了评论或转发。在这种情形下,用户通过获得他人的反馈(评论或转发)而获得交互效用。该效用可以帮助用户保持和增强与网络内好友的联系。在某种程度上,该效用可以被看作是形象效用的一个补充,因为获得交互效用的一个前提是有很多粉丝。假设用户 A 和用户 B 都拥有 1 000 位粉丝,当 A 发帖时,几乎超过一半的粉丝对他的帖子进行了回应(包括转发、评论、点赞等),然而,当 B 发帖时,几乎没人对 B 的帖子产生回应。很显然 A 获得比 B 更多的交互效用。因此,本研究可以将交互效用操作化为转发数。第二类是指用户阅读他人的帖子。例如,社交平台上的每个人都可以选择关注他们感兴趣的人或团体,这样就可以收到这些人或团体的发帖信息。用户接收到的帖子,内容多种多样,一些高质量的帖子会引起人们的阅读和创作兴趣,然而一些被转发了多次,内容重复的帖子或者没有任何营养的帖子不仅占用用户时间,还会大大削减人们的阅读兴趣。所以本研究认为阅读高质量的帖子更有助于用户获得交互效用。因此交互项用另一个操作化的指标可以是用户关注的人的发帖数。

（2）理论模型

假设在一个大的社交网络里,每个用户都面临两个选择,发原创帖还是转发帖,定义 Y_1 为原创帖的数量,Y_2 为转发帖的数量。于是一个用户发帖(原创或转发)所获得的效用由内在效用、形象效用和交互效用构成。与此同时,用户发帖和阅读帖子时有一定的时间成本,假设每个用户花费在社交网络上的时间是一定的,那就意味着用户需要平衡发帖与阅读帖子之间的成本。因此本研究将在有时间成本约束的条件下最优化用户获得的效用。

首先,定义 $\{U_1^{\mathrm{Intr}}, U_2^{\mathrm{Intr}}\}$ 分别代表用户发一条原创帖和一条转发帖带来的内在效用。U_1^{Intr} 和 U_2^{Intr} 可以是用户人口统计信息变量的函数,因此一个人获得的总内在效用 U^{Intr} 可以表达成如下的形式:

$$U^{\mathrm{Intr}} = Y_1 U_1^{\mathrm{Intr}} + Y_2 U_2^{\mathrm{Intr}} \tag{4.1}$$

其次,定义 $\{U_1^{\mathrm{Imag}}, U_2^{\mathrm{Imag}}\}$ 为用户发一条原创帖和转发帖分别获得的形象效用,借鉴 Toubia 等人(2013)的做法,U_1^{Imag} 和 U_2^{Imag} 可以表示成用户粉丝数的函数。因此一个人获得的总形象效用 U^{Imag} 可以表达成如下形式:

$$U^{\mathrm{Imag}} = Y_1 U_1^{\mathrm{Imag}} + Y_2 U_2^{\mathrm{Imag}} \tag{4.2}$$

最后,定义 $\{U_1^{\mathrm{Inter}}, U_2^{\mathrm{Inter}}\}$ 为用户发一条原创帖或转发帖分别获得的交互效用,交互效用除了依赖用户从他的粉丝中收到的反馈,还会受到他关注的人(即好友)发帖行为的影响。本研究认为用户受好友影响的机制源于网络进化动力的驱动。一个快速发展的网络总是能吸引很多用户进行互动,如果一个网络拥有很强的进化动力,那么用户会获得更多的交互效用,此时,他们有更多的机会和别人进行互动。组织行为领域的研究表明创新是一个组织进化的动力(Strebel,1987),对于在线社交平台来说,创新来源于用户的原创帖,如果一个社交平台每天被重复的信息充斥着,那么久而久之该平台就会沉寂下去,因此平台的原创性直接决定了它的创新程度,进而影响网络进化的驱动力。这说明网络进化的驱动力可以由用户的原创帖数和转发帖数决定,因此用 R_1 和 R_2 分别表示用户好友的原创帖数和转发帖数,这里再定义一个新的变量 q 用以表示网络进化的驱动力。所以 q 是 R_1 和 R_2 的一个函数,即 $q = Q(R_1, R_2)$。例如,假设 $q = R_1/(R_1 + R_2)$,这说明网络进化驱动力会随着好友原创帖的增多而增加,随着转发帖的增多而减少。因此交互效应 U^{Inter} 可以表达为

$$U^{Inter} = Y_1 U_1^{Inter}(q) + Y_2 U_2^{Inter}(q) \qquad (4.3)$$

综上,一个用户发帖所获得的总效用 U^{total} 可以表示为

$$U^{total} = U^{Intr} + U^{Imag} + U^{Inter}$$

$$U^{total} = \{U_1^{Intr} + U_1^{Imag} + U_1^{Inter}(q)\}Y_1 + \{U_2^{Intr} + U_2^{Imag} + U_2^{Inter}(q)\}Y_2 \qquad (4.4)$$

接下来,分析用户的时间成本约束。假设每个人都面临一个总的时间成本,将其定义为 T,包括发帖的时间成本以及阅读帖子的时间成本,如果用户将大部分时间用在发帖上,那么留给阅读帖子的时间就会变少,即用户需要在发帖与阅读帖子之间进行合理的时间分配。基于此,假设用户每发一条原创帖的成本是 $C_1(Y_1, q)$,是 Y_1 和 q 的函数。同理,发一条转发帖的成本是 $C_2(Y_2, q)$。这里 C_1 和 C_2 代表成本函数,Y_1 和 Y_2 分别代表原创帖数和转发帖数。引入网络进化驱动力变量 q 是因为该变量反映了社交平台上人们发帖和阅读帖子的动机来源。阅读别人的帖子通常会带来创作的灵感,这会降低用户发原创帖的成本。因此从某种程度上说,网络进化驱动力 q 会影响用户的成本函数。最后将阅读他人帖子的成本定义为 $C_3(R_1 + R_2)$,该成本函数是 R_1 和 R_2 的函数。这表明,好友发帖越多,就会占用用户越多的时间来阅读。因此一个用户面临的成本约束可表达成如下形式:

$$C_1(Y_1, q) + C_2(Y_2, q) + C_3(R_1 + R_2) \leqslant T \qquad (4.5)$$

在进行给定约束条件下的效用最优化求解前,先讨论三个基本的假设。

（3）研究假设

（A1）边际成本递增。假设用户发帖（原创或转发）的成本是边际递增的。这是因为随着原创帖的增加，每多发一条原创帖，留给用户进行原创的资源就会减少，也就是说用户需要更努力去寻找更多的资源与灵感，表现在成本上就是边际成本递增。因此有如下的假设：

$$
\begin{cases}
\dfrac{\partial C_1(Y_1,q)}{\partial Y_1}>0 \\[2mm]
\dfrac{\partial^2 C_1(Y_1,q)}{\partial^2 Y_1}>0
\end{cases}
\qquad
\begin{cases}
\dfrac{\partial C_2(Y_2,q)}{\partial Y_2}>0 \\[2mm]
\dfrac{\partial^2 C_2(Y_2,q)}{\partial^2 Y_2}>0
\end{cases}
\tag{4.6}
$$

（A2）激励效应。由前文可知成本函数 $C_1(Y_1,q)$ 和 $C_2(Y_2,q)$。其中 q 衡量的是网络进化的驱动力，它受原创帖和转发帖的影响。一个活跃度很高的网站通常拥有大量且高质量的 UGC，可以成为用户发帖的资源，从而产生自己的原创帖。当一个网络处在上升阶段时，用户每天都会接触到高质量的 UGC，因而他们的创作成本较低，即网络进化驱动力越强，用户的创作成本越低。这是因为此时的网络会给用户带来更多的创作灵感。因此将第二个假设称之为激励效应。有如下形式：

$$
\begin{cases}
\dfrac{\partial C_1(Y_1,q)}{\partial q}<0 \\[2mm]
\dfrac{\partial C_2(Y_2,q)}{\partial q}<0
\end{cases}
\tag{4.7}
$$

（A3）进化驱动力。最后一个假设是关于 q 的。正如前文所讨论的，网络进化驱动力和好友的原创帖数以及转发帖数相关。原创的内容通常被认为是创新的源泉，而转发的内容一般是重复传播的信息。网络的进化主要和创新程度相关，换句话说，创新性决定了一个网络的生存时间。因此，如果一个网络里原创的内容越多，那么网络就处于一个不断上升发展的状态。然而，如果一个网络每天都充斥着重复的信息，用户无法从网络中获得新的信息和知识，那么网络很有可能就会走向消亡。因此，网络进化驱动力会随着原创帖比例的增加而增强，主要受潜在创新性的驱使。而网络进化驱动力会随着转发帖比例的增加而下降，主要受获得新信息的限制。因此，该假设概括为随着原创帖比例的增加，网络进化动力增强，随着转发帖比例的增加，网络进化动力减弱。

$$\begin{cases} \dfrac{\partial Q(R_1,R_2)}{\partial R_1}>0 \\[3mm] \dfrac{\partial Q(R_1,R_2)}{\partial R_2}<0 \end{cases} \tag{4.8}$$

（4）理论模型结果讨论

根据经济学里理性人的假设并结合本研究的设定，在给定时间成本约束的条件下，通过选择最优的 Y_1 和 Y_2 来最大化用户的效用，因此用数学表达式则可以表示为如下形式：

$$\max U^{\text{total}}=\{U_1^{\text{Intr}}+U_1^{\text{Imag}}+U_1^{\text{Inter}}(q)\}Y_1+\{U_2^{\text{Intr}}+U_2^{\text{Imag}}+U_2^{\text{Inter}}(q)\}Y_2$$
$$\text{s. t. } C_1(Y_1,q)+C_2(Y_2,q)+C_3(R_1+R_2)\leqslant T$$

其中 $q=Q(R_1,R_2)$。运用拉格朗日方法对该问题进行优化。定义 λ 为拉格朗日乘子，L 为最大化效用，则有

$$L=\{U_1^{\text{Intr}}+U_1^{\text{Imag}}+U_1^{\text{Inter}}(q)\}Y_1+\{U_2^{\text{Intr}}+U_2^{\text{Imag}}+U_2^{\text{Inter}}(q)\}Y_2+$$
$$\lambda\{T-C_1(Y_1,q)+C_2(Y_2,q)+C_3(R_1+R_2)\}$$

上式分别对 Y_1，Y_2 和 λ 求一阶导，可得

$$\begin{cases} \dfrac{\partial L}{\partial Y_1}=U_1^{\text{Intr}}+U_1^{\text{Imag}}+U_1^{\text{Inter}}(q)-\lambda\,\dfrac{\partial C_1(Y_1,q)}{\partial Y_1}=0 \\[3mm] \dfrac{\partial L}{\partial Y_2}=U_2^{\text{Intr}}+U_2^{\text{Imag}}+U_2^{\text{Inter}}(q)-\lambda\,\dfrac{\partial C_2(Y_2,q)}{\partial Y_2}=0 \\[3mm] \dfrac{\partial L}{\partial \lambda}=T-C_1(Y_1,q)+C_2(Y_2,q)+C_3(R_1+R_2)=0 \end{cases}$$

整理后，得到

$$\begin{cases} \dfrac{\partial C_1(Y_1,q)}{\partial Y_1}=\dfrac{U_1^{\text{Intr}}+U_1^{\text{Imag}}+U_1^{\text{Inter}}(q)}{\lambda} \\[3mm] \dfrac{\partial C_2(Y_2,q)}{\partial Y_2}=\dfrac{U_2^{\text{Intr}}+U_2^{\text{Imag}}+U_2^{\text{Inter}}(q)}{\lambda} \\[3mm] C_1(Y_1,q)+C_2(Y_2,q)+C_3(R_1+R_2)=T \end{cases} \tag{4.9}$$

假设 Y_1 和 Y_2 的最优解分别为 Y_1^* 和 Y_2^*，则方程组（4.9）的第三个式子可以改写为

$$C_1(Y_1^*,q)+C_2(Y_2^*,q)+C_3(R_1+R_2)=T \tag{4.10}$$

进而对方程（4.10）中的 R_1 和 R_2 求导，得到

$$\begin{cases} \dfrac{\partial C_1}{\partial Y_1^*}\dfrac{\partial Y_1^*}{\partial R_1}+\dfrac{\partial C_1}{\partial q}\dfrac{\partial q}{\partial R_1}+\dfrac{\partial C_2}{\partial Y_2^*}\dfrac{\partial Y_2^*}{\partial R_1}+\dfrac{\partial C_2}{\partial q}\dfrac{\partial q}{\partial R_1}+C_3'(R_1+R_2)=0 \\[3mm] \dfrac{\partial C_1}{\partial Y_1^*}\dfrac{\partial Y_1^*}{\partial R_2}+\dfrac{\partial C_1}{\partial q}\dfrac{\partial q}{\partial R_2}+\dfrac{\partial C_2}{\partial Y_2^*}\dfrac{\partial Y_2^*}{\partial R_2}+\dfrac{\partial C_2}{\partial q}\dfrac{\partial q}{\partial R_2}+C_3'(R_1+R_2)=0 \end{cases}$$

因此有

$$\left[\frac{U_1^{\text{Intr}}+U_1^{\text{Imag}}+U_1^{\text{Inter}}(q)}{\lambda}\right]\frac{\partial Y_1^*}{\partial R_1}+\left[\frac{U_2^{\text{Intr}}+U_2^{\text{Imag}}+U_2^{\text{Inter}}(q)}{\lambda}\right]\frac{\partial Y_2^*}{\partial R_1}+$$

$$\frac{\partial q}{\partial R_1}\left(\frac{\partial C_1}{\partial q}+\frac{\partial C_2}{\partial q}\right)<0 \tag{4.11}$$

$$\left[\frac{U_1^{\text{Intr}}+U_1^{\text{Imag}}+U_1^{\text{Inter}}(q)}{\lambda}\right]\frac{\partial Y_1^*}{\partial R_2}+\left[\frac{U_2^{\text{Intr}}+U_2^{\text{Imag}}+U_2^{\text{Inter}}(q)}{\lambda}\right]\frac{\partial Y_2^*}{\partial R_2}+$$

$$\frac{\partial q}{\partial R_2}\left(\frac{\partial C_1}{\partial q}+\frac{\partial C_2}{\partial q}\right)<0 \tag{4.12}$$

在前文的讨论中有如下假设 $\frac{\partial q}{\partial R_1}>0$，$\frac{\partial q}{\partial R_2}<0$，$\frac{\partial C_1}{\partial q}<0$ 和 $\frac{\partial C_2}{\partial q}<0$。根据式（4.11）和（4.12），本研究讨论下面两个有意思的情形。

情形 1 Y_1^* 和 Y_2^* 如何随着 R_1 的变化而变化？

这里评价用户的原创或转发行为是如何随着好友原创帖数的变化而变化的。从式（4.11）可以看到，这等价于评价 $\frac{\partial Y_1^*}{\partial R_1}$ 和 $\frac{\partial Y_2^*}{\partial R_1}$ 的取值情况。根据假设（A2）和（A3）可知 $\frac{\partial q}{\partial R_1}\left(\frac{\partial C_1}{\partial q}+\frac{\partial C_2}{\partial q}\right)$ 取值为负，效用部分的符号和 λ 的符号都为正，因此为了保证不等式（4.11）右边为负，$\frac{\partial Y_1^*}{\partial R_1}$ 和 $\frac{\partial Y_2^*}{\partial R_1}$ 或者取正或者取负。例如，如果原创帖所占比例比转发帖高（即 $\frac{\partial q}{\partial R_1}$ 的值较大），说明这是一个网络进化动力较强的活跃网络。用户在这样的环境下更容易发帖，因为此时受到周围活跃气氛的影响，发帖的成本也比较低。在这种情形下，随着 R_1 的增加，Y_1^* 和 Y_2^* 也会增加。相反，如果网络进化动力很弱，（例如，$\frac{\partial q}{\partial R_1}$ 是一个很小的正数），那么，人们发帖的动机或许不那么强，此时会看到 R_1 和 Y_1^* 或 Y_2^* 为负相关的关系。

情形 2 Y_1^* 和 Y_2^* 如何随着 R_2 的变化而变化？

这里评价用户的原创或转发行为是如何随着好友的转发帖数的变化而变化的。从式（4.12）可以看到，这等价于评价 $\frac{\partial Y_1^*}{\partial R_2}$ 和 $\frac{\partial Y_2^*}{\partial R_2}$ 的取值情况。根据假设（A2）和（A3），可以得知 $\frac{\partial q}{\partial R_2}\left(\frac{\partial C_1}{\partial q}+\frac{\partial C_2}{\partial q}\right)$ 取值为正。效用部分的符号和 λ 的符号都为正，因此为了保证不等式（4.12）右边为负，$\frac{\partial Y_1^*}{\partial R_2}$ 和 $\frac{\partial Y_2^*}{\partial R_2}$ 当中至少要保证有一

个取值为负。如果网络中充斥着很多重复的转发帖,网络进化的动力就会变小,此时用户没有任何发帖的动机,所以发帖数量会减少。也可以解释为太多的重复信息占据了用户的阅读时间,而挤占了其创作的时间。因此,在这个情形中,随着 R_2 的增加,社交平台上用户发帖的动机会减少。

4.2.4　实证分析

（1）数据收集

实证分析的数据来自新浪微博[①],基于研究目的,本研究收集了一个包含动态网络结构的固定样本组时间序列数据。为了获取固定样本组用户,本研究采取滚雪球抽样的方法。由于网络结构的稀疏性,任何两个个体之间有联系的概率几乎为 0。如果采用随机抽样,抽出的将会是独立的个体,而不具有网络结构,这样的样本无法满足研究的需要。而滚雪球抽样能在一定程度上保留抽出个体的网络结构。具体的实施程序如下,从微博上某官方账号的粉丝中随机抽取一批用户 ID,以此为初始抽样种子,运用滚雪球的方法,每次抽取上一批用户粉丝的 ID,去除重复的 ID,如此反复,最终形成一个具有 8 340 个用户的网络结构,该网络结构的密度为 1.09%。以此作为本研究的固定样本组,从 2013 年 11 月 11 日开始一直到 2014 年 3 月 20 日持续记录这些用户的以下信息:(1)网络结构信息,即用户之间关注与被关注的关系;(2)用户的个人信息,如昵称、粉丝数、好友数、发帖数、账号创建时间、地理位置、性别以及个人描述;(3)微博文本信息,每天发微博(原创与转发)的文本内容。数据通过网络传输,由于新浪服务器的原因或者当时的网络状况,有一些请求的丢失是正常的。这就出现了每天的观测人数不会是正好的 8 340,最终收集到的用于本研究的数据有 947 662 个观测,包含所有用户 116 天的观测数据[②]。

由于本研究的研究目的是分析个体用户发帖(原创与转发)的动机,因此有必要删去公众账号(如一些企业的官方微博),因为这些账号的发帖动机不同于普通用户,因此不应该被包含在研究样本中。为此,项目组聘请了 40 个助研去手动检查每一个用户的个人描述,如果出现了诸如"某某公司官方微博"的字样,即认为这

---

① 2013 年年底,得益于和新浪微博的合作,新浪微博向本研究开放了 API 接口(Application Programming Interface),使得本研究可以通过爬虫程序自动获取想要的数据。

② 注:这里的观测数并不等于用户数乘以观测天数,这是因为由于一些请求的失败,导致有些用户并没有完整的 116 天的记录。

是一个公众账号,将其剔除。最终经过手动整理,留下的用于分析的样本为862 118个观测,横跨116天。

(2)变量构建

根据本研究的理论模型并结合实证研究的数据,本节将详细叙述内在效用、形象效用和交互效用相关变量的计算方法,并给出控制变量的计算方法。

① 内在效用相关的变量。内在效用相关的变量可以操作化为和用户个体特征相关的一些变量,本研究考虑了四个和用户特征相关的变量。第一个变量为用户的入网时长,记录了用户从注册微博开始到收集数据为止使用微博的时间,单位为天。第二个变量为性别。第三个变量为是否微博认证,即一个用户是否通过了微博的官方认证。第四个变量是地理位置,即在注册时用户填写的地理位置信息,这里只能记录地址是否为北京。

② 形象效用相关的变量。Toubia等人(2013)将用户的粉丝数间接地表示为形象效用的大小,本研究也使用这样的设定,并且只考虑纯粹粉丝数,删除了互粉的人数,因为对于互粉的人来说,用户除了可以获得形象效用之外,还可以获得其他的效用,这是第一个变量。第二个变量为是否为名人,本研究收集了2013年和2014年两年的中国名人福布斯排行榜里的名单,用它作为一个客观标准评判样本里的微博用户是不是名人,该变量为0-1变量。

③ 交互效用相关的变量。将用户前一期发帖的被转发数用于近似代表用户和粉丝之间的互动程序,如果用户发的帖子总是被关注、被转发,那么其下次发帖的动机就会越强。除此之外,交互效用也和用户关注的好友的发帖(原创与转发)数有关。因此交互效用可以用三个变量来测量,分别是上一期用户发帖的被转发数、用户关注的好友的原创帖数、用户关注的好友的转发帖数。

④ 控制变量。除了以上介绍的关键变量之外,本研究还考虑了四个控制变量,首先是前一天用户发的原创帖数和转发帖数,用以衡量用户发帖的惯性效应。第三个控制变量为是否为节庆日,根据收集数据的时间,将圣诞节(2013年12月24、25、26日),元旦(2014年1月1日)和春节(2014年1月30日~2月6日)这几天定义为节庆日,否则为非节庆日。最后一个控制变量是网络密度,网络密度十分依赖抽样方式的选择,为了避免抽样方式带来的误差,计算了每天的网络密度,作为控制变量放到模型里①。具体的变量说明见表4-6。

---

① 网络密度的计算公式为网络中关注关系的边的数量在网络中的占比。

表 4-6 变量说明

	变量名称	类型
控制变量	上一期原创帖数	连续型
	上一期转发帖数	连续型
	是否节日	1＝节日,0＝非节日
	网络密度	连续型
内在效用相关变量	入网时长	连续型
	性别	1＝男性,0＝女性
	是否微博认证	1＝认证,0＝非认证
	地理位置	1＝北京,0＝非北京
形象效用相关变量	粉丝数	连续型
	是否名人	1＝名人,0＝非名人
交互效用相关变量	上一期被转贴数	连续型
	好友的原创帖数	连续型
	好友的转发帖数	连续型

（3）描述性分析

在具体建模之前,本节对各个变量进行描述性分析。首先,对于不随时间变化的个体指标统计如下:样本中微博认证的用户占比为 43.7%,男性占比为65.2%,名人用户占比为 1.4%,地理位置为北京的用户占比为 58.8%,微博用户的平均入网时长达 3.28 年。其次,对于随时间变化的个体指标(主要是计数数据),直接对原始变量进行描述统计,这些变量包括原创帖数、转发帖数、被转发帖数、好友原创帖数和好友转发帖数。结果详见表 4-7。最后,网络密度也是一个随时间变化的变量,经过计算发现,在本数据集中,平均网络密度为 1.011%,标准差为0.000 3%,这说明平均每天新增或取消的关注数变化极小,网络密度变化比较平稳。为了进一步展示原创帖数和转发帖数的情况,对每人每天的发帖数进行了频数统计,如表 4-8 所示。

表 4-7 随时间变化的个体指标的描述性统计分析

变量名称	均值	标准差	最小值	最大值
原创帖数	0.419	2.022	0	50
转发帖数	0.677	2.655	0	50
被转发帖数	115.254	2 192.952	0	465 223
好友原创帖数	225.779	237.000	0	2 597
好友转发帖数	172.912	172.583	0	2 067

表 4-8 原创帖数和转发帖数统计

原创帖数			转发帖数		
发帖数	频数	占比	转发帖数	频数	占比
0	739 656	85.80%	0	700 724	81.28%
1	66 904	7.76%	1	70 783	8.21%
2	22 250	2.58%	2	30 701	3.56%
3	10 173	1.18%	3	16 663	1.93%
4	5 904	0.68%	4	10 214	1.18%
5	3 810	0.44%	5	6 966	0.81%
6	2 359	0.27%	6	4 768	0.55%
7	1 642	0.19%	7	3 617	0.42%
8	1 251	0.15%	8	2 770	0.32%
9	1 061	0.12%	9	2 134	0.25%
≥10	7 108	0.82%	≥10	12 778	1.48%

从表 4-7 的分析结果可以得出以下结论。首先,无论是原创帖还是转发帖,均值都不超过 1,这说明平均每人每天的发帖量很小,大部分人都处在不发帖的状态。相比于均值,标准差比较大,说明用户之间的发帖行为存在比较大的差异。进一步从表 4-8 可以看出发帖数的分布情况,有超过 80% 的用户是不发帖的,说明发帖数(原创和转发)是一个严重的右偏分布。其次,被转发帖数的均值为约为 115.254,最大值达到 465 223,而最小值只有 0,说明热帖可以越来越热,而有些帖子却永远无人问津。从标准差也可以看出,帖子能否被转发千差万别。最后,好友的原创帖数平均来说大于好友转发帖数。

(4)模型结果

根据理论模型的设定,本研究探究的是发帖数的影响因素。发帖数可以看成是一种计数数据,在营销研究中,通常用泊松回归(Poisson)或负二项回归(Negative Binomial Regression)来对计数数据进行建模。但是在使用时,二者又有一定的区别,相比于负二项回归,泊松回归有更多的限制,尤其是期望等于方差这一假设,而事实上大多数应用都很难满足这一条件,如果被解释变量的方差大于期望,则存在过度分散(Overdispersion)的情况,此时需要用负二项回归来进行建模。因此,在实证研究中首先对原创帖数和转发帖数分别进行负二项回归,根据似然比检验来判断是否可以进行泊松回归。回归结果如表 4-9 所示,其中 LR(似然比)检验显著($p<0.001$),说明存在过度分散,因此只需要考虑负二项回归即可。

从表 4-9 中可以得出以下结论。首先,看因变量为是否原创的情形。对于和内在效用相关的变量,微博使用时间越长的用户越容易发帖,相比于女性,男性更愿意发帖,微博认证用户比非认证用户更愿意发帖,地理位置没有显著差异。对于和形象效用相关的变量,粉丝数越多的用户更愿意发帖,与普通用户相比,名人更不愿意发帖。对于和交互效用相关的变量,上一期被转帖数越多,用户发原创帖的意愿越强,好友的原创帖数会促进用户的原创帖数,而好友的转发帖数会抑制用户的原创帖数。这一现象可以用时间成本有限的理论来解释,因为用户花在社交网络上的时间是有限的,好友的转发占据了他的阅读时间,用于创作的时间就会相对减少,因此会产生抑制的效应。其次,再来看因变量为是否转发的情形。对于和内在效用相关的变量,各个变量的结论和因变量为是否原创时一致。对于和形象效用相关的变量,是否为名人这个变量变成显著正向因素,相比于普通用户,名人更愿意转发,这也从侧面印证了很多"大 V"都被用作营销渠道,是因为他们的转发效应。对于和交互效用相关的变量,好友的转帖促进了用户的转发行为(该结果不同于因变量为是否原创的情况),因为转发的成本很低,用户和用户的好友大概率会关注共同感兴趣的话题,因此好友的转发会极大地促进用户的转发行为。对于控制变量,用户前一期的原创帖数(转发帖数)越多,越能促进发原创帖和转发帖的行为。对于节日效应,研究发现相比于平日,节假日的原创帖越多,而转发帖越少,这说明在节假日用户比较在意原创内容。网络密度对原创和转发都具有显著作用,在越稠密的网络中,用户越容易发帖。

表 4-9　负二项回归结果

	变量名	是否原创	是否转发
控制变量	前一期原创帖数	1.520*** (0.006)	0.462*** (0.007)
	前一期转发帖数	0.447*** (0.005)	1.445*** (0.005)
	是否节日	0.043*** (0.011)	−0.057*** (0.010)
	网络密度	35.188*** (9.633)	18.872* (8.803)

续 表

	变量名	是否原创	是否转发
内在效用 相关变量	入网时长	0.173*** (0.012)	0.196*** (0.011)
	性别－男性	0.016* (0.007)	0.050*** (0.006)
	是否微博认证	0.387*** (0.007)	0.156*** (0.006)
	注册地是否北京	0.009 (0.006)	0.087*** (0.006)
形象效用 相关变量	粉丝数	0.062*** (0.002)	0.005** (0.002)
	是否名人	－0.118*** (0.023)	0.220*** (0.023)
交互效用 相关变量	被转发帖数	0.045*** (0.003)	0.023*** (0.003)
	好友原创帖数	0.049*** (0.005)	－0.063* (0.005)
	好友转发帖数	－0.016** (0.006)	0.271*** (0.006)
常数项	Cons	－4.165*** (0.133)	－4.337*** (0.122)
	时间的固定效应	加入	加入
	观测个数	862 118	

似然比（LR）检验，$p = 0.000$

4.2.5 总结与讨论

（1）理论贡献与营销意义

本研究还提出了一个综合全面的基于效用理论解释用户发帖动机的理论模型。在提出的效用理论模型中，除了之前研究中的内在效用和形象效用，本研究还提出了交互效用，交互效用指用户通过与其好友进行互动而获得的效用。理解交互效用驱动的动机在理论和实际应用中都具有重要的意义。从理论上，本研究丰富了用户发帖动机的效用理论,利用交互效用可以解释人们之所以使用社交网站,很大的动机是为了和他人进行互动。在实践中,理解交互效用的作用可以帮助营销人员更好地设计营销方案。交互效用动机表明用户之所以喜欢在社交平台上发帖,是因为希望与他人交流并且扩大自己社交圈。因此,平台运营者可以对一群同质的用户进行集体营销,这会带来事半功倍的效果。以往的营销行为往往基于个体,由于有交互效用的存在,群体刺激也非常重要。

本研究的第二个贡献讨论了用户是如何在发帖与阅读帖子之间进行权衡的。之前的研究都把关注点放在了发帖上,而忽略了发帖时需要的成本。一个用户花在社交平台上的时间是有限的,这意味着需要在发帖与阅读帖子之间做出权衡。因此,在优化用户效用函数时,本研究引入了时间成本约束的限制,可以评价不同情形下的最优选择。这对管理人员具有重要的实践意义。例如,本研究发现好友的发帖数对用户的发帖行为有抑制作用,这说明帖子占用了用户太多的阅读时间,而没有时间给他们留下发帖的时间。正因为每个用户都有这样一个约束条件,因此为了鼓励人们更多地发帖,企业实践者应该密切关注平台上帖子的数量和质量,合理有效地管理这些帖子可以带来更大的用户价值。例如,一种可能的方式是让用户尽可能多地接触好的且有限的资源环境,如一些自我创建的小组,这样用户的发帖动机会更加积极。

(2)局限性与未来研究展望

本研究仍然存在着一些不足,希望在未来的研究中可以改进。首先,本研究的数据来自固定样本组的局部网络结构数据,并没有观察到全网的数据;相反,本研究用局部网络数据来近似全网数据,这是研究的一个局限。在未来,可以获取更加全面的网络结构数据,但是在实行中,想要获得全网的数据显然是不现实的,并且也很难做到,只能尽可能用比较全面的网络来做近似。其次,本研究重点关注了交互效用驱动下的发帖动机,然而用户的发帖动机是多种多样的,除了之前文献提到的内在效用和形象效用动机,以及本研究提出的交互效用动机之外,还有其他效用驱动的动机未被探索。在未来,应该在这方面做进一步的探索,挖掘出更多用户发帖背后的动机。

4.3 神奇的弹幕:社交交互视角下直播平台打赏因素分析

4.3.1 研究背景

过去几年间,直播已成为一种在主播与观众之间传送实时信息的新型社交媒体。这依赖于互联网的快速发展和移动设备的广泛使用。在直播平台上,每个主播都有一个个人主页。当主播进行直播时,观众可以在任何时间点自由加入和退出。直播期间,观众可通过发送弹幕(一种在屏幕上实时滚动的评论)与主播和其他观众互动。此外,观众还可以向主播发送"赞"和"打赏"。值得注意的是,打赏的礼物都是用真实货币从直播平台上购买的。图4-2展示了某直播平台的一个典型的直播间。

弹幕　　　　送礼物　　　　　　聊天

图 4-2　某直播间主页

直播在中国吸引了大量用户,直播行业的蓬勃发展也带来了资金流入。据悉,2016年中国有超过25场直播融资活动,总投资超过28亿美元。例如,斗鱼网在2016年就获得了3亿美元融资[①]。与许多互联网公司类似,直播的收入来源主要是广告。特别是在美国市场,广告是直播平台的主要盈利方式。例如,Facebook

---

① http://www.sohu.com/a/143550373_757761(2017-05-25)。

直播服务的广告业务在 2015 年第一季度的收入为 3.3 亿美元①。然而,中国直播公司的收入只有一小部分来自广告,大部分来自"打赏",这是由中国公司独创的一种盈利模式。

打赏已被中国直播公司广泛采用。以斗鱼网为例〔图 4-3(a)〕,观众可以在观看直播视频时发送不同类型的付费礼物来奖励主播。这些礼物都是用真实货币购买的,价格从 0.1 元到 500 元不等。一旦某个观众发送了礼物,他的昵称和礼物信息(即种类和数量)就会被展示在屏幕上,同一直播间内的所有观众都能看到。美国的几家直播平台也推出了这一功能,允许用户向主播打赏。例如,Twitch 发布了一个名为"Cheering"的礼物系统,观众可以通过该系统购买"bits"并将其发送给他们最喜欢的主播〔图 4-3(b)〕。类似地,YouTube Live 的观众也可以购买付费的即时消息来打赏主播〔图 4-3(c)〕。

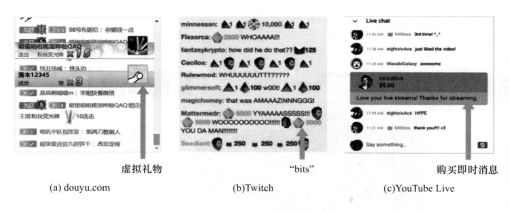

虚拟礼物　　　　　　　　"bits"　　　　　　　购买即时消息

(a) douyu.com　　　　　(b)Twitch　　　　　(c)YouTube Live

图 4-3　直播平台的打赏截图

这种依赖打赏的商业模式成为中国直播公司的主要收入来源。例如,中国最知名的直播网站之一 YY,在 2015 年第四季度从打赏中获得了 2.3 亿美元的收入②。中国另一个著名的直播平台陌陌,约有 130 万名付费用户,打赏为其 2016 年第二季度的收入贡献了 5 790 万美元③。尽管打赏对西方市场还十分新颖,但美国的一些公司已经开始从其中获得收益④。由于打赏直接影响公司收入,所以了解直播平台影响打赏的因素对从业者来说十分重要。

① https://www.smartinsights.com/digital-marketing-platforms/video-marketing/monetize-live-streaming/。
② http://technode.com/2016/05/05/virtual-gifts-are-still-the-top-earner-inchinas-live-video-streaming-market/。
③ http://technode.com/2016/08/24/mobile-revenue-is-exceeding-pc-in-chinas-live-streaming-market/。
④ https://www.theguardian.com/money/2017/oct/07/millennials-making-aliving-from-livestreaming。

尽管有许多研究探索过现实世界中影响礼物赠送的因素（Baskin et al，2014；Belk，1976；Gino et al，2011；Waldfogel，1993；Yang et al，2015；Zhang et al，2012），但对虚拟社区中的打赏，尤其是对直播中打赏的影响因素的研究才刚刚开始。目前一种被广泛接受的解释是，在虚拟世界打赏是出于对自我地位的一种追求（Chen et al，2017；Goode et al，2014；Lampel et al，2007；Toubia et al，2013），在此理论背景下，用户通过打赏来获取与社会形象相关的效用。近年来，直播平台的快速发展对社交活动互动有显著促进作用。本研究的目的是考察社交互动对打赏的影响。直播中的社交互动可简单分为两类：主播-观众互动和观众-观众互动。本研究注意到，一些学者对研究直播平台主播-观众互动和观众的支持或消费行为之间的关系表现出了兴趣（Chen et al，2017；Hamari et al，2017；Payne et al，2017），但对观众-观众互动的作用却所知甚少。

本研究认为观众与观众之间的互动可通过影响观众的兴奋水平来促进观众对主播的打赏。在直播中，弹幕是观众与他人互动的主要方式。因此本研究认为，兴奋水平会受弹幕中一些因素的影响。本研究关注三种与弹幕相关的促进因素：他人在场、社会竞争和情绪刺激。具体来说，是否有他人在场通过弹幕总字数来测量，社会竞争通过争论程度来度量，情绪刺激通过弹幕的相似度、兴奋相关词语的数量以及表情符号数来度量。根据唤醒理论，本研究认为观众和观众的互动与因兴奋水平提高而产生的打赏行为正相关。

本研究使用的是 2017 年 9 月 1 日至 17 日爬取自某直播平台网站的数据，原始数据集包含上百万条精确到秒的观测数据。实证结果表明，本研究提出的观众-观众互动度量确实会对打赏产生影响。对于他人在场这个因素来说，观众发送的文字越多，打赏也越多；对社会竞争来说，观众间的争论水平越高，打赏意向越强；对于情绪刺激来说，观众更倾向于在弹幕相似度更高、兴奋相关词数更多时打赏，但表情符号数对打赏无显著影响。

与已有文献相比，本研究有四个贡献。第一，本研究通过研究直播打赏因素，对有关社交媒体的文献做出了贡献。直播是一种在许多方面均不同于传统社交媒体的新兴社交媒体，与之相关的研究刚刚开始（Payne et al，2017；Sjöblom et al，2017）。直播中一个备受欢迎的功能是打赏，这在传统社交媒体中十分罕见。本研究是率先探索直播中打赏影响因素的研究之一。第二，本研究通过从社交互动的角度考虑虚拟社区中的打赏，对有关赠礼的理论做出贡献。先前的研究表明，虚拟世界的赠礼与自我地位的追求高度相关（Chen et al，2017；Goode et al，2014；Lampel et al，2007；Toubia et al，2013），但本研究展现了社交媒体中影响打赏的另一个重要特征。第三,本研究通过考虑观众间的互动对有关直播媒体消费的文献做出贡献。之前有关直播媒体消费的文献都着重关注主播-观众互动的相关研究,主播-观众互动会积极影响支持行为(Payne et al,2017)、观看频率(Sjöblom et al,2017)和打赏(Chen et al,2017),但对直播另一种重要的社交互动——观众-观众互动的作用却所知甚少。第四,本研究依赖爬取自中国某著名直播平台的大规模数据。不同于以往研究中的实验室试验或调查问卷,本研究收集包含赠礼、弹幕聊天记录及其他一般信息的完整数据,这一方法提供更丰富的用户信息和更准确的模型结果。

4.3.2 理论回顾与研究假设

(1)"打赏"的影响因素

本研究涉及三类文献,首先是有关赠礼的文献。现实世界中影响赠礼的因素已被经济学、社会学、人类学等许多领域学者广泛研究,以往的研究显示,利他主义是对赠礼较为普遍的解释之一。例如,许多研究人员指出,送礼物是一种使收礼者经济效用最大化的策略(Baskin et al,2014;Gino et al,2011;Waldfogel,1993;Zhang et al,2012),这种效用最大化的框架促进了实际赠礼的理论模型的发展。Yang 等人(2015)则认为,赠礼并未增加收礼者的经济福利,而是与期待引起收礼者开心或微笑等积极反应的愿望正相关。除了利他主义,传统赠礼理论也强调送礼者和收礼者间的交换和互惠作用。例如,Belk(1976)指出赠礼的四种功能为交流、社会交换、经济交换和社交分享,其中,Belk(1976)强调了交流的重要性。基于Belk(1976)的研究,Sherry(1983)针对礼物交换过程提出了一个包含社会、个人和经济三个维度的模型。虽然已有文献主要关注现实世界中的赠礼,但也有一些研究人员对影响虚拟社区和社交媒体中赠礼的因素产生兴趣。追求自我地位已被证明是影响虚拟赠礼的主要因素,它包括以提高某角色在群体中的形象效用为目的的活动,而形象效用主要从威望、荣誉或顺从的程度进行判断(Lampel et al,2007)。例如:Toubia 等人(2013)发现形象相关效用是促使用户在社交媒体上贡献内容的一个重要因素;Lampel 等人(2007)认为形象相关效用在虚拟消费者群体的礼物赠送中扮演重要角色。然而,上述研究主要关注无须用金钱支付的数字化材料,关注打赏的研究近年来才展开。Goode 等人(2014)发现了表明打赏与送礼者未来社会地位提高有关的有力证据;尤其在直播背景下,Chen 等人(2017)发现观众规模的扩大会提高观众的形象相关效用,从而促进打赏。

（2）社交互动效应与激发理论

本研究涉及的第二类文献与社交互动理论有关，以往研究广泛应用这一理论来解释社会行为。社交互动是指"自我与他人之间的联系与互动"（Varey，2008），可能包含交换、竞争、合作、冲突或胁迫（Gqffman，1983）。社交互动是人类的基本需求。在归属感的驱动下，人们有形成人际关系的倾向（Baumeister et al，1995）。人们已经认识到，与他人的社交互动影响的不仅是创新或新的适应性行为（Rogers，2010，Ryan et al，1943），还有离职（Castilla，2005）或用户流失（Nitzan et al，2011）等退出行为。社交媒体的快速发展为社交活动提供便利。Shriver 等人（2013）进行的一项调查显示，很大一部分人表示发推文的动机是为了促进社交或与他人互动；McAlexander 等人（2002）发现，加入品牌社区的消费者对公司产品和品牌的参与度更高。而直播是一种典型的观众可进行互动的社交媒体，这种社交互动可能会影响观众的打赏。

直播媒体上的社交互动可分为两类：主播-观众互动和观众-观众互动。主播-观众互动是指一个主播与多个观众间的互动；观众-观众互动，又称同伴互动，是指一群观众间的互动。一些文献从主播与观众间的互动如何对观众产生积极影响的角度进行探讨。例如：Payne 等人（2017）的研究表明，Twitch 中主播和观众间的互动与观众的学习表现正相关；Hamarit 等人（2017）发现，观众所感知到的电子竞技玩家的吸引力与其观看电子竞技的频率正相关，此外，他们还发现，如为喜欢的玩家喝彩等社交互动也会对观众观看电子竞技的频率产生积极影响；Chen 等人（2017）提出，拥挤直播间中的观众获得主播关注的机会较低，因此受到打赏的激励较少。以往文献注重探究主播-观众互动的影响，而对打赏中的观众-观众互动知之甚少，本研究尝试填补这一空白。

本研究认为，观众-观众互动可通过影响观众的兴奋水平而对打赏起重要的促进作用。兴奋被定义为一种从连续困倦到极度清醒的状态（Berlyne，1966；Duffy，1962），一个人的激动状态会受到如颜色、声音、酒精或咖啡因摄入等各种刺激的影响（Batra et al，2017），且刺激越强烈，兴奋水平越高。在直播的情景下，可将观众间的互动看作感官刺激，更积极的互动代表高强度的刺激，这直接诱导了高兴奋水平。这种在给定条件下的高兴奋水平会削弱冷静、谨慎的决策过程，导致享乐性购买行为（Fedorikhin et al，2010）或拍卖中的过高出价（Ku et al，2005）。直播平台上的打赏可以被视为一种享乐产品，因此本研究认为，观众-观众互动会促进打赏。

（3）研究假设

弹幕是直播平台上观众间互动的主要方式之一。具体来说，观众可以通过发送弹幕与其他观众进行互动。因此,观众-观众互动可通过弹幕文本挖掘来探究。有三类弹幕刺激会影响兴奋水平:他人在场、社会竞争和情绪激励。

① 他人在场对打赏的影响

人们很早便知他人在场会直接影响兴奋水平。Zajonc(1965)在有关社会助长作用的文献中首次提出用 drive-arousal 模型来描述他人在场的兴奋增强效应。其他实证研究发现,他人在场会提高行动者的兴奋水平(Borden et al,1976;Elliot et al,1981;McKinney et al,1983;Mullen et al,1997;Ukezono et al,2015)。值得注意的是,还有许多如观众、协作者等其他类型的"他人"(Zajonc,1965)。具体来说,观众是指不参与但明确在场观察参与行为的人(Borden et al,1976),而协作者是指与参与者从事相同行为的人(Amoroso et al,1969)。在本研究中,对每个特定的观众,其他观众被视为协作者。这些协作者会创造一个紧张环境,使协作者在其中可能"需要准备好适应互动,激发定期社会监督,对被评估产生忧惧或发生注意力冲突"(Mullen et al,1997)。因此,协作者在场会促进兴奋。本研究使用弹幕包含的词总数来反映他人在场的情况。词总数越大,对他人在场的感知越强,兴奋水平越高,而这将引起打赏。因此,有以下假设:

假设 1 一段时间内观众的打赏与同一时间段内的总字数正相关。

② 社会竞争对打赏的影响

以往研究也发现,个体在更激烈的社会竞争中会经历更高的兴奋水平。例如:对互联网拍卖的研究表明,竞争互动会诱发竞标者间求胜心切的兴奋状态,并将影响出价(Adam et al,2015;Ku et al,2005);接触竞技体育相关素材也会提高兴奋水平,增加之后出现攻击行为的可能性(Branscombe et al,1992);此外,当挑衅可被明确归因于一个可识别对手时,兴奋水平可能会更高(Zillmann et al,1974)。本研究使用争论水平来度量观众间的社会竞争。争论是指观众对主播表现等某些事件持相反观点的一种状态。因此,当争论引发的挑衅可归因于一个可识别的对手时,兴奋水平将提高。根据竞争-兴奋框架,当观众参与激烈讨论时,易经历较高兴奋水平,随后可能打赏。因此有以下假设:

假设 2 一段时间内观众赠送礼物的数量与同一时间段内的争论水平正相关。

③ 情绪刺激对打赏的影响

情绪刺激是由如快乐、恐惧和兴奋等各种情绪引起的刺激。Sanbonmatsu 等人(1988)认为引起恐惧的广告、政治声明或宗教信息等情绪丰富的刺激会影响个体的生理兴奋;Morrow 等人(1981)发现情绪色彩丰富的语句会比中性语句收到更多回应。情绪刺激与兴奋间的联系不仅限于成年人,甚至婴儿也可通过表现出兴奋来作为对他人情绪表达的回应(Upshaw et al,2015),好比婴儿的哭声会激起其他婴儿随之哭泣(Dondi et al,1999)。对直播平台上的观众-观众互动,考虑三种典型的情绪刺激度量:弹幕相似度、兴奋相关词数和表情符号数。首先,若直播具有吸引力,则观众倾向于通过同时发送相似的赞美来表达对主播的赞赏。这种相似的、与欣赏相关的情绪刺激可提高观众的兴奋水平,从而影响打赏行为。其次,观众经常在弹幕中使用感叹号或"666"来表达兴奋和对主播的赞赏。在这里,"666"是一个意为"极好的"的网络流行词汇,常被观众用于称赞主播。本研究通过对感叹号和网络词汇"666"计数来总结兴奋相关词数,与兴奋相关的词语越多,观众受到的情绪刺激就越多,这可能导致之后的礼物赠送。最后,类似地,弹幕中包含的表情符号数是第三种典型的情绪刺激,可通过提高兴奋水平来促进打赏行为。由此引出以下三个假设:

假设 3　一段时间内观众打赏与同一时间段内的弹幕相似度正相关。

假设 4　一段时间内观众打赏与同一时间段内的兴奋相关词数正相关。

假设 5　一段时间内观众打赏与同一时间段内的表情符号数正相关。

4.3.3　数据与变量介绍

(1) 数据描述

本研究的数据来自某直播网站,该网站专注于对电脑游戏、ACG(动画、漫画和游戏)唱歌和其他娱乐活动及日常生活的直播,是国内最著名的直播平台之一。本研究收集两种数据,其一是每个直播间的一般信息,包括直播间 ID 及其对应类别,这些信息是不随时间变化的。其二是每个直播间中观众每秒的时变行为,如进入直播间、发送弹幕、发送礼物等。所有直播环节中的弹幕记录均爬取自网络。数据收集自 2017 年 9 月 1 日至 2017 年 9 月 16 日。为提供对数据的基本描述,对 2017 年

9月2日的数据进行总结并作为说明①。当天该直播平台上共有2 130个独立直播间和约170万名独立用户,对一天(24小时)内观众人数和礼物数量的变化模式进行展示。由图4-4(a)可见:观众人数在凌晨5点到达最低点,之后逐渐增加,约在中午出现第一个高峰,随后下降;在午夜出现第二个高峰。相比之下,礼物数量呈现出不同趋势,如图4-4(b)所示。尽管礼物数量在凌晨5点达最低点,但观众更喜欢在晚上而不是下午发送礼物,其峰值出现在晚上10点左右。

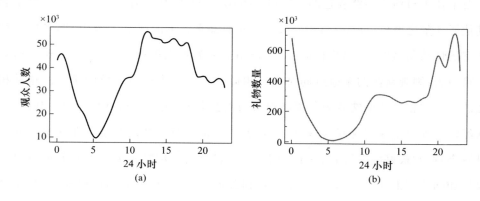

图 4-4 一天内的不同趋势

下面,总结平台上直播视频的类型,共有电脑游戏、娱乐、户外活动等86种直播视频;简单起见,选择最受欢迎的10个直播间类型②,分别按观众人数和直播间数量排序(见表4-10)。观众人数方面,根据进入直播间的总观众数量进行排序,以反映该直播间在观众中的受欢迎程度;直播间数量方面,基于吸引主播最多的直播间进行排序。可以看到,几乎一半的直播间类型均与电脑游戏有关,这表明电脑游戏是该直播平台的主要内容。但基于不同排名规则,上述两方面的结果存在差异。虽然大多数主播倾向于直播一款名为英雄联盟的PC游戏,但直播ACG的直播间吸引的观众却是最多的。

(2)变量构造

本节通过对弹幕文本挖掘来构造变量。原始数据通过每秒网络爬虫来收集,有超过1亿的数据量可用于分析。为减少样本量,对原始数据按每分钟进行汇总。以主播每分钟收到的礼物数量作为赠礼因变量的度量,并在分钟水平上构建自变

---

① 其他几天也进行了数据分析,所有结果都是一致的,具有代表性。

② 这些直播间并没有被挑出来进行分析,只是为了描述这个平台的情况。

量。由于所有弹幕都是中文形式,所以采用 jiebaR 软件包进行分词。

表 4-10　排名前十的直播间

根据观众人数		根据直播间数量	
直播内容	占比	直播内容	占比
ACG	16.16%	英雄联盟	13.57%
英雄联盟	10.56%	PUBG	11.31%
户外	9.97%	王者荣耀	11.08%
PUBG	6.80%	ACG	6.95%
美妆	5.55%	美妆	6.71%
单机游戏	4.52%	户外	4.13%
汽车	4.06%	单机游戏	3.57%
王者荣耀	3.90%	DNF	3.52%
数字科技	3.41%	数字科技	1.92%
影视	3.31%	炉石传说	1.88%

注:PUBG 代表绝地求生大逃杀。

① 总字数。把每条弹幕切分为单独的单词;然后,使用同一个停止词(如"这""是""在")列表过滤所有单词。只保留有意义的文字,计算每分钟单词总数。

② 争论水平。争论是指观众因持有相反观点而相互争论的情形,本例中争论水平度量的是每分钟内正、负向词汇差值的绝对值。使用文本分割技术以识别词语的效价(正价、负价或中性)。首先,利用情感词典推断某个词语是积极的还是消极的;然后,在标注好所有词的效价后,计算每分钟正、负向词汇差值的绝对值;最后,用该绝对值除以同一时间段内的总词数。详细步骤见图 4-5。该指标最终所得数值越低,争论水平越高。为体现直观思维,将争论水平定义为上述所求值的相反数。

③ 弹幕相似度。弹幕相似度被定义为每分钟内不同单词数除以有意义词的总数所得的值。该值越低,弹幕相似度越高。为体现直观思维,用 1 减去上述值来作为弹幕相似度。

④ 兴奋相关词所占比例。该变量的计算方式为:每分钟弹幕中感叹号和网络词汇"666"的总数除以有意义词总数。

⑤ 表情符号所占比例。表情符号是用来表达观众情绪的特殊符号,其占比的

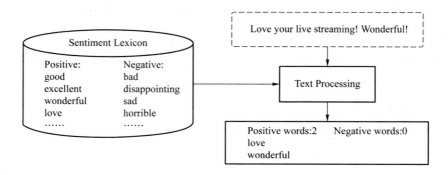

图 4-5 基于词典的情感分析

计算方式为:每分钟内表情符号数除以有意义词总数。

除以上 5 个自变量外,本研究也控制了潜在的混杂因素,如时间效应(如 00:00～01:00 或 19:00～20:00)和工作日效应(如周日或周一)。而且,还控制了反映动量效应和竞争效应的变量,用最终进入观众数和最终获得礼物数来度量动量效应;竞争效应则源于最终离开观众数和最终丢失礼物数。

⑥ 最终进入观众数。即最后一分钟确定的进入直播间的观众人数。

⑦ 最终离开观众数。由于离开行为隐藏在数据中,使用其他直播间的最终进入观众数来估计离开的观众数。这一近似是基于观众更有可能在同一类型直播间之间切换的前提下得出的。对任意两个直播间,假定观众间重叠越多,就越有可能在二者间切换。因此,构造一个基于重叠比率的矩阵,其中每个元素都是任意两个直播间的重叠比率。具体来说,每个直播间的观众可抽象为一个向量,用两向量间夹角的余弦值可求得重叠比率(见图 4-6)。该矩阵通过分配不同权重来度量其他直播间对观众数量的影响,则用此比率矩阵乘最后一分钟内进入其他直播间的观众数可得最终离开观众数。

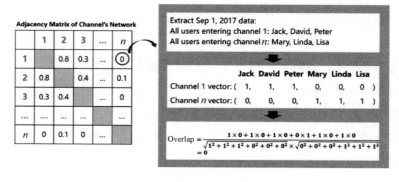

图 4-6 基于相似度的直播间网络

⑧ 最终获得礼物数。即观众在最后一分钟内在某直播间内送出的礼物数量。

⑨ 最终丢失礼物数。与最终离开观众数类似,这一变量无法直接观测。按照与构建最终离开观众数类似的步骤,用比率矩阵乘最后一分钟其他直播间获得的礼物数,从而计算出最终丢失礼物数。

4.3.4　实证分析

（1）描述性分析

根据之前的分析,电脑游戏是该直播平台的主要视频之一。为便于说明,对2017年最著名的战斗游戏之一王者荣耀的直播间进行分析,其结果是稳健的。对原始数据以分钟为单位进行汇总,控制最短直播时间不少于 10 分钟,最终用于建模的数据含 317 309 条观测。

表 4-11 展示了 317 309 条观测、672 个直播间中不平衡面板的关键变量描述性统计。由该表可见,每分钟进入某直播间的平均观众数为 1.17,而每位主播每分钟平均收到 17.88 份礼物。这一结果表明,直播中的赠礼行为并不似想象中的那么稀少。进一步发现,直播观众在聊天时喜欢使用如"!"、网络词汇"666"和表情符号等表达兴奋的符号,这些变量的最大值远大于其他变量的最大值。如表格的最后一列所示,可发现单词总数和最终获得礼物数的变化比其他变量大得多。下一小节将展示实证结果。

表 4-11　描述性统计

变量	最小值	中位数	平均值	最大值	标准差
总词数	0.000	10.000	45.840	34.543	334.906
争论水平	−1.000	−0.010	−0.060	0.000	0.123
弹幕相似度	0.000	0.070	0.130	1.000	0.172
兴奋相关词数	0.000	0.000	0.191	532.300	2.535
表情符号数	0.000	0.125	0.564	3 368.750	17.715
最终进入观众数	0.000	0.000	1.177	115.000	2.639
最终离开观众数	0.000	0.010	0.030	6.410	0.084
最终获得礼物数	0.000	0.000	17.880	9 094.000	115.933
最终丢失礼物数	0.000	0.001	0.004	168.000	1.889

（2）模型结果

为检验之前提出的假设，进行线性回归，实证结果见表 4-12。所提模型在统计学意义上显著（$F=14\ 520$）且拟合较好（adjusted $R^2=66.46\%$）；66% 左右的 R^2 表明所提自变量可以在很大程度上解释打赏行为。根据 VIF 检验的结果，模型不存在多重共线性问题。

可以发现一些不同于以往研究的有趣的新结果。首先，表 4-12 显示总词数（$\beta=0.009$，$p<0.001$）有显著正效应，这表明总词数越多，主播收到的礼物就越多。其次，争论水平（$\beta=4.083$，$p<0.001$）与因变量有显著正相关的关系，激烈的争论会导致更强烈的打赏行为。因此，假设 1 和 2 成立。再次，弹幕相似度（$\beta=28.659$，$p<0.001$）和兴奋相关词数（$\beta=3.237$，$p<0.001$）对打赏也有积极影响。这两个变量度量的是观众和主播间的互动，因此假设 3 和 4 成立。最后，表情符号数（$\beta=-0.056$，$p=0.152$）对赠礼无显著影响，假设 5 不成立。这是因为在本例中，只能从弹幕中提取表情符号，不知道每个表情符号是积极的还是消极的，所以表情符号的影响可能无法检验。假设检验结果如表 4-13 所示。

表 4-12　线性回归结果

变量	参数	标准差	p 值	VIF
常数	1.863	0.975	0.056	
总词数	0.009***	0.0004	<0.001	1.147
争论水平	4.083***	1.029	<0.001	1.026
弹幕相似度	28.659***	2.156	<0.001	1.277
兴奋相关词数	3.237***	0.521	<0.001	1.217
表情符号数	−0.056	0.007	0.152	1.163
最终进入观众数	2.312***	0.366	<0.001	1.487
最终离开观众数	−3.871*	1.844	0.036	1.343
最终获得礼物数	0.751***	0.025	<0.001	1.425
最终丢失礼物数	−0.772***	0.103	<0.001	1.351
时间段	—已含—			
周次	—已含—			

注：* 表示 $p<0.05$，** 表示 $p<0.01$，*** 表示 $p<0.001$。

表 4-13　假设检验结果

	假设	是否成立
H1	总词数↑,礼物数量↑	成立
H2	争论水平↑,礼物数量↑	成立
H3	弹幕相似度↑,礼物数量↑	成立
H4	兴奋相关词数↑,礼物数量↑	成立
H5	表情符号数↑,礼物数量↑	不成立

除主要假设外,还从大部分滞后项的控制变量中获得了其他一些发现。首先,最终进入观众数($\beta=2.312,p<0.001$)滞后项的结果是显著为正的;这一结果与以往关于虚拟礼物的研究一致,暗示了自我地位追求的作用,即进入的观众数量越多,他们从同伴中获得的基于地位的效用水平就越高。其次,还可发现最终获得礼物数($\beta=0.751,p<0.001$)滞后项的显著正效应;这体现了在以往研究中(Banerjee,1992;Chen,2008;Hwang et al,2004)被广泛讨论的羊群效应。最后,最终离开观众数($\beta=-3.871,p=0.036$)和最终丢失礼物数($\beta=-0.772,p<0.001$)的滞后项与打赏负相关;这表明不同直播间之间存在竞争关系,大量观众离开表明该直播间不再受欢迎,导致打赏减少。

4.3.5　总结与讨论

(1) 有关实证结果的细节讨论

本研究探讨了直播中观众-观众互动对打赏的影响,关注不同场景中的三类观众-观众互动:他人在场、社会竞争和情绪刺激。为度量和估计不同类型观众-观众互动的影响,通过弹幕文本挖掘构建了一系列变量。具体来说,分别用总词数和争论水平来度量他人在场和社会竞争;对情绪刺激,提出了三种度量方法,即弹幕相似度、兴奋相关词数和表情符号数。

实证研究数据来自中国某大型直播平台,研究发现了几个有趣结果。

第一,用总词数度量的他人在场对打赏有积极影响。根据唤醒理论,他人在场会直接影响兴奋水平(Amoroso et al,1969;Borden et al,1976;Zajonc,1965)。直播情境下,总词数越多,对他人在场的感知越强,兴奋水平越高,而这将促进打赏。

第二,社会竞争具有积极作用,更高的争论水平会吸引更多观众打赏。在争论中,观众通常会对主播的表现持不同看法,而这种带有敌意的争论往往归咎于不同的人持有不同的意见。因此,这种竞争性互动将诱发观众间求胜心切的兴奋状态,进而提高打赏的可能性(Zillmann et al，1974)。

第三，对于不同情绪刺激，研究发现弹幕相似度越高、兴奋相关词数越多，观众越容易发送礼物，但表情符号数对打赏则无显著影响，这一结果十分有趣。推测其原因可能源于情绪效价(Lane et al，1999；Paradiso et al，1999)。当观众想要表扬主播时，往往会在弹幕中同时发送相似的赞美内容，弹幕相似度和与兴奋相关词数是与赞扬相关的情绪刺激。被这种积极情绪刺激的人相比于被消极情绪刺激的人更容易进行享乐性购买(如在直播平台上赠送礼物)(Beatty et al，1998；Chang et al，2011；Verhagen et al，2011)。本研究无法识别表情符号数的效价，因此其对打赏的影响可能未被发现。

第四，从滞后项的控制变量中也有一些有趣的发现。例如，最终进入观众数的滞后项对打赏有积极影响，而最终离开观众数的滞后项有消极影响，这与以往关注自我地位的研究有一致结果。

(2) 理论意义

与以往文献相比，本研究在理论层面的意义与启示如下。

第一，本研究通过对直播打赏进行研究，对有关社交媒体的文献做出贡献。之前关于社交媒体的文献主要关注如 Facebook、Twitter 和 Wikipedia 等传统社交媒体平台，而直播却有一些与之不同的特点。例如，直播平台的用户可以通过与主播的实时互动更深入地参与其中，且打赏是一种在传统社交媒体中、几乎不存在的新颖功能。尽管最近一些研究人员开始对直播平台上的用户行为产生兴趣(Payne et al，2017；Sjöblom et al，2017)，但却很少关注打赏。本研究是率先探索直播打赏影响因素的研究之一。

第二，通过考虑直播平台上的打赏对关于赠礼的文献作做贡献。以往文献主要关注现实世界中的赠礼问题，且利他主义(Baskin et al，2014；Gino et al，2011；Zhang et al，2012)和互惠性(Belk，1976；Sherry，1983)是影响现实世界赠礼的两个关键因素。虽然近期一些研究人员开始对虚拟社区和社交媒体中的赠礼产生兴趣，但大多数学者主要关注无须现金支付的免费礼物(如数字媒介)(Lampel et al，2007；Toubia et al，2013)。与此同时，许多研究人员发现虚拟世界中的打赏与自我地位的追求高度相关(Chen et al，2017；Goode et al，2014；Lampel et al，2007；Toubia et al，2013)。然而，社交互动也是虚拟社区的一个重要特征，且已被证明对社交媒体中的许多社交行为有很大影响(Baumeister et al，1995；Nitzan et al，2011；Rogers，2010；Shriver et al，2013)。本研究通过关注虚拟世界中社交互动对打赏的影响填补了这一空白。

第三,本研究通过考虑观众间的互动对有关直播媒体消费的文献做出贡献。一些研究从主播-观众互动的角度解释直播媒体中观众的支持或消费行为(Chen et al,2017;Payne et al,2017;Sjöblom et al,2017),但观众-观众互动对直播媒体中观众的支持或消费行为,特别是打赏行为的影响尚不明确。有鉴于此,我们脱离现有文献,转而重新出发,确定了观众-观众互动对打赏的影响。

（3）管理启示

一方面,本研究为直播平台的弹幕设计提供思路。例如,工程师可通过在弹幕中突出争论内容或兴奋相关词语来提高观众的兴奋水平,进一步促进打赏。另一方面,该研究的发现也可帮助主播了解如何在直播时收到更多打赏。具体来说,既要注重主播-观众互动,又要注重观众-观众互动。因此,主播可制定营销策略来改善观众间的互动或沟通。例如,在线游戏 Player Killing 是直播中最受欢迎的活动之一,其特点在于不同直播间之间有激烈竞争。

（4）本研究的局限和未来研究的展望

本研究是率先从社交互动的角度来探索直播打赏的影响因素的少数研究之一,本研究仍然存在一些局限性,未来的研究中可以继续拓展。第一,本研究使用的数据仅爬取自中国的一个直播平台。最近美国市场的几家直播平台也推出了打赏功能。一个有趣的问题是,中美的文化差异是否会调节社会互动对打赏的影响。对这一问题的研究可以增进人们对社交媒体方面文献的理解。第二,本研究只提取了五种观众间的互动场景,未来研究可考虑观众在不同场景下其他层次的互动和活动从而进行拓展。第三,本研究主要关注社交互动影响因素和打赏之间的相关性,未来研究则可通过实验室实验从微观层面研究打赏的动机,来为深入研究打赏的心理机制提供理论依据。第四,实证结果表明表情符号数对打赏无显著影响,这可能是由于表情符号所提供的信息不足。因此,当前研究的一个自然延伸方向就是收集更多关于表情符号的详细数据。随着直播的越来越流行,希望此项研究能够激发出对该行业更加重要的研究课题。

本章参考文献

ADAM M T, KRÄMER J, MÜLLER M B, 2015. Auction fever! How time pressure and social competition affect bidders' arousal and bids in retail auctions [J]. Retail, 91: 468-485.

AGARWAL N, LIU H, TANG L, et al, 2008. Identifying the influential bloggers in a community WSDM '08: [C]//Palo Alto. Proceedings of the International Conference on Web Search and Data Mining.

AMOROSO D M, WALTERS R H, 1969. Effects of anxiety and socially mediated anxiety reduction on paired-associate learning [J]. Pers. Soc. Psychol, 11: 388.

BAKER M J, CHURCHILL G A, 1977. The impact of physically attractive models on advertising evaluations [J]. Journal of Marketing Research, 14(4): 538-555.

BANERJEE A V, 1992. A simple model of herd behavior [J]. Q. Econ, 107(3): 797-817.

BASKIN E, WAKSLAK C J, TROPE Y, et al, 2014. Why feasibility matters more to gift receivers than to givers: a construal-level approach to gift giving [J]. Consum. Res, 41: 169-182.

BATRA R K, GHOSHAL T, 2017. Fill up your senses: a theory of self-worth restoration through high-intensity sensory consumption [J]. Consum. Res, 44: 916-938.

BAUMEISTER R F, LEARY M R, 1995. The need to belong: desire for interpersonal attachments as a fundamental human motivation [J]. Psychol. Bull, 117: 497.

BEATTY S E, FERRELL M E, 1998. Impulse buying: modeling its precursors [J]. Retail, 74: 169-191.

BELK R W, 1976. It's the thought that counts: a signed digraph analysis of gift-giving [J]. Consum. Res, 3: 155-162.

BERLYNE D E, 1966. Conflict and arousal [J]. Sci, 215(2): 82-87.

BORDEN R J, HENDRICK C, Walker J W, 1976. Affective, physiological, and attitudinal consequences of audience presence [J]. Bull. Psychon. Soc, 7: 33-36.

BRANSCOMBE N R, WANN D L, 1992. Physiological arousal and reactions to outgroup members during competitions that implicate an important social identity [J]. Aggressive Behavior, 18: 85-93.

CASTILLA E J, 2005. Social networks and employee performance in a call center [J]. Sociol, 110: 1243-1283.

CHAIKEN S, 1979. Communicator physical attractiveness and per-suasion [J]. Journal of Personality and Social Psychology, 37(8): 1387-1397.

CHANG H J, ECKMAN M, YAN R N, 2011. Application of the Stimulus-Organism-Response model to the retail environment: the role of hedonic motivation in impulse buying behavior [J]. Int. Rev. Retail Distrib. Consum. Res, 21.

CHEN X, CHEN Y, XIAO P, 2013. The impact of sampling and network topology on the estimation of social intercorrelations [J]. Journal of Marketing Research, 50(1): 95-110.

CHEN Y, LU S, YAO D, 2017. The Impact of Audience Size on Viewer Engagement in Live Streaming: Evidence from A Field Experiment[J]. Working Paper.

CHEN Y F, 2008. Herd behavior in purchasing books online [J]. Comput. Hum. Behav, 24: 1977-1992.

COREY L G, 1971. People who claim to be opinion leaders: identifying their characteristics by self-report [J]. Journal of Marketing, 35(4): 48-53.

DONDI M, SIMION F, CALTRAN G, 1999. Can newborns discriminate between their own cry and the cry of another newborn infant? [J]. Dev. Psychol, 35: 418.

DOVER Y, GOLDENBERG J, SHAPIRA D, 2012. Network traces on penetration: Uncovering degree distribution from adoption data [J]. Marketing Science, 31(4): 689-712.

DUFFY E, 1962. Activation and Behavior [M]. New York: Wiley.

ELLIOT E S, COHEN J L, 1981. Social facilitation effects via interpersonal distance [J]. Soc. Psychol, 114: 237-249.

FADER P S, WINER R S, 2012. Introduction to the special issue on the emergence and impact of user-generated content [J]. Marketing Science, 31(3): 369-371.

FEDORIKHIN A, PATRICK V M, 2010. Positive mood and resistance to temptation: the interfering influence of elevated arousal [J]. Consum. Res, 37: 698-711.

GINO F, FLYNN F J, 2011. Give them what they want: the benefits of explicitness in gift exchange [J]. Exp. Soc. Psychol, 47: 915-922.

GOEL S, GOLDSTEIN D G, 2013. Predicting individual behavior with social networks [J]. Marketing Science, 33(1): 82-93.

GOFFMAN E, 1983. The interaction order [J]. American Sociological Review, 48(1): 1-17.

GOODE S, SHAILER G, WILSON M, et al, 2014. Gifting and status in virtual worlds [J]. Manage. Inform. Syst, 31: 171-210.

GQFFMAN E, 1983. The interaction order [J]. Sociol. Rev, 48: 1-17.

HAMARI J, SJÖBLOM M, 2017. What is eSports and why do people watch it? [J]. Internet Research, 27: 211-232.

HASAN S, BADGE S, 2015. Peers and network growth: Evidence form a natural experiment [J]. Management Science, 61(10): 2536-2547.

HOLLENSEN S, SCHIMMELPFENNIG C, 2013. Selection of celebrity endorsers: a case approach to developing an endorser selection process model [J]. Marketing Intelligence & Planning, 31(1): 88-102.

HORAI J, NACCARI N, FATOULLAH E, 1974. The effects of expertise and physical attractiveness upon opinion agreement and liking[J]. Sociometry, 37(4): 601-606.

HU Y, VAN DEN BULTE C, 2014. Nonmonotonic status effects in new product adoption [J]. Marketing Science, 33(4): 509-533.

HUANG X, VODENSKA I, WANG F, et al, 2011. Identifying influential directors in the United States corporate governance network [J]. Physical Review E, 84(4):046101.

HWANG S, SALMON M, 2004. Market stress and herding [J]. Empirical Finance, 11: 585-616.

IYENGAR R, VAN DEN BULTE C, LEE J Y, 2016. Social contagion in new product trial and repeat [J]. Operations Research: Management science, 56 (5/6):553-5.

IYENGAR R, VAN DEN BULTE C, VALENTE T W, 2011. Option leadership and social contagion in new product diffusion [J]. Marketing Science, 30(2): 195-212.

IYER G, KATONA Z, 2016. Competing for attention in social

communication markets [J]. Management Science, 62 (8): 2304-2320.

IYER G, KATONA Z, 2016. Competing for attention in social communication markets [J]. Management Science, 62(8): 2304-2320.

JOSEPH W B, 1982. The credibility of physically attractive communicators: a review [J]. Journal of Advertising, 11(3): 15-24.

KAHLE L R, HOMER P M, 1985. Physical attractiveness of the celebrity endorser: a social adaptation perspective [J]. Journal of Consumer Research, 11 (4): 954-961.

KU G, MALHOTRA D, MURNIGHAN J K, 2005. Towards a competitive arousal model of decision-making: a study of auction fever in live and Internet auctions[J]. Organ. Behav. Hum. Decis. Process, 96: 89-103.

LAMPEL J, BHALLA A, 2007. The role of status seeking in online communities: giving the gift of experience [J]. Journal of Computer-Mediat Communication, 12(2): 434-455.

LANE R D, CHUA P M, DOLAN R J, 1999. Common effects of emotional valence, arousal and attention on neural activation during visual processing of pictures [J]. Neuropsychologia, 37:989-997.

LI N, GILLET D, 2013. Identifying influential scholars in academic social media platforms [C]//Proceedings of the 2013 IEEE/ACM International Conference on Advances in Social Networks Analysis and Mining, 608-614.

LIBERMAN N, TROPE Y, 1998. The role of feasibility and desirability considerations in near and distant future decisions: a test of temporal construal theory [J]. Journal of Personality and Social Psychology, 75(1): 5-18.

LIS B, POST M, 2013. What's on TV? The impact of brand image and celebrity credibility on television consumption from an ingredient branding perspective [J]. International Journal on Media Management, 15(4): 229-244.

MADDUX J E, ROGERS R W, 1980. Effects of source expertness, physical attractiveness, and supporting arguments on persuasion: a case of brains over beauty [J]. Journal of Personality and Social Psychology, 39(2): 235-244.

MANSKI C F, PEPPER J V, 2000. Monotone instrumental variables: with an application to the returns to schooling[J]. Econometrica, 68(4): 997-1010.

MCALEXANDER J H, SCHOUTEN J W, KOENING H F, 2002. Building

brand community [J]. Market, 66: 38-54.

MCKINNEY M E, GATCHEL R J, PAULUS P B, 1983. The effects of audience size on high and low speech-anxious subjects during an actual speaking task[J]. Basic Appl. Soc. Psychol, 4: 73-87.

MORIN D T, IVORY J D, TUBBS M, 2012. Celebrity and politics: effects of endorser credibility and sex on voter attitudes, perceptions, and behaviors [J]. The Social Science Journal, 49(4): 413-420.

MORROW L, VRTUNSKI P B, KIM Y, et al, 1981. Arousal responses to emotional stimuli and laterality of lesion[J]. Neuropsychologia, 19: 65-71.

MUDA M, MUSA R, MOHAMED R N, et al, 2011. The influence of perceived celebrity endorser credibility on urban women's responses to skincare product advertisement [C]//2011 IEEE Colloquium on Humanities, Science and Engineering (CHUSER). Malaysia, 2011: 620-625.

MULLEN B, BRYANT B, DRISKELL J E, 1997. Presence of others and arousal: an integration [J]. Group Dynamics Theory Research & Practice,1(1): 52-64.

NARAYAN V, RAO Y R, SAUNDERS C, 2011. How peer influence affects attribute preferences: A bayesian updating mechanism [J]. Marketing Science 30(2): 368-384.

NITZAN I, LIBAI B, 2011. Social effects on customer retention [J]. Journal of Marketing, 75(6): 24-38.

OHANIAN R, 1990. Construction and validation of a scale to measure celebrity endorsers' perceived expertise, trustworthiness, and attractiveness [J]. The Journal of Advertising, 19(3): 39-52.

PARADISO S, JOHNSON D L, ANDREASEN N C, et al, 1999. Cerebral blood flow changes associated with attribution of emotional valence to pleasant, unpleasant and neutral visual stimuli in a PET study[J]. American Journal of Psychiatry, 156(10): 1618-1629.

PAYNE K, KEITH M J, SCHUETZLER R M, et al, 2017. Examining the learning effects of live streaming video game instruction over Twitch [J]. Computers in Human Behavior, 77(dec.): 95-109.

REINGEN P H, KERNAN J B, 1986. Analysis of referral networks in marketing: methods and illustration [J]. Journal of Marketing Research, 23(4): 370-378.

RISSELADA D, VERHOEF P C, BIJMOLT T H, 2014. Dynamic effects of social influence and direct marketing on the adoption of high-technology products [J]. Journal of Marketing, 78(2): 52-68.

ROGERS E M, 2010. Diffusion of Innovations [J]. Simon and Schuster.

ROSS J A, 1973. Influence of expert and peer upon negro mothers of low socioeconomic status [J]. The Journal of Social Psychology, 89(1): 79-84.

RYAN B, GROSS N C, 1943. The diffusion of hybrid seed corn in two Iowa communities [J]. Rural Sociol, 8: 15.

RYAN R M, DECI E L, 2000. Intrinsic and extrinsic motivations: Classic definitions and new directions [J]. Contemporary Educational Psychology, 25 (1): 54-67.

SANBONMATSU D M, KARDES F R, 1988. The effects of physiological arousal on information processing and persuasion [J]. Consum. Res, 15: 379-385.

SHERRY J J F, 1983. Gift giving in anthropological perspective [J]. Consum. Res, 10: 157-168.

SHRIVER S K, NAIR H S, HOFSTETTER R, 2013. Social ties and user-generated content: evidence from an online social network [J]. Management Science, 59(6): 1425-1443.

SJÖBLOM M, HAMARI J, 2017. Why do people watch others play video games? An empirical study on the motivations of Twitch users [J]. Comput. Hum. Behav, 75: 985-996.

STREBEL P, 1987. Organizing for innovation over an industry cycle [J]. Strategic Management Journal, 8(2): 117-124.

SUKI N M, 2014. Does celebrity credibility influence Muslim and non-Muslim consumers' attitudes toward brands and purchase intention? [J]. Journal of Islamic Marketing, 5(2): 227-240.

TOUBIA O, STEPHEN A T, 2013. Intrinsic vs. image-related utility in social media: why do people contribute content to Twitter? [J]. Marketing Science, 32(3): 368-392.

TROPE Y, LIBERMAN N, 2010. Construal-level theory of psychological distance [J]. Psychological Review, 117(2): 440-463.

TRUSOV M, BODAPATI A V, BUCKLIN R E, 2010. Determining influential users in internet social networks [J]. Journal of Marketing Research, 47(4): 643-658.

UKEZONO M, NAKASHIMA S F, SUDO R, et al, 2015. The combination of perception of other individuals and exogenous manipulation of arousal enhances social facilitation as an aftereffect: re-examination of Zajonc's drive theory [J]. Front. Psychol, 6: 601.

UPSHAW M B, KAISER C R, SOMMERVILLE J A, 2008. Parents' empathic perspective taking and altruistic behavior predicts infants' arousal to others' emotions [J]. Front. Psychol, 2015, 6: 360.

VAREY R J. Marketing as an interaction system [J]. Market (AMJ), 16: 79-94.

VERHAGEN T, VAN DOLEN W, 2011. The influence of online store beliefs on consumer online impulse buying: a model and empirical application [J]. Inform. Manage, 48: 320-327.

WALDFOGEL J, 1993. The deadweight loss of Christmas [J]. Econ. Rev, 83: 1328-1336.

WANG J, ARIBARG A, ATCHADE Y F. Modeling choice interdependence in a social network [J]. Marketing Science, 2013, 32(6): 977-997.

WATTS D J, DODDS P S, 2007. Influentials, networks, and public opinion formation [J]. Journal of Consumer Research, 34(4): 441-458.

WEI Y, YILDIRIM P, VAN DEN BULTE C, et al, 2016. Credit Scoring with social network data [J]. Marketing Science, 35(2): 234-258.

YANG A, URMINSKY O, 2016. Smile-seeking givers and value-seeking recipients: Why gift choices and recipient preferences diverge[J]. Social Science Eletronic Publishing.

ZAJONC R B. Social facilitation [J]. Science, 1965, 149: 269-274.

ZHANG Y, EPLEY N, 2012. Exaggerated, mispredicted and misplaced: when "it's the thought that counts" in gift exchanges [J]. Exp. Psychol. Gen, 141(4): 667-681.

ZHOU J L，ZHOU J，DING Y，et al，2018. The magic of danmaku：A social interaction perspective of gift sending on live streaming platforms [J]. Electronic Commerce Research and Applications，34.

ZILLMANN D，BRYANT J，1974. Effect of residual excitation on the emotional response to provocation and delayed aggressive behavior [J]. Pers. Soc. Psychol，30(6)：782-791.

蔡淑琴，马玉涛，王瑞. 在线口碑传播的意见领袖识别方法研究 [J]. 中国管理科学，2013，21(2)：185-192.

邓胜利，周婷. 社交网站的用户交互动力研究[J]. 情报科学，2014，32(4)：72-76,84.

冯时，景珊，杨卓，等. 基于LDA模型的中文微博话题意见领袖挖掘 [J]. 东北大学学报(自然科学版)，2013，34(4)：490-494.

葛红宁，周宗奎，牛更枫，等. 社交网站使用能带来社会资本吗？[J]. 心理科学进展，2016，

金燕，闫婧. 基于用户信誉评级的UGC质量预判模型[J]. 情报理论与实践，2016，39(3)：10-14.

刘果. 微博意见领袖的角色分析与引导策略[J]. 武汉大学学报(人文科学版)，2014,67(2):115-118.

马宁，田儒雅，刘怡君，等. 基于动态网络分析(DNA)的意见领袖识别研究[J]. 科研管理，2014，35(8)：83-92.

沈璐，庄贵军，姝曼. 品牌帖子转发与品牌偏好之间的因果关系[J]. 管理科学，2016，29(1)：86-94.

施卓敏，陈永佳，赖连胜. 网络面子意识的探究及其对社交网络口碑传播意愿的影响[J]. 营销科学学报，2015，11(2)：133-151.

涂红伟，严鸣. 国外消费者意见领袖研究述评与展望[J]. 外国经济与管理，2014，36(5)：32-39.

汪旭晖，张其林. 用户生成内容质量对多渠道零售商品牌权益的影响[J]. 管理科学，2015，28(4)：71-85.

张萧，唐亚欧. 大数据背景下用户生成行为影响因素的实证研究[J]. 图书馆学研究，2015(3)：36-42,15.

周静，沈俏蔚，涂平，等. 社交网络中用户关注类型与发帖类型对发帖行为的影响[J]. 管理科学，2019，32(2)：67-76.

周静，沈俏蔚，涂平，等. 原创还是转发——基于社交媒体 UCG 的交互效用研究[J]. 营销科学学报，2017，13(4)：55-66.

周志民，贺和平，苏晨汀，等. 在线品牌社群中 E-社会资本的形成机制研究[J].营销科学学报，2011，7（2）：1-22.

第5章　社交网络数据在其他领域的应用

  本书的第4章梳理了社交网络数据在线上社交平台和直播平台的应用研究，除此之外，在很多其他领域，对网络数据的深入研究也能帮助人们解决很多问题，例如移动通信网络、学者引文网络等。本章将梳理社交网络数据在移动通信网络和学者引文网络两个领域所产生的一些积极作用，并对用户流失问题和链路关系预测给出一些研究结论。本章由两节组成，每节具体解决的问题如下。

  本章第1节关注自我网络特征对移动通信用户流失的影响。近年来，随着移动通信行业的蓬勃发展，市场饱和度越来越高，企业获取新用户的成本也越来越大。另一方面随着国内三大运营商竞争的加剧，产品和服务的同质化程度也越来越高，这使得企业在老用户的保留上变得异常困难，用户流失率也在逐年上升。如何识别高风险流失用户并有效防止用户流失已经成为该行业管理者普遍关心的问题之一。该研究着眼于对用户流失影响因素的研究，运用社交网络分析的方法，通过构造和网络结构相关的变量来进行对影响因素的探讨，运用逻辑回归的方法构建用户流失预警模型。该研究从社交网络的视角出发，利用用户的通话详单数据建立用户之间的通信网络，在自我网络的相关理论框架下，构建了三个自我网络特征变量：个体的度、联系的强度、个体的信息熵。实证研究的数据来自国内某移动运营商的月度用户数据（包括基础通信数据和通话详单数据），通过逻辑回归构建了基于社交网络变量的用户流失预警模型。模型分析发现，个体的度、联系强度以及个体的信息熵都对预测用户流失有显著的效果。具体的，个体的度越大、联系强度越强，个体的信息熵越大，用户越不容易流失。外样本 AUC 值平均可以达到0.75以上，模型具有良好的预测精度。该研究的研究结果对企业实践具有非常重要的意义，合作企业应用该研究提出的模型对高风险流失用户进行了识别，预测精度可以达到70%，达到了企业的实践预期。该流失预警模型可以帮助企业提前识别高风险流失用户，极大地降低企业维系用户的成本。通过该研究的发现，建议企业管理者在未来更加关注和用户社交网络有关的变量，从网络结构的视角理解消费者行为，从而更好地进行用户关系管理。

本章第 2 节关注科研合作网络的链路预测问题,该问题是科研合作网络研究的热点话题之一。该研究选择统计学学者科研合作网络进行关系预测,提出了基于文本语义和动态网络信息的统计学者合作关系预测模型。首先,该研究收集了国际统计四大期刊在 2011 年至 2020 年间发表的所有文章,基于论文合著关系构建了统计学学者的合作网络。其次,该研究对统计学学者合作网络的特征以及动态演化进行了分析,并利用 LDA 主题模型获得了近 10 年来统计领域主要的研究方向,分别为"社交网络分析""生物统计""协差阵估计""变量选择""贝叶斯统计/非参统计"和"假设检验/时间序列分析"。最后,基于上述特征,该研究使用动态逻辑回归方法对统计学学者的合作关系进行预测。结果表明,统计学学者的合作关系受到多方面因素的共同作用,例如上一年度是否合作、学者间研究方向的相似度、学者已发表论文的引用情况等因素都能显著影响学者之间合作的可能性。该研究的研究结论对增强学者间的联系和提升科研合作效率具有重要借鉴意义。

本章内容均是基于我和我的研究伙伴过往的研究论文以及工作论文整理而成的,论文的详细出处详见书后的参考文献。

5.1　自我网络特征对电信用户流失的影响的研究

5.1.1　研究背景

近年来,一方面随着移动通信行业的快速发展,市场饱和度越来越高,企业获取新用户的成本也越来越大;另一方面随着国内三大运营商竞争的加剧,产品和服务的同质化也越来越严重,用户流失率也在逐年上升(钱苏丽 等,2007)。企业在开发新用户的同时也要注重对老用户的维系,因此如何维系老用户并降低流失率已经被重新提上了企业的议事日程(郭红丽,2006)。在过去的顾客维系研究中,研究者往往都是从用户自身角度出发的,鲜有关注和社交数据相关的影响因素(Zeithaml et al,1996;Verhoef,2003;唐小飞 等,2009)。而伴随着大数据处理和分析技术的广泛应用,企业可以借助社交网络数据来制定用户维系和流失管理的相关市场决策,因此从社交网络数据视角研究企业的用户流失成为一个新的可供探索的研究方向。

本研究以中国的通信行业为背景,该行业市场竞争日趋激烈,市场发展的压力迫使运营商不断推出内容丰富、价格优惠的个性化产品,以期吸引更多的用户,但这些措施仍然无法缓解离网率居高不下、用户平均收益和利润持续走低的严峻形势。各大运营商近几年的用户增长十分缓慢,中国联通甚至在 2014 年出现了负增长。面对这样的严峻形势,用户保留成为企业关心的问题之一。运营商开始关注哪些因素会影响用户的流失。而在这个过程中他们并没有关注到用户自我网络特征的影响。从学术研究的角度,基于移动通信网络的用户数据是典型的自我网络结构化数据。分析和研究用户自我网络结构数据可以帮助探索自我网络的特性如何影响消费者的选择,并且运营商的平台能够为营销实证研究提供良好的田野实验环境,进而有助于将学术研究成果更好地服务于企业管理实践。

5.1.2 理论回顾与研究假设

社交网络数据近年来被广泛应用于市场营销研究(李海芹 等,2010;崔艳武等,2006)。相关研究表明,加入社交网络信息的营销模型比传统模型有更好的解释力(Goel et al,2014;Trusov et al,2009;Wang et al,2013),并且能够为营销实践活动提供强有力的实地研究(Field Study)(Iyer et al,2016;Wei et al,2016;Stephen et al,2010;冯芷艳 等,2013)。本节将对自我网络的相关研究进行梳理评述,并且提出相关的研究假设。

(1)自我网络的概念

社交网络是由一群个体和他们之间的互动关系所构成的复杂网络结构(Verbeke et al,2014)。而自我网络就是从一个特定的个体出发,由他所有的社会互动关系所构成的网络(Hasan et al,2015)。在自我网络的概念体系中,过去的研究集中关注两个主要的内容:个体(Ego)和邻居(Neighborhood)。个体指代的是网络中的节点(或成员),而邻居指代的是与个体具有直接联系的其他个体(Wasserman et al,1994)。由此,个体和邻居构成了自我网络的主体结构,并且网络中的联系反映了个体与其他个体之间的互动关系。

过去的学者对自我网络的研究主要集中在网络效应对个体行为的影响上。自我网络不但会对个体的消费行为产生重要的影响,而且会对企业的创新行为产生巨大影响(Everett et al,2005)。在个体的消费行为方面,Dubois(2016)与其合作者研究了个体所感知的社交网络紧密程度如何影响消费者的口碑宣传,他们发现消费者更加愿意在亲密程度高的群体中传播品牌的负面信息而在亲密程度更低的群体中宣传品牌的正面信息。Katona 等人(2011)通过研究一组互联网上的社群分析发现,消费者对新产品的购买行为受自我网络的节点度(Degree)和自我网络的联系紧密程度(Density)的影响。而在企业的创新行为方面,Fang(2016)和他的合作者发现企业的合作关系网络以及全球价值链网络对企业的新产品研发活动有着重要的促进作用。

除此之外,网络结构变化也是自我网络研究的另一个重点。这方面的研究者关注自我网络的结构稳定性是如何影响个体行为的,特别是网络中的个体存在的脱离旧网络和进入(创建)新网络的行为。这样的自我网络结构变化能够改变个体的社交范围以及相关的社会资本结构(Katona et al,2011)。同样地,个体的自我网络动态变化影响着企业营销实践(Risselada et al,2014),一个典型的例子就是企业的用户流失。用户流失是用户关系管理中的重要研究问题,而且在管理实践中用户流失会对企业的当期利润和未来成长造成巨大的损失(Fang et al,2016)。在接下来的内容中将通过自我网络的相关理论提出本研究的假设。

(2)研究假设

个体的度(Degree)是自我网络中的核心概念,它测量的是个体在网络中联系的数量(Verbeke et al,2014)。过去的实证研究指出,个体的度对网络稳定性具有重要的影响作用(Wasserman et al,1994)。从网络转换成本角度来看,随着个体在网络中建立的联系的数量上升,个体离开网络关系的转换成本也随之上升。这样的个体终结与自我网络相关的合作关系的可能性越低,所以个体度越高的用户越不容易流失(Wang et al,2017)。同样地,从社会资本的视角出发,随着个体度的上升,随之增加的还有网络关系中隐含的情感承诺和持续承诺等创造的社会资本(Adler et al,2002;Iyengar et al,2011)。由此,个体度高的用户能够获得更高的影响力和收获更多的利益,他们也更不愿意脱离现有的关系网络(Trainor et al,2014;Giudicati et al,2013)。对于一个度很大的移动通信用户而言,他换号(即用户流失)的成本很高:一旦转网换号就意味着需要通知很多人新的号码,也许还会因为换号码而失去与一些朋友的联系。由此可以推断,个体的度越大,越不容易换号,即流失的概率越低。因此,本研究的第一个假设为:

假设 1 个体用户在自我网络中的度越大,他流失的可能性越低。

自我网络中另一个重要的变量是个体与邻居之间关系的平均强度(Average Strength)(Verbeke et al,2014)。自我网络数据结构是由二元变量(Binary)组成的,在自我网络分析中研究者往往通过个体与邻居之间的互动次数来衡量个体的网络关系强度。社会网络的相关研究表明,个体在网络中的关系强度越高,网络结构越稳定。此外,高强度的社会网络关系也增加了个体的社会资本,从而使得个体更加忠诚于所在的社会网络,产生更多与邻居的互动行为,进而提升网络关系强度(陈爱辉 等,2014)。周涛和鲁耀斌(2008)在他们基于社区用户的行为研究中发现,增加个体与邻居之间的互动能够提升信任关系从而增加社会资本和社群的归属感。黄敏学(2015)及其合作者通过分析消费咨询网络中意见领袖的演化机制发现网络关系互动会提升个体作为网络意见领袖的可能性，从而使得个体更不容易脱离网络。基于此，平均强度关系越高的个体越不容易脱离现有的关系网络，本研究的第二个假设为：

假设 2 个体用户在自我网络中的平均强度越高，他流失的可能性越低。

自我网络结构的稳定性不但反映在个体与全部邻居的关系数量和平均关系强度所代表的整体"均值"上，而且体现在个体在网络关系中联系强度的分布情况上。假设有两个用户 A 和 B，都和 10 个人通话了 100 分钟，但是用户 A 的 90 分钟都是打给同一个用户的，剩下的 10 分钟用于和其他 9 个用户通话，而用户 B 与之相反，将 100 分钟平均分配给 10 个不同的用户。可以看到，和用户 A 紧密相连的其实仅有 1 个用户，那么对于用户 A 来说其换号的成本是很低的，因为他只需要把新号码告诉和他紧密联系的人即可。因而可以推断，在这种情况下，用户 A 的流失概率要大于用户 B 的流失概率。为了刻画上述现象，本研究借鉴了信息论中的信息熵(Entropy)的概念(Lu et al,2013)。信息熵最初用于描述信息源的不确定性，通常一个信息源发出什么样的信号是不确定的，可以根据它出现的概率来进行度量：概率大，出现机会多，不确定性小。

网络结构中的熵值反映了个体在网络关系中的权重分布。个体在网络结构中可以和许多邻居建立关系，但是关系的强弱不一，即个体与邻居之间的互动频率存在着差异。如果个体在网络中的强关系都集中于一小部分邻居上，这样的网络关系权重分布的方差很大，存在着网络稳定性的隐患：高强度关系的邻居流失可能带动个体脱离网络。而如果个体的网络关系权重分布比较均匀，即个体在网络中与每一位邻居都建立了同等强度的关系，那么这样的网络结构相对比较稳定，不会因为部分强关系邻居的流失而导致个体自我网络的瓦解。基于这样的推论，可以认为具有均匀分布关系权重的个体更不容易脱离现有的关系网络。因此本研究的第三个假设为：

假设 3 个体用户在自我网络中的关系权重分布越均匀，他流失的可能性越低。

5.1.3 数据与变量介绍

（1）数据收集与清理

本研究用于研究的数据全部来自某移动通信公司在某三线城市分公司的内部经营分析底层数据，随机选取约 5 万个 VIP 用户（平均每月 ARPU 值大于 80 元）

从 2014 年 3 月到 8 月 6 个月的数据作为研究的样本。基于研究需要,还收集了两部分数据:第一部分是按月份统计的用户基础通信数据,这部分数据包括用户的入网时间、当月花费、话费情况等;第二部分是按月份统计的用户点对点通信数据,即用户的通话详单,这部分数据是本研究中量级最大且最重要的数据,因为通过用户的点对点通信数据可以构建一个用户的社交网络,进而可以计算一些与自我网络相关的变量。从数据量上来看,平均每月用户的点对点通信数据在 500 万条左右。

数据清理主要遵循以下几个原则:首先,对于缺失值的处理,由于用于本研究的样本量较大,且缺失值较少,所以对于个别有缺失值的情况采取删除该条观测的处理方式;其次,对于一些不合乎正常取值范围内的观测(例如花费金额出现了负数的情况)也采取删除该条观测的处理方式;最后,对数据中存在重复观测记录的数据(即同一条记录被记录了多次)也同样做删除处理。此外,关于一些异常值的处理将在数据建模的描述性分析中进行阐述。

(2)变量生成

在传统的用户关系管理文献中,有众多关于用户流失影响因素的研究,但是这些因素基本都只涉及用户本身的人口统计学特征等信息。而个体并不是独立存在于这个社会中的,个体会和周围的其他个体交往,从而形成各种各样的社交网络,这样每一个个体在每一个社交网络中其实都被赋予了不同的角色与社会地位。所以,当分析消费者行为时,有必要把这种来自"邻居"的信息考虑进来。在本研究中,用户的通话详单呈现了一个通信网络,在这个网络中,可以清晰地看到每个用户都和谁通过电话,通过几次电话以及每次的通话时间。基于这样的一个数据,可以进一步地总结和自我网络相关的变量,并且这些变量对于解释用户流失有着很重要的意义。

在具体解释新生成的变量前,先做一些简单的符号定义。在社交网络分析中,通常用"节点"和"边"来表示网络中的个体和存在的关系。在本研究中,每个用户可以被看作是通信网络中的一个节点,用 i 表示,其中 $i=1,2,3,\cdots,N$,N 为样本量。接下来用社交网络分析中的邻接矩阵 $\boldsymbol{A}=(a_{ij})\in\mathbb{R}^{N\times N}$ 来表示用户之间的网络结构,邻接矩阵 $\boldsymbol{A}$ 是一个 $N\times N$ 的 0-1 方阵,其中 N 为样本量,矩阵中的元素用 a_{ij} 来表示。假设任给两个用户 i 和 j,如果发现 i 和 j 通过电话,那么定义 $a_{ij}=a_{ji}=1$,表示 i 和 j 之间存在一条边。

① 个体的度。在本研究中,将个体 i 的度定义为和 i 有过通话记录(包括呼入与呼出)的不同用户的总数。假设用 D_i 表示,那么 $D_i=\sum\limits_{j\neq i}a_{ij}$。个体 i 的度越大说

明与 i 通话的人数就越多,反之越少。

② 联系的强度。在本研究中,用平均通话时长来类比联系的强度。具体的,仍然用 D_i 表示和用户 i 通话的总人数,用 T_i 表示用户 i 通话的总时间,那么用户 i 的联系强度 Tie_i(即平均通话时长)表示为 $\mathrm{Tie}_i = \dfrac{T_i}{D_i}$。在通话人数一定的前提下,如果平均通话时长越长,说明用户和他的联系人之间的关系越紧密,反之越疏远。

③ 个体的信息熵。在本研究中,将个体 i 的信息熵定义为 $E_i = -\sum\limits_{a_{ij}=1} p_{ij} * \log(p_{ij})$,其中 $p_{ij} = \dfrac{\mathrm{Comm}_{ij}}{\mathrm{Total\_Comm}_i}$,表示个体 j 和个体 i 通话的时间占 i 总通话时间的比例。因此从直观上看,该公式刻画的是与个体 i 通话的所有用户的平均通话时长的分布,如果信息熵越大,说明平均通话时长的分布越分散,信息熵越小,说明平均通话时长的分布越集中。

以上三个变量是本研究重点探索研究的变量,模型中还加入了行业专家认为比较重要的指标作为控制变量,分别是入网时长、当月花费、本月相比于上月的花费变化,以及本网用户占比。具体的变量说明详见表 5-1。

表 5-1 变量说明

变　量	变量名	单　位	计算方法
在网时长	Tenure	天	当前时间减去入网时间
当月花费	Expense	元	直接获取
个体的度	Degree	人	$D_i = \sum\limits_{j \neq i} a_{ij}$
联系强度	Tightness	分钟/人	$\mathrm{Tie}_i = \dfrac{T_i}{D_i}$
个体信息熵	Entropy	—	$E_i = -\sum\limits_{a_{ij}=1} p_{ij} * \log(p_{ij})$,其中 $p_{ij} = \dfrac{\mathrm{Comm}_{ij}}{\mathrm{Total\_Comm}_i}$
花费变化率	Chgexpense	—	$\dfrac{\text{当月花费}-\text{上月花费}}{\text{上月花费}} \times 100\%$
个体度变化率	Chgcount	—	$\dfrac{\text{当月个体的度}-\text{上月个体的度}}{\text{上月个体的度}} \times 100\%$
本网用户占比	Dxprop	—	$\dfrac{\text{通话人数中本网用户数}}{\text{总人数}} \times 100\%$

5.1.4 数据建模

（1）描述性分析

在进行数据建模前,有必要对所有变量进行描述性分析,为了描述的方便,以8月份的数据为例给出描述性分析结果(其他月份的结果与该月份基本相似)。

表5-2　8月份数据的描述性分析(样本量:47 731)

变量名	均　值	中位数	标准差	最小值	最大值
Tenure	1 404.499	1 138.000	989.292	10.000	4 603.000
Expense	171.734	141.370	114.767	0.000	4 446.000
Degree	76.215	57.000	82.081	1.000	1 763.000
Tightness	9.883	7.599	29.705	0.035	5 015.065
Entropy	2.982	3.038	0.913	0.000	7.042
Chgexpense	0.037	0.000	0.927	−1.000	176.504
Chgcount	0.048	−0.015	0.868	−0.994	123.500
Dxprop	0.869	0.980	0.302	0.000	1.000

表5-2为描述性分析结果。在后续的建模中,以均值加减三倍标准差作为识别异常值的标准,如果取值在这个范围之外,则被认为是异常值,在后续的建模分析中予以删除。

本研究的因变量是用户是否流失,是一个典型的0-1变量。关于流失的定义,企业认为只要符合以下三条中的一条即被认为是流失(本研究中0表示非流失,1表示流失):①用户主动申报离网;②当月未出账;③累积三个月延迟缴费。本研究所使用的数据每个月的离网率统计如表5-3所示。

表5-3　2014年3月到8月每月离网率统计

月份	3月	4月	5月	6月	7月	8月
离网率	1.267%	1.393%	1.150%	1.314%	1.294%	0.578%

从表5-3的统计来看,该公司平均每月的用户流失率基本维持在1.2%左右。在探索流失用户与非流失用户之间的差异时,对所有自变量根据流失/非流失进行了分组的对比分析。以Tenure、Expense、Degree、Tightness和Entropy为例,非流失用户和流失用户相比,平均来说拥有更长的入网时长、更高的花费、更多的通话对象、更长的人均通话时长以及更分散的通话时长分布。在通话人数这个变量

上,这种差异显得更为明显,说明 Degree 这个指标在判断流失与否这个问题上占有很重要的地位。其他四个指标在判断用户流失与否的问题上也具有一定的意义。接下来将重点阐述模型的建立、估计结果及预测精度。

（2）模型分析

接下来采取逻辑回归进行分析,其中 0 代表非流失,1 代表流失。因为关心的是预测问题,所以分析中的所有自变量来自当期（即当前月份）,而因变量是否流失来自下一期（即下一个月份）,为了检验模型结果的稳健性,将逻辑回归重复四次,即用 4 月份的因变量对 3 月份的自变量建模,用 5 月份的因变量对 4 月份的自变量建模,以此类推。逻辑回归的结果见表 5-4。

表 5-4　逻辑回归结果

	April			May		
	Model I	Model II	Model III	Model I	Model II	Model III
Intercept	3.384**	−2.180***	0.543	3.487**	−2.229***	1.833.
	(1.172)	(0.167)	(1.166)	(1.167)	(0.158)	(1.113)
Tenure	−0.329***		−0.148*	−0.391***		−0.253***
	(0.059)		(0.063)	(0.059)		(0.063)
Expense	−0.807***		−0.476***	−0.831***		−0.665***
	(0.059)		(0.068)	(0.051)		(0.055)
Chgexpense	−0.804***		−0.516**	−1.149***		−0.910***
	(0.173)		(0.177)	(0.171)		(0.178)
Dxprop	−2.444		0.483	−1.656		0.728
	(1.541)		(1.505)	(1.531)		(1.440)
Degree		−0.019***	−0.015***		−0.014***	−0.009***
		(0.003)	(0.003)		(0.002)	(0.002)
Tightness		−0.036***	−0.030***		−0.032***	−0.025***
		(0.006)	(0.006)		(0.005)	(0.005)
Entropy		−0.399***	−0.393***		−0.413***	−0.413***
		(0.082)	(0.083)		(0.076)	(0.077)
Chgcount		−1.078***	−0.966***		−1.355***	−1.132***
		(0.132)	(0.134)		(0.132)	(0.132)
AUC value	0.675 9	0.766 3	0.774 8	0.693 2	0.761 4	0.785 3

	June			July		
	Model I	Model II	Model III	Model I	Model II	Model III
Intercept	4.038***	−2.193***	1.758	1.158	−2.755***	−2.423.
	(1.088)	(0.157)	(1.100)	(1.457)	(0.186)	(1.344)
Tenure	−0.422***		−0.254***	−0.271***		0.022
	(0.059)		(0.063)	(0.076)		(0.082)
Expense	−0.761***		−0.489***	−0.661***		−0.271***
	(0.051)		(0.058)	(0.063)		(0.078)
Chgexpense	−0.053		−0.003	−0.310		−0.243
	(0.123)		(0.100)	(0.183)		(0.189)
Dxprop	−2.439		−0.079	−1.064		1.063
	(1.408)		(1.403)	(1.911)		(1.671)
Degree		−0.013***	−0.010***		−0.033***	−0.031***
		(0.002)	(0.002)		(0.004)	(0.004)
Tightness		−0.033***	−0.029***		−0.017**	−0.014*
		(0.006)	(0.006)		(0.006)	(0.006)
Entropy		−0.414***	−0.414***		−0.103	−0.117
		(0.075)	(0.076)		(0.100)	(0.102)
Chgcount		−0.949***	−0.927***		−0.573***	−0.520***
		(0.124)	(0.125)		(0.127)	(0.129)
AUC value	0.6409	0.7371	0.7389	0.6516	0.7818	0.7833

注:因变量为是否流失,其中流失＝1,非流失＝0;"***"表示显著性水平为0.001,"**"表示显著性水平为0.01,"*"表示显著性水平为0.05,"."表示显著性水平为0.1。

其中 April 表示用 3 月份的自变量预测 4 月份的因变量,以此类推。本研究探索了三个模型,其中 Model I 是只有传统变量的模型,Model II 是只有自我网络特征变量的模型,Model III 是同时加入了传统变量和自我网络特征变量的全模型。通过 AUC 值可以看出,全模型要优于传统变量的模型。对于每一个变量,第一行为参数估计结果,第二行为参数估计标准误。从回归结果中可以得到以下结论:首先,入网时长越长,用户越不容易流失,而且该结果在四个回归中的表现都比较稳定;其次,花费越多,用户也越不容易流失,表现稳定。接下来,具体看一下和研究假设相关的变量,Degree 这个变量显著为负,说明通话的人数越多,用户越不容易流失,表现稳定。本研究的第一个假设得到了验证。Tightness 这个变量也显著为负,说明平均通话时长越长,用户越不容易流失,表现稳定。本研究的第二个假设也得到了验证。Entropy 这个变量显著为负,说明平均通话时长的分布越分散,用户的流失概率越低,表现相对稳定。本研究的第三个假设得到了验证。最后关于两个变化率的变量,随着通话人数的增加,用户越不容易流失,随着花费的增加,用户也越不容易流失。表现相对稳定。综上,可以看到本研究提出的解释变量对预测用户是否流失的效果都是显著的,这说明在考虑用户流失的问题上,除了一些传统的解释变量(如入网时长、每月花费),还应该考察与用户社交圈相关的变量,因为这些变量对预测一个用户是否离网有着重要的作用。

（3）交互效应分析

本小节讨论两个可能的交互效应。由于网络关系权重分布是决定网络中信息传播的重要因素,它与其他的网络结构变量存在着多种互动关系。网络关系权重分布越均匀,个体从关系邻居中获得信息的依赖性分布也会更为平均,从而降低个体脱离关系网络的成本。虽然某些用户在移动通信网络中具有较高的度,但是个体用户从单个网络邻居处获得的信息量并不大,而且随着度的上升,个体从单个邻居处获得的信息量显著下降。所以,对于度较高的个体用户而言,随着它对网络邻居的关系权重分布趋于平均,它从这个网络离开的转化成本也显著降低。同理,网络关系权重的均匀分布也会降低网络中平均强度较高的个体对网络的依赖性。固然个体用户与网络邻居存在着多次的互动,但是从每次互动中获得的信息量并不多,而且互动次数越多,单次互动所承载的信息量越会显著下降,从而降低了个体在网络中的社会资本以及对其他邻居的意见影响力。缘于此,这样均匀分布的网络关系会削弱自我网络的度和平均关系强度对流失率的影响。因此,可以认为:①关系权重均匀分布会调节自我网络的度对流失率的影响作用,表现在均匀分布的关系权重会降低高网络关系数量用户的流失成本;②关系权重均匀分布会调节自我网络的平均强度对流失率的影响作用,表现在均匀分布的关系权重会降低高平均强度用户的流失成本。

为了验证以上两个推论,进行以下两个添加了交互效应的回归,其中 Model IV 只添加了 Degree 和 Entropy 的交互效应,Model V 只添加了 Degree 和 Tightness 的交互效应。具体的回归分析结果详见表 5-5。

表 5-5　交互效应回归结果

	April		May	
	Model IV	Model V	Model IV	Model V
Intercept	0. 429	0. 442	1. 696	1. 603
	(1. 139)	(1. 169)	(1. 079)	(1. 109)
Tenure	−0. 153 *	−0. 151 *	−0. 252 ***	−0. 258 ***
	(0. 063)	(0. 063)	(0. 063)	(0. 063)
Expense	−0. 438 ***	−0. 467 ***	−0. 603 ***	−0. 631 ***
	(0. 069)	(0. 069)	(0. 055)	(0. 055)
Chgexpense	−0. 530 **	−0. 521 **	−0. 975 ***	−0. 937 ***
	(0. 178)	(0. 178)	(0. 181)	(0. 180)
Dxprop	0. 851	0. 539	0. 943	0. 792
	(1. 461)	(1. 505)	(1. 384)	(1. 429)
Degree	−0. 063 ***	−0. 012 ***	−0. 064 ***	−0. 003
	(0. 009)	(0. 004)	(0. 008)	(0. 003)
Tightness	−0. 023 ***	−0. 022 **	−0. 018 ***	−0. 009
	(0. 006)	(0. 008)	(0. 005)	(0. 006)
Entropy	−0. 329 ***	−0. 402 ***	−0. 288 ***	−0. 418 ***
	(0. 084)	(0. 084)	(0. 080)	(0. 077)
Chgcount	−0. 824 ***	−0. 963 ***	−0. 920 ***	−1. 094 ***
	(0. 131)	(0. 133)	(0. 129)	(0. 131)
Degree * Entropy	0. 011 ***		0. 012 ***	
	(0. 002)		(0. 002)	
Degree * Per. Person		−0. 000		−0. 001 ***
		(0. 000)		(0. 000)
AUC Value	0. 779 4	0. 775 4	0. 791 9	0. 787 7
	June		July	
	Model IV	Model V	Model IV	Model V
Intercept	1. 601	1. 630	−2. 586 *	−2. 468.
	(1. 076)	(1. 104)	(1. 313)	(1. 347)
Tenure	−0. 258 ***	−0. 258 ***	0. 018	0. 021
	(0. 063)	(0. 063)	(0. 082)	(0. 082)

续　表

	June		July	
	Model IV	Model V	Model IV	Model V
Expense	-0.447^{***}	-0.477^{***}	-0.232^{**}	-0.267^{***}
	(0.060)	(0.059)	(0.079)	(0.079)
Chgexpense	-0.022	-0.004	-0.265	-0.243
	(0.103)	(0.101)	(0.192)	(0.190)
Dxprop	0.292	-0.023	1.566	1.090
	(1.360)	(1.404)	(1.614)	(1.672)
Degree	-0.062^{***}	-0.006^{*}	-0.088^{***}	-0.029^{***}
	(0.008)	(0.003)	(0.012)	(0.005)
Tightness	-0.018^{**}	-0.018^{*}	-0.006	-0.009
	(0.006)	(0.008)	(0.006)	(0.009)
Entropy	-0.303^{***}	-0.423^{***}	-0.068	-0.125
	(0.078)	(0.076)	(0.101)	(0.103)
Chgcount	-0.777^{***}	-0.924^{***}	-0.409^{**}	-0.520^{***}
	(0.121)	(0.125)	(0.125)	(0.129)
Degree * Entropy	0.012^{***}		0.015^{***}	
	(0.002)		(0.003)	
Degree * Per Person		$-0.000.$		-0.000
		(0.000)		(0.000)
AUC value	0.748 2	0.74	0.789 4	0.783 6

注:因变量为是否流失,其中流失=1,非流失=0;"***"表示显著性水平为0.001,"**"表示显著性水平为0.01,"*"表示显著性水平为0.05,"."表示显著性水平为0.1。

从表5-5的回归结果可以看出 Degree 和 Entropy 的交互结果显著为正,说明 Entropy 加强了 Degree 的主效应,这与推论 a 不符,检验各个变量的 VIF 值,发现 Degree 和交互项 Degree * Entropy 有很强的多重共线性(VIF 值超过30),因此可能导致回归模型的估计结果不准。对于 Degree 和 Tightness 的交互效应只有在5月份的数据中是显著为负的,验证了推论 b,在其他月份均未得到验证,各个变量的 VIF 值表现正常。可以认为 Tightness 对 Degree 的调节效应并不是很稳定。

5.1.5　模型预测精度

在学术领域,ROC 曲线以及 AUC 值经常被用来评判一个逻辑回归的预测效果如何,但是在商业实践中,这样比较专业的术语很难直观地给出一个具体的解释。所以在本研究中除了汇报模型的 AUC 值,还采取覆盖率-捕获率这样的一个指标来评判模型的预测精度。假设总共有 100 个用户,其中有 20 个用户在下个月会流失,如果不用任何模型,想要确定这 20 个流失的用户,那么就需要将营销成本花费在 100 个用户身上,这时覆盖率就是 $100/100×100\%=100\%$,捕获率是 $20/20×100\%=100\%$。如果通过模型可以识别出一些高风险流失的用户,那么就可以有针对性地去实施营销策略。比如,可以只对 40 个用户进行营销,然后在这 40 个用户中可以识别出 15 个高风险流失用户,那么这时候的覆盖率就是 $40/100×100\%=40\%$,捕获率就是 $15/20×100\%=75\%$,也就是说只需覆盖 40% 的用户,就可以抓到 75% 的真实流失用户,即企业只要付出 40% 的成本,就可以得到 75% 的收益。这样做虽然不能 100% 抓住所有要流失的用户,但是可以保证用较低的成本识别出相对较多的流失用户。

在本研究中,可以针对每一个逻辑回归绘制覆盖率-捕获率曲线,以用 6 月份的自变量预测 7 月份的因变量为例进行说明。具体的,在本例中,所有的自变量来自 6 月份,因变量是否流失来自 7 月份,这里可以看到每一个用户的真实流失状态,同时根据模型的估计结果,又可以算出每一个用户的流失概率。如果这个数字越高,那么说明用户流失的可能性越大,将用户按照流失概率从高到低进行排序,排在最前面的是最容易流失的用户,越往后越不容易流失。这样每一位用户不仅有一个真实的流失状态,同时还对应着由模型估计出来的流失概率。如果瞄准排在最靠前的用户,那么捕获真实流失的用户的可能性就越大。可以根据估计的流失概率来确定不同的阈值,利用这些阈值来把现有的用户分类,比如利用分位数(20%、40%、60%、80%)。举个例子,比如 20% 意味着覆盖流失概率在前 20% 的用户,那么在这些用户中,真正流失的用户所占比例就是捕获率,因此对于每一个阈值,可以计算相应的覆盖率和捕获率,本研究的覆盖率与捕获率的曲线如图 5-1 所示。

从图 5-1 可以得出,根据模型,只需覆盖 20% 的用户,就可以达到 50% 的捕获率,也就是说只对流失率排名前 20% 用户进行营销,那么在覆盖的这些用户中能识别出的真正流失的用户可以达到 50%。模型不能做到百分之百的精度,如果要抓住全部流失的用户,那么也只能对所有用户进行营销,而这时的成本也是最高的,在实际中并不常用。与相关企业的相关负责人了解后,可以认为这是一个相当好的结果。该图还有另一个优点,就是企业可以根据自身的情况(比如营销预算成本)来自主选择要覆盖多少用户。

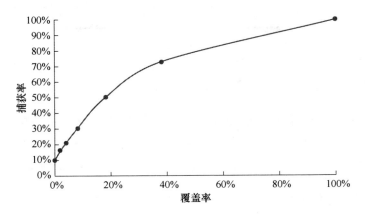

图 5-1   覆盖率-捕获率曲线

5.1.6   管理实践

基于本研究所构建的用户流失预警模型,以 8 月份的用户作为试验对象,因为这些用户 9 月份的流失状况在当时是未知的,测试的目标是根据模型计算出 8 月份用户中的高风险流失用户,然后企业的客服专员对这些识别出的高风险用户进行电话回访,从而识别出真正流失的用户。具体做法如下:根据模型的参数估计结果计算出 8 月份还在网的用户的流失率,并按照流失率从高到低对用户进行排序,因为月平均流失率大概维持在 1%,所以选择 1% 作为阈值,计算出的流失率大于 1% 的即为高风险流失用户,小于 1% 的则为低风险流失用户。经统计,高风险流失用户有 16 128 人,由于电话回访还需要一定的人力成本,所以最终公司在这 16 128 人中随机选取了 4 997 位用户进行电话回访,回访的主要目的是询问用户对当前的服务是否满意,是否有些抱怨。最终的统计结果显示,电话接通率为 62%,在接通的人群里有 348 人表达了不同程度的抱怨情绪,抱怨率为 7.0%。从电话回访的结果看,已经有部分用户对服务感到不满意了,这可以说是流失之前的一个很重要的预警,而且电话的接通率也相对较低,这也是流失前的一个重要预警。为了更加精确地统计流失用户,在 9 月份结束后,课题组又从公司获得了 9 月份的用户流失情况,经统计如表 5-6 所示。

表 5-6　9 月份用户真实流失情况

用户分组	样本量	流失用户数	流失率
高风险组	16 128	472	2.927％
低风险组	31 421	181	0.576％
情况汇总	47 549	653	1.4％

从之后的统计中可以看到,在根据模型选出的这些高风险用户中,最终识别出了 472 个流失的用户,捕获率为 72％左右。而此时的覆盖率只有 34％左右。所以这次业务实施给了企业很大的信心用该模型进行用户流失风险预警。

5.1.7　总结与讨论

随着电信行业的迅猛发展,市场饱和程度越来越高,新用户的增长十分缓慢,而国内三大运营商激烈的竞争局面也使得对老用户的保留变得异常困难。所以,识别影响用户流失的因素并有效防止用户流失已经成为该行业管理者普遍关心的问题之一。本研究着眼于对用户流失影响因素的研究,运用社交网络分析的方法,通过构造与网络结构相关的变量来进行对影响因素的探讨,运用逻辑回归的方法构建用户流失预警模型。本研究构建了与自我网络特征相关的变量:个体的度、联系的强度、个体的信息熵。逻辑回归显示这三个变量对预测用户是否流失具有显著的作用。具体的,个体的度这个变量显著为负效应,说明通话的人数越多,用户越不容易流失,表现稳定;联系的强度这个变量显著为负效应,说明平均通话时长越长,用户越不容易流失,表现稳定;个体的信息熵这个变量显著为负效应,说明平均通话时长的分布越分散,用户的流失率越低,表现相对稳定。本研究的三个假设得到了验证。与传统模型相比,本研究提出的基于自我网络特征的模型预测精度更高。本研究的研究结果对企业实践具有非常重要的意义,合作企业应用本研究提出的模型进行了对高风险流失用户的识别,预测精度可以达到70％,达到了企业的实践预期。该流失预警模型可以帮助企业提前识别高风险流失用户,极大地降低企业维系用户的成本。基于本研究的发现,我们建议企业管理者在未来更加关注与用户社交网络有关的变量,从网络结构的视角理解消费者行为,从而更好地进行用户关系管理。诚然,本研究仍然存在着一些不足和需要改进的方向。

首先,关于流失的定义,目前本研究是将确定性的流失(如用户主动申报离网)和不确定性的流失(如公司根据以往经验认为累计欠费达三个月的用户已流失)都归为流失,并进行分析,但是其实可以看到只有第一种确定性的流失才是真正的流失,所以未来的改进方向可以是把流失的种类分开来讨论和建模。其次,本研究的数据抓取并不全面,并未考虑其他电信运营商的用户数据,可以尝试获取跨平台的数据,使研究更加全面。再次,受互联网冲击的影响,很多用户的手机使用行为会受微信等即时通信工具的影响,未来可以考虑研究第三方互联网平台的数据。最后,对于企业来说,流失更像一个长期行为,而在本研究中用当月的消费行为数据去预测下一个月的流失情况,更像是一个短期行为,所以在未来的改进中,可以尝试把时间区间拉长。

5.2　基于文本语义与动态网络结构的统计学学者合作关系预测

5.2.1　研究背景

科研合作网络是指科研主体通过科研合作关系建立的社会网络结构,是社交网络分析中一个重要的垂直领域(张斌 等,2015)。随着科技发展的全球化以及研究问题的多元化、精细化和复杂化,学者追求更广泛的合作成为科研创新的主流趋势(李进 等,2014)。此外,跨领域、跨地区的交流合作也成为学术成果产出的重要途径之一(Zhang et al,2018)。

近年来,相关科研合作网络的研究在各学科领域都取得了迅速发展,Newman(2001)是最早将网络分析方法引入科研合作网络研究的学者之一。早期相关研究主要致力于从宏观的视角对科研合作网络的特征进行分析,包括合作网络的密度、各种中心度、聚类系数等基本特征和属性(付允 等,2009;张利华 等,2010;Moody,2004)。伴随着社会网络理论及其分析方法的成熟,学者们逐渐将视角从宏观层面转向微观层面。例如进行更深层的子群分析(陈海珠 等,2019;韩童茜 等,2020)和社区发现(Ji et al,2014;Gao et al,2021),除此之外,科研合作关系的预测也成为近年来的研究热点。

科研合作网络具有较高的稀疏性,科研合作关系预测能够在稀疏网络中实现对潜在合作者的精准推荐,从而增强不同学者之间的联系,提高网络密度,促进学科发展和知识传播,最终有效推动科研合作。

科研合作关系预测的相关研究主要依赖复杂网络的链路预测方法。链路预测能够根据已知网络结构预测网络中任意两个节点产生连接的可能性(Getoor et al，2005)，对于挖掘和分析社交网络的演变至关重要(Wang et al，2015)。链路预测方法主要分为基于节点相似性的方法(Popescul et al，2003)、基于极大似然估计的方法(Clauset et al，2008)和基于概率模型的方法(Taskar et al，2003)。当前科研合作关系预测的相关研究主要依赖节点相似性的链路预测方法(吕伟民 等，2017；张金柱 等，2018；汪志兵 等，2019)，即通过科研合作网络节点的相似性指标，度量不同研究者之间的相似程度，从而预测双方在未来产生合作的可能性。

由于科研合作网络具有显著的学科差异(刘虹 等，2018；Smith，1958)，因此对每个学科的合作网络关系进行预测都有非常重要的意义。本研究选择统计学作为科研合作网络关系预测的对象，与其他学科相比，统计学具有应用广泛、学科交叉程度强等特点(Cox，1997；De Stefano et al，2013)，因而对统计学学者合作关系的预测研究对促进学科融合、推动科研合作具有重要意义。目前，针对统计学学者科研网络的研究主要有 Ji 和 Jin(2014)对在统计学领域四大国际期刊上发表文章的学者进行的合作网络社区发现以及 Gao 等人(2021)进行的引文网络社区发现。而针对统计学学者合作关系影响因素和合作倾向预测等问题的研究仍存在较大空白。此外，现有的科研合作网络链路预测方法存在诸多局限，限制了对潜在学者合作关系预测的效果。具体表现在以下两个方面。第一，以往研究没有充分利用科研合作网络中涉及的语义信息，主要基于合作网络的拓扑结构进行相似性指标的构建，缺乏对合作论文内容的关注。而科研合作关系背后的学术论文涵盖了研究方向、研究领域等语义信息，这些语义信息能够丰富科研合作网络，从而辅助科研合作网络中对节点相似性的测量。第二，以往研究缺乏对历史网络动态信息的考察，主要利用了科研合作网络的静态特征。在科研合作网络中，学者的合作模式常常呈现动态变化的趋势，考虑学者间合作模式随时间的变化规律将有助于提升合作关系预测的准确性。

为应对统计学学者合作关系预测面临的挑战，本研究提出了结合语义信息和动态网络结构信息的科研合作网络链路预测模型。首先，本研究收集了统计学领域四大国际期刊 *Journal of the American Statistical Association*、*Journal of the Royal Statistical Society Series B*、*Annals of Statistics*、*Biometrica* 在 2011 年至 2020 年间发表的所有文章，基于论文合著关系构建了包含 5 397 个节点、10 989 条连边的统计学学者合作网络。其次，本研究借助于文本分析和社交网络分析方法挖掘了多种网络属性，包括网络节点、文本语义和动态网络结构等。最后，基于上述特征,本研究使用 Zhou 等人(2017)提出的动态逻辑回归方法进行对统计学学者合作关系的链路预测。结果表明,学者合作关系受多方面因素的共同作用,例如上一年度是否合作、学者研究方向相似度、已发表论文的被引用情况等都能显著影响学者之间合作的可能性。

5.2.2　统计学领域四大国际期刊数据的收集

本研究使用的数据爬取自"Web of Science"网站,爬取范围为统计学领域著名的四大期刊,即 *Journal of American Statistical Association*、*Journal of Royal Statistical Society Series B*,*Annals of Statistics* 和 *Biometrika*。具体来说,在 Web of Science 数据库检索界面中,将时间跨度设为 2011 年至 2020 年,选择按照"出版物名称"检索,分别输入四大期刊的名字并爬取每个期刊的 11 个字段信息,包括论文标题、作者、出版商、发表日期、关键词、摘要、作者通信地址、作者所属单位、论文被引次数、引文数及具体参考文献列表。对爬取获得的原始数据进行数据格式的整理、缺失值和重复值的处理、异常值的判断与处理等三方面的数据预处理工作。

首先,数据格式的整理与统一。由于网络爬虫的精细度和灵活性有限,爬取得到的原始数据集存在格式混乱、表示不一等问题。例如,部分字段开头或结尾有数量不等的空格,有部分学者姓名后存在数字编号,不同期刊论文的发表日期表示方式不一等。因此,数据预处理的第一步将对诸如此类的格式问题进行调整和规范,形成统一的数据格式。

其次,缺失值和重复值处理。针对缺失值,首先需要核实缺失原因,若数据缺失的原因是源网页收录信息不全,则剔除相应数据。若因为爬取过程中受网速等客观因素影响造成大量数据连续缺失,则对相应论文数据进行重新爬取以补全信息。此外,对于个别关键字段随机缺失的情况,可考虑直接删除该条数据。针对重复值,可根据论文标题、发表年份、学者信息等字段进行识别和剔除。

最后,异常值的判断与处理。本研究对异常值的识别包括两种:第一种异常是数据本身存在明显异常,一般由源网页本身或爬取中的定位错乱等原因造成;第二种异常指的是数据本身脱离了本研究的研究范围内。例如:文献的发表时间不在本研究的研究范围内;匿名的论文由于作者信息缺失无法用于对学者合作关系的研究;一些非原创论文(诸如评论文章、反驳文章等)也不在本研究的讨论范围之类。针对上述异常数据,本研究将酌情进行校正或剔除。经过以上数据预处理,本研究最终获得 3 861 篇文章，共涉及 5 397 位学者。

5.2.3　统计学学者合作网络构建与描述性分析

（1）统计学学者合作网络构建

基于数据预处理后的四大期刊数据集，本小节简述构建学者合作网络的过程。

首先，生成学者名单。由于每篇论文的学者有一位或多位，因此需要对学者姓名进行区分和提取，得到与所著论文相对应的学者名单列表。需要注意的是，Web of Science 数据库中学者姓名并不具备唯一标识，即可能出现两位及两位以上学者同名的情况。此外，由于书写格式的差异，还可能出现同一学者具有多个不同姓名表示方式的情况。数据库中同名学者的识别问题是领域内的一大研究热点和难点。针对这一问题，本研究的处理方式是以人工识别和校正为主，根据学者国籍、所在单位等信息进行辅助判断。经处理，本研究数据共包含 5 397 位统计学学者信息。

其次，构建学者合作网络。令 $1 \leqslant i \leqslant N$，其中 i 表示合作网络中的第 i 个学者，本研究中 $N = 5\ 379$。为了刻画学者间的合作关系，本研究用邻接矩阵 $\boldsymbol{A} = (a_{ij}) \in \mathbb{R}^{N \times N}$ 来表示，如果学者 i 与学者 j 曾经合作写过论文，则有 $a_{ij} = a_{ji} = 1$，否则 $a_{ij} = a_{ji} = 0$。本研究定义自己和自己不存在合作关系，因此，对于 $1 \leqslant i \leqslant N$，有 $a_{ii} = 0$。其中在邻接矩阵 $\boldsymbol{A}$ 中存在 158 个孤立点，也就是说有 158 位学者从来没有和任何人有过合作。此外，经过计算，该网络共有 22 772 条边，因此网络密度为 0.075%，是一个非常稀疏的网络结构。

（2）统计学学者合作网络特征及动态演化

在学者合作网络中，节点的度为一个学者合作过的其他学者的数量，其分布由图 5-2 刻画。从图 5-2 可以看出，本研究构建的学者合作网络是一个无标度网络，节点连边的数量遵循幂律分布，即大部分节点的度很小，只有小部分节点的度很大。5 397 位学者中有 158 位为独立学者，即他们没有合作伙伴。有 1 042 位学者的合作者数量仅为 1。合作者最多的是 Fan，JQ（Fan，Jianqing），其合作学者多达 64 个。此外，合作者较多的学者还有 Zeng，D. L.（Zeng，Donglin）（60 个）、Carroll，R. J.（Carroll，Raymond J.）（55 个）、Dunson，D. B.（Dunson，David B.）（55 个）等人。上述学者都是国内外较为知名的统计学学者，这也说明学术成就和水平较高的学者往往会更倾向于与他人合作。

通过对近 10 年数据的分析，本研究发现统计学学者的合作关系随时间的推移呈现出一定的动态变化趋势。首先,考察论文数和学者数的年度变化趋势〔见图 5-3(a)〕。可以看出,近年来,论文数和学者数都呈现出逐年增加的趋势。这表明统计学界的学术创作越来越活跃,同时竞争也越来越激烈,在四大期刊发表论文的难度越来越大。其次,刻画每名学者平均发表论文数和每篇论文的平均作者数的年度变化趋势〔见图 5-3(b)〕。可以看到,每篇论文的平均作者数整体上保持上升趋势,单个学者的平均论文数呈现下降趋势,这也表明统计学学者之间的合作在不断加强、合作规模不断扩大,相比于独立研究,合作研究越来越受学者们的青睐。这一结果与 2003 年至 2012 年的数据分析结果一致,说明在过去近 20 年中统计学学者的合作模式表现出了相似的变化规律。最后,统计各年份学者总合作次数与每名学者的平均合作次数(见图 5-4)。图 5-4 中总合作次数随时间的推移呈上升趋势,而单个学者的平均合作次数则呈现上下波动的变化趋势。

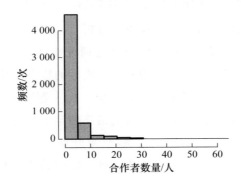

图 5-2 学者的合作者数量分布图

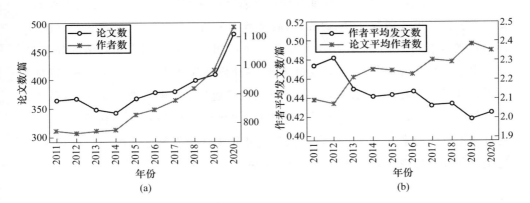

图 5-3 论文数和学者数的年度变化(a),学者平均发文数与论文平均作者数年度变化(b)

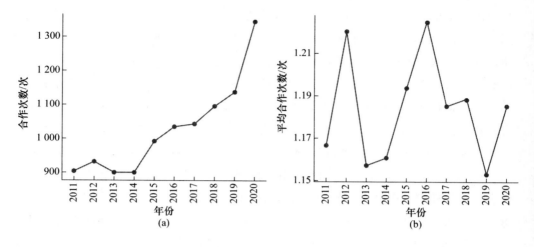

图 5-4 总合作次数(a)与每名学者平均合作次数(b)的年度变化

（3）基于 LDA 主题模型学者合作模式分析

除了合作模式的动态演进变化外,学者的研究领域也是合作关系的重要影响因素,而摘要和关键词是论文中心思想和核心内容的集中反映。为此,本小节引入 LDA 主题模型对摘要和关键词进行主题提取。当主题数为 6 时,LDA 模型能获得较为理想的领域划分结果。因此,本研究最终确定了六大研究领域,分别是社交网络分析、生物统计、协差阵估计、变量选择、贝叶斯统计/非参统计、假设检验/时间序列分析。各主题所对应的前 10 个代表性主题词如表 5-7 所示。表 5-7 的结果与前人对统计学学者社区发现的探究结果大体一致。例如,Ji 和 Jin 使用 2003 年至 2012 年统计学领域四大国际期刊的数据做社区探测时,用不同的方法得到的主要分类就包括贝叶斯统计、生物统计、高维数据分析、变量选择、半参和非参统计;而 Gao 等人在对 2001 年至 2018 年统计学领域四大国际期刊引文网络的分析中,划分出了 4 个重点主题,分别是变量选择、稀疏协差阵估计、功能数据分析/降维和错误发现率。因此,可以认为表 5-7 的研究领域划分结果贴合数据实际,具备较高的可信度。此外,本研究的分类结果还出现了"社交网络分析"这一新的研究方向。通过网上查阅检索等方式不难发现这是近几年来快速发展起来的一个新兴领域,这是以往社区发现文献未提及的一个研究领域。

表 5-7 LDA 主题模型分类结果

主题分类	对应的前 10 个代表性主题词
社交网络分析	network, graph, structure, random, distribution, dependence, graphical, variable, node, community
生物统计	treatment, effect, causal, patient, control, inference, group, material, individual, trial
协差阵估计	estimate, matrix, covariance, regression, convergence, design, covariates, simulation, parameter, likelihood
变量选择	variable, regression, selection, algorithm, linear, space, spatial, feature, dimension, predictor
贝叶斯统计/非参统计	bayesian, prior, design, distribution, algorithm, posterior, parameter, mixture, inference, likelihood
假设检验/时间序列分析	test, distribution, hypothesis, time, power, null, sample, series, asymptotic, robustness

LDA 模型能够输出每篇论文在每个主题上的概率,将对应概率最高的主题作为论文的研究领域标签,可以获得每篇论文所属的研究领域。进一步地,将学者的研究领域定义为该学者所有论文涉及的研究领域的集合。在此基础上,对上述 6个领域构建了 6 个子合作网络。表 5-8 展示了 6 个子合作网络的基本统计信息。首先,"生物统计"的平均度明显高于其他 5 个网络,达到 3.907。这说明研究方向为生物统计学的学者平均每人拥有将近 4 个合作者。"贝叶斯统计/非参统计"这一领域的平均度最低,仅为 2.588。其次,"生物统计""贝叶斯统计/非参统计"和"社交网络分析"这 3 个领域的聚类系数都比较高,分别为 0.836、0.797 和 0.791,说明这些领域的学者之间联系密切,相互之间产生的合作较多。最后,"社交网络分析"的网络密度最大(0.004),"协差阵估计"的网络密度最小(0.001)。

表 5-8 分领域的作者合作网络基本统计指标

研究领域	节点数	边数	平均度	聚类系数	网络密度
社交网络分析	660	896	2.715	0.791	0.004
生物统计	1 564	3 055	3.907	0.836	0.002

续 表

研究领域	节点数	边数	平均度	聚类系数	网络密度
协差阵估计	3 044	4 630	3.042	0.755	0.001
变量选择	1 142	1 711	2.996	0.776	0.003
贝叶斯统计/非参统计	1 007	1 303	2.588	0.797	0.003
假设检验/时间序列分析	1 166	1 603	2.750	0.735	0.002

5.2.4 基于动态逻辑回归的统计学学者合作关系预测

（1）模型设定

以上分析表明统计学学者间的合作关系不仅随时间推移发生变化，同时还受各自不同研究领域的影响。因此，本小节采取 Zhou 等人提出的动态逻辑回归方法对上述构建的统计学学者合作网络进行链路预测。为了将动态网络结构信息考虑到模型中，需要将 5.2.3 节中构建的邻接矩阵按年份重新构建。具体地，考虑一个有 N 个节点的科研合作网络，进一步假设该合作网络在时刻 t 可以被观察到，其中 $t \in \{1, \cdots, T\}$，则在每个时刻 t（本研究中即每年）都可以观察到一个邻接矩阵 $\mathbb{A}_t = (a_{ij}^t)$，其中 $a_{ij}^t = 1(i \neq j)$ 表示节点 i 到节点 j 在时刻 t 存在一条边，本研究即两个学者有合作，否则 $a_{ij}^t = 0(i \neq j)$。定义对 $1 \leqslant i \leqslant N$，有 $a_{ii}^t = 0$。科研合作网络是一个无向网络，因此有 $a_{ij}^t = a_{ji}^t$。为了刻画 $\mathbb{A}_t$ 的分布，Zhou 等人提出如下模型：

$$P(a_{ij}^t = 1 | \mathscr{F}_{t-1}) = P(z_{ij} = 1)P(\tilde{a}_{ij} = 1 | \mathscr{F}_{t-1}) = \frac{\alpha_{ij} \exp(\boldsymbol{\beta}^{\mathrm{T}} \boldsymbol{X}_{ij}^{t-1})}{1 + \exp(\boldsymbol{\beta}^{\mathrm{T}} \boldsymbol{X}_{ij}^{t-1})}$$

其中，$\mathscr{F}_{t-1} = \sigma\{\mathbb{A}_s : s < t\}$ 为历史网络结构信息，$z_{ij} = z_{ji} \in \{0, 1\}$ 为二元随机效应，$a_{ij}^t = z_{ij}\tilde{a}_{ij}^t$，其中 $\tilde{a}_{ij}^t \in \{0, 1\}$，$\boldsymbol{X}_{ij}^{t-1} = (X_{ij, 1}^{t-1}, \cdots, X_{ij, p}^{t-1})^{\mathrm{T}} \in \mathbb{R}^p$ 为 p 维解释性变量，$\boldsymbol{\beta} = (\beta_1, \cdots, \beta_p)^{\mathrm{T}} \in \mathbb{R}^p$ 为相应的待估参数。为了获得感兴趣的参数估计结果，Zhou 等人提出了条件似然函数的估计方法，将上述模型的估计转化为求解一个标准的逻辑回归模型的形式：

$$P(a_{ij}^t = 1 | a_{ij}^{t-1} = 1) = \frac{\exp(\boldsymbol{\beta}^{\mathrm{T}} \boldsymbol{X}_{ij}^{t-1})}{1 + \exp(\boldsymbol{\beta} \boldsymbol{X}_j^{t-1})}$$

上述问题转化为求解以 a_{ij}^t 为二元因变量，以 $\boldsymbol{X}_{ij}^{t-1}$ 为解释性变量的逻辑回归模型。本研究之所以采取该模型是因为首先该模型建立在动态网络结构的框架下，其次可以在模型中灵活地加入协变量信息（例如文本语义信息）。

（2）解释性变量探索

针对上述模型设定，本研究考虑的所有解释性变量 X_{ij}^{t-1} 如表 5-9 所示。可以看到，除了传统的合作网络节点相关属性，本研究还进一步考虑了动态网络结构信息和与文本语义相关的属性，例如上一年度的合作情况、学者在不同领域发表的论文数量和研究方向相似度等。

表 5-9 合作关系可能的影响因素汇总

变量维度	变量名			变量类型	取值范围	备注
网络结构	上一年度是否合作			定性变量，2 个水平	是/否	基准组：否
	共同合作者数量			连续变量	0～24	取值为整数
学者	个人信息	国籍是否相同		定性变量，2 个水平	是/否	基准组：否
		单位是否相同				
	学术产出	发表论文数之和		连续变量	0～17	取值为整数
		发表论文数之差			0～8	
	研究领域	在不同领域发表的论文数	领域 I：社交网络分析	连续变量	0～4	取值为整数
			领域 II：生物统计		0～9	
			领域 III：协差阵估计		0～13	
			领域 IV：变量选择		0～6	
			领域 V：贝叶斯统计/非参统计		0～6	
			领域 VI：假设检验/时间序列		0～5	
	研究方向相似度			连续变量	0～1	计算方式参见 4.4.2 节
论文	发表期刊	是否有发表于同一期刊		定性变量，2 个水平	是/否	基准组：否
		在各期刊发表的论文数	AoS	连续变量	0～10	取值为整数
			Biometrika		0～6	
			JASS		0～8	
			JRSS-B		0～6	
	被引情况	最高被引数		连续变量	0～896	取值为整数
		平均被引数			0～817	
	引用情况	最高参考文献数		连续变量	0～211	取值为整数
		平均参考文献数			0～211	

令当期为 t，上一期为 $t-1$，接下来选取部分解释性变量探究它们与 a_{ij}^t 的关

系。首先,统计在第 t 期有合作关系的学者群体和在第 t 期无合作关系的学者群体在各个领域的论文平均发表数量(见图 5-5)。为方便书写和表达,这里使用"领域 I"至"领域 VI"表示社交网络分析、生物统计、协差阵估计、变量选择、贝叶斯统计/非参统计和假设检验/时间序列 6 个研究主题。可以看出,在不同领域,第 t 期有合作关系的学者群体与第 t 期无合作关系的学者群体在平均发表论文数上存在差异。例如,在生物统计领域,具有合作关系的学者群体平均发表论文数比无合作关系的学者群体高出 34.30%,而在协差阵估计领域,前者则比后者低 20.52%。其次,本研究还利用文本语义进行了相似度的计算,并考察其对学者合作关系的影响。具体来说,首先通过 Word2vec 模型得到论文摘要和关键词文本信息的词向量表示,然后利用夹角余弦公式计算两词向量的相似度,并以此作为学者研究方向相似度的衡量指标。基于上述计算,第 t 期有合作关系的学者群体的平均研究方向相似度高达 0.73,第 t 期无合作关系的学者群体的平均研究方向相似度仅为 0.13。最后,探索学者所著论文的平均被引次数和所著论文的平均参考文献数对合作关系可能造成的影响(见图 5-6)。相较于第 t 期无合作关系的学者群体,第 t 期有合作关系的学者群体发表的论文在平均被引数和平均参考文献数上均较高。

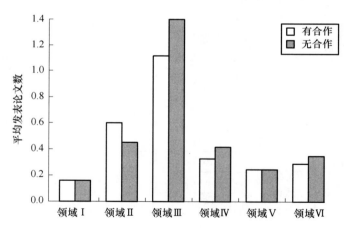

图 5-5　各领域平均发表论文数对比

（3）模型估计结果

本研究选择 2011 年至 2017 年的合作网络数据作为训练集,使用 2018 年至 2020 年的数据作为测试集,模型估计结果如表 5-10 所示。从中可以得到以下结论。首先,网络结构因素,两名学者当年是否合作与他们的往年合作情况和共同合

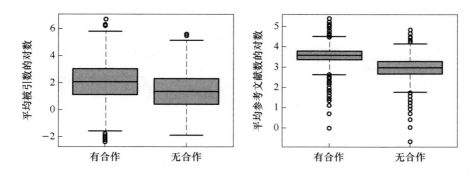

图 5-6　论文平均被引次数(左)和论文平均参考文献数(右)对比

作者数量有关,上一年度发生过合作的、共同合作者数量越多的两名学者之间产生合作的可能性更大。其次,学者因素,相比于国籍,学者所在单位对合作关系产生的影响更为显著,即就职于同一单位的学者之间更有可能组成一个研究团队。再次,发表论文数之差这一变量的估计系数均为正,说明在控制其他因素后,两名学者发生合作的概率与他们的论文产出数量的差异成正比。这意味着,高产学者与低产学者之间的相互合作是一个较为普遍的现象。最后,论文因素,与其他期刊相比,在 Biometrika 和 JASA 上发表论文的学者有更大概率与他人产生合作,学者所著论文的平均参考文献数量与学者间产生合作的概率呈现出显著的正相关关系。

表 5-10　全模型估计结果

变量名			估计系数	标准差	p 值	备注
网络结构	上一年度是否合作		1.41	0.37	< 0.01	基准组:是
	共同合作者数量		6.32	0.25	< 0.01	
作者	国籍是否相同		−0.38	0.17	0.03	基准组:是
	所在单位是否相同		1.78	0.25	< 0.01	基准组:是
	发表论文数之和		0.41	0.26	0.11	
	发表论文数之差		0.31	0.07	< 0.01	
	各领域发表论文数	领域 II	0.15	0.14	0.29	剔除"领域 I"以避免产生完全共线性
		领域 III	0.23	0.22	0.31	
		领域 IV	0.19	0.14	0.16	
		领域 V	0.06	0.12	0.62	
		领域 VI	0.1	0.11	0.38	
	研究方向相似度		3.8	0.10	< 0.01	

变量名		估计系数	标准差	p 值	备注
论文	是否于同一期刊发表	−0.25	0.24	0.30	基准组：是
	各期刊发 表论文数 Biometrika	0.22	0.07	＜ 0.01	剔除"AoS"以
	各期刊发 表论文数 JASA	−0.27	0.08	＜ 0.01	避免产生完全
	各期刊发 表论文数 JRSS−B	−0.1	0.07	0.15	共线性
	最高被引数	−0.26	0.17	0.11	
	平均被引数	0.48	0.17	0.01	
	最高参考文献数	−0.2	0.13	0.13	
	平均参考文献数	0.69	0.14	＜ 0.01	

（4）模型评价

得到估计系数 $\hat{\boldsymbol{\beta}}$ 后可以依据时刻 t 的网络特征构造出一个条件似然指标（Conditional Likelihood Index，CLI），其表达式如下：

$$\mathrm{CLI}^t(i,j) = \frac{\exp(\hat{\boldsymbol{\beta}}^\mathrm{T} \boldsymbol{X}_{ij}^{t-1})}{1 + \exp(\hat{\boldsymbol{\beta}}^\mathrm{T} \boldsymbol{X}_{ij}^{t-1})}$$

给定一个阈值 c，当 $\mathrm{CLI}^t(i,j) > c$ 时，则预测 $a_{ij}^t = 1$，否则认为 $a_{ij}^t = 0$。选取不同的 c 会导致不同的预测结果产生。此时通过 AUC 值可实现对模型性能的综合评价。对测试集 2018 年至 2020 年的共 63 328 组学者的合作情况进行预测，得到的 AUC 值为 0.896（见图 5-7），模型预测精度尚可。

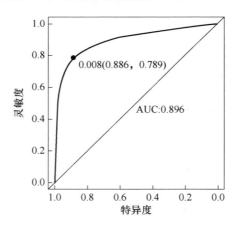

图 5-7　基于全体测试集数据的 ROC 曲线

为了验证本研究实证模型的优势，将本研究提出的学者合作网络链路预测模型与经典的基于节点相似性的链路预测方法进行比较,包括公共邻居(Common Neighbors,CN)指标、Salton 指标、Sorensen 指标和 Jaccard 指标(计算公式见表 5-11。令 Γ_i^T 和 Γ_j^T 分别表示 t 时刻节点 i 和节点 j 各自的邻居节点的集合。CN 指标计算了节点 i 和节点 j 的节点相似度。该指标认为,两个节点的共同邻居越多,两节点就越相似,节点之间建立关系的可能性越大。Salton 指标又称为余弦相似度指标,在公共邻居指标的基础上考虑了两个节点的度信息。Sorensen 指标是基于 Salton 指标的改进版。Jaccard 指标也是基于 CN 指标的改进版,该指标认为两个节点拥有的共同邻居节点占他们所有邻居节点的比例越高,则它们未来发生联系的可能性越大。根据不同方法的 AUC 值可以看出,本研究提出的链路预测方法效果明显优于其他方法,印证了本研究方法的优越性。

表 5-11 基于不同指标的链路预测算法效果

指标	计算公式	AUC
CLI	详见 5.1 节	0.896
CN	$\lvert \Gamma_i^T \cap \Gamma_j^T \rvert$	0.788
Jaccard	$\dfrac{\lvert \Gamma_i^T \cap \Gamma_j^T \rvert}{\lvert \Gamma_i^T \cup \Gamma_j^T \rvert}$	0.764
Salton	$\dfrac{\lvert \Gamma_i^T \cap \Gamma_j^T \rvert}{\sqrt{d_i^T \times d_j^T}}$	0.789
Sorensen	$\dfrac{2\lvert \Gamma_i^T \cap \Gamma_j^T \rvert}{d_i^T + d_j^T}$	0.764

5.2.5 总结与讨论

如何在科研领域实现对学者合作关系的精准预测,是当前科研社交网络分析所面临的一项重要问题。为了应对统计学者合作关系预测研究面临的挑战,本研究提出了结合文本语义和动态网络信息的科研合作网络链路预测模型。首先,本研究构建了一个统计学者合作数据集,丰富和补充了现有的科研社交网络研究资料。其次,借助于文本分析和社交网络分析方法挖掘了多种网络属性,包括网络节点、文本语义和动态网络结构等相关属性。最后,基于上述指标,本研究通过动态逻辑回归构建了统计学学者合作关系预测模型。实证分析表明,统计学学者合作关系受到多方面因素的共同作用,例如上一年度是否合作、学者间的研究方向相似度、学者已发表论文的引用情况等因素都能显著影响学者之间合作的可能性。本研究的研究结论对增强学者间的联系和提升科研合作效率具有重要借鉴意义。

本研究未来可能的研究方向如下。第一,考虑加权合作网络的链路预测。根据学者合作次数对合作网络的连边赋予不同权重,或能进一步改善预测效果。第二,丰富文本语义信息和动态网络信息相关的指标。例如对研究领域进行进一步细分,考虑"跨领域"学者的研究方向随时间的变化情况等。第三,延长研究时限。在更长的时间范围内开展分时段研究,从而解决部分指标作用的滞后性问题。

本章参考文献

ADLER P S, KWON S W, 2002. Social capital: prospects for a new concept [J]. Academy of Management Review, 27(1): 17-40.

CLAUSET A, MOORE C, NEWMAN M E, 2008. Hierarchical structure and the prediction of missing links in networks [J]. Nature, 453(7191): 98-101.

COX D R, 1997. The current position of statistics: A personal view [J]. International Statistical Review, 65(3).

DE STEFANO D, FUCCELLA V, VITALE M P, et al, 2013. The use of different data sources in the analysis of co-authorship networks and scientific performance [J]. Social Networks, 35(3): 370-381.

DUBOOS D, BONEZZI A, DEANGELIS M, 2016. Sharing with friends versus strangers: how interpersonal closeness influences word-of mouth valence [J]. Journal of Marketing Research, 53(5): 712-727.

EVERETT M, BORGATTI S P, 2005. Ego network betweenness [J]. Social Networks, 27(1): 31-38.

FANG E, LEE J, PALMATIER R, et al, 2016. If it takes a village to foster innovation, success depends on the neighbors: the effects of global and ego networks on new product launches [J]. Journal of Marketing Research, 53(3): 319-337.

GAO T, PAN R, WANG S, et al, 2021. Community detection for statistical citation network by D-SCORE [J]. Statistics and its Interface, 14(3): 279-294.

GETOOR L, DIEHL C P, 2005. Link mining: a survey [J]. Acm Sigkdd Explorations Newsletter, 7(2): 3-12.

GIUDICATI G, RICCABONI M, ROMITI A, 2013. Experience, socialization and customer retention: lessens from the dance floor [J]. Marketing Letters, 24(4): 409-422.

GOELS, GOLDSEIN D G, 2014. Predicting individual behavior with social networks [J]. Marketing Science, 33(1): 82-93.

GRAY R M, 2011. Entropy and information theory [M]. New York: Springer-Verlag.

HANNEMAN R A, RIDDLE M, 2005. Introduction to social network methods [M]. Riverside: University of California Press.

HASAN S, BAGDE S, 2015. Peers and network growth: evidence from a natural experiment [J]. Management Science, 61(10): 2536-2547.

IYENGAR R, VAN DEN BULTE C, VALENTE T W, 2011. Opinion leadership and social contagion in new product diffusion [J]. Marketing Science, 30(2): 195-212.

IYER G, KATONA Z, 2016. Competing for attention in social communication markets [J]. Management Science, 62(8): 2304-2320.

JACCARD P, 1901. Etude comparative de la distribution florale dans une portion des Alpes et des Jura [J]. Bull Soc Vaudoise Sci Nat, 37: 547-579.

JI P, JIN J, 2014. Coauthorship and citation networks for statisticians [J]. The Annals of Applied Statistics, 10(4).

KATONA Z, ZUBCSEK P P, SARVARY M, 2011. Network effects and personal influences: the diffusion of an online social network [J]. Journal of Marketing Research, 48(3): 425-443.

LIN M, PRABHALA N R, VISWANATHAN S, 2013. Judging borrowers by the company they keep: friendship networks and information asymmetry in online peer-to-peer lending [J]. Management Science, 59(1): 17-35.

LU Y, JERATH K, SINGH P V, 2013. The emergence of opinion leaders in a networked online community: a dyadic model with time dynamic and a heuristic for fast estimation [J]. Management Science, 59(8): 1783-1799.

MOODY J, 2004. The structure of a social science collaboration network: disciplinary cohesion from 1963 to 1999 [J]. American Sociological Review, 69 (2).

NEWMAN M E, 2001. Scientific collaboration networks [J]. Proceeding of the National Academy of Sciences, 98(2).

OH H, CHUNG M H, LABIANCA G, 2004. Group social capital and group effectiveness: the role of informal socializing ties [J]. Academy of Management Journal, 47(6): 860-875.

PEPE M S, CAI T, LONGTON G, 2006. Combining predictors for classification using the area under the receiver operating characteristic curve [J]. Biometrics, 62: 221-229.

POPESCUL A, UNGAR L H, 2003. Statistical relational learning for link prediction [J]. IJCAI workshop on learning statistical models from relational data.

RISSELADA H, VERHOEF P C, BIJMOLT T H A, 2014. Dynamic effects of social influence and direct marketing on the adoption of high-technology products [J]. Journal of Marketing, 78(2): 52-68.

SALTON G, MCGIL1 M J, 1986. Introduction to Modern Information Retrieval [M]. New York: McGraw-Hill Inc.

SHANNON C E, 1948. A mathematical theory of communication [J]. Bell Labs Technical Journal, 27(3): 379-423.

SHRIVER S K, NAIR H S, HOFSTETTER R, 2013. Social ties and user-generated content: evidence from an online social network [J]. Management Science, 59(6): 1425-1443.

SMITH M, 1958. The trend toward multiple authorship in psychology [J]. American psychologist, 13(10): 596.

SORENSEN T A,1984. A method of establishing groups of equal amplitude in plant sociology based on similarity of species content and its application to analyses of the vegetation on Danish commons [J]. Biol. Skar, 5: 1-34.

STEPHEN A T, TOUBIA O, 2010. Deriving value from social commerce networks [J]. Journal of Marketing Research, 47(2): 215-228.

TASKAR B, WONG M F, ABBEEL P, et al, 2003. Link prediction in relational data [J]. Advances in neural information processing systems, 16: 659-666.

TRAINOR K J, ANDZULIS J M, RAPP A, et al, 2014. Social media technology usage and customer relationship performance: a capabilities-based examination of social CRM [J]. Journal of Business Research, 67 (6): 1201-1208.

TROSOVM, BUCKLIN R E, PAUWELS K, 2009. Effects of word-of-mouth versus traditional marketing: findings from an internet social networking site [J]. Journal of Marketing, 73, (5): 90-102.

VAN DEN BULTE C, WUYTS S, 2007. Social networks and marketing [M]. Cambridge: Marketing Science Institute.

VERBEKE W, MARTENS D, BAESENS B, 2014. Social network analysis for customer churn prediction [J]. Applied Soft Computing, 14: 431-446.

VERHOEF C, 2003. Understanding the effect of customer relationship management efforts on customer retention and customer share development [J]. Journal of Marketing, 67(4): 30-45.

WAASSERMAN S, FAUST K, 1994. Social network analysis: methods and applications [M]. Cambridge: Cambridge University Press.

WAN H, 2007. A note on iteraive marginal optimization: a simple algorithm for maximum rank correlation estimation [J]. Computational Statistics & Data Analysis, 51(6): 2803-2812.

WANG J, ARIBARG A, ATCHADÉ Y F, 2013. Modeling choice interdependence in a social network [J]. Marketing Science, 32(6): 977-997.

WANG P, XU B, WU Y, et al, 2015. Link prediction in social networks: the state-of-the-art [J]. Science China(Information Sciences), 58(01): 4-41.

WANG R, GUPTA A, GREWAL R, 2017. Mobility of top marketing and sales executives in business- to-business markets: a social network perspective [J]. Journal of Marketing Research, 54(4): 650-670.

WEI Y, YILDIRIM P, VAN DEN BULTE C, et al, 2016. Credit scoring with social network data [J]. Marketing Science, 35(2): 234-258.

ZEITHAML A, LEONARD B, ANANTHANARAYANAN P, 1996. The behavioral consequences of service quality [J]. Journal of Marketing, 60(2): 31-46.

ZHANG C, BU Y, DING Y, et al, 2018. Understanding scientific collaboration: Homophily, transitivity, and preferential attachment [J]. Journal of the Association for Information Science and Technology，69(1)：72-86.

ZHOU J，HUANG D，WANG H，2017. A dynamic logistic regression for network link prediction [J]. Science China，(01)：1-12.

ZHOU T，LU L，ZHANG Y，2009. Predicting missing links via local information [J]. The European Physical Journal B，71(4)，623-630.

陈爱辉，鲁耀斌，2014. SNS 用户活跃行为研究：集成承诺、社会支持、沉没成本和社会影响理论的观点[J]. 南开管理评论，17(3)：30-39.

陈海珠，李树青，汪圣忠，等. 2019. 近代中国农业领域科研合作网络分析[J]. 大学图书馆学报，37(04)：79-87.

崔艳武，苏秦，李钊. 电子商务环境下顾客的关系利益实证研究[J]. 南开管理评论，2006，(4)：96-103.

冯芷艳，郭迅华，曾大军，等，2013. 大数据背景下商务管理研究若干前沿课题[J]. 管理科学学报，16(1)：1-9.

付允，牛文元，汪云林，等，2009. 科学学领域作者合作网络分析——以《科研管理》(2004—2008)为例[J]. 科研管理，30(03)：41-46.

郭红丽. 客户体验维度识别的实证研究：以电信行业为例[J]. 管理科学，2006，19(1)：59-65.

韩童茜，王立梅，许鑫，2020. 长三角城市群科研合作网络演化研究——基于 SCIE 和 SSCI 论文的实证分析[J]. 情报理论与实践，43(10)：151-156.

黄敏学，王琦缘，肖邦明，等. 消费咨询网络中意见领袖的演化机制研究：预期线索与网络结构[J]. 管理世界(7)：109-121.

李海芹，张子刚，2010. CSR 对企业声誉及顾客忠诚影响的实证研究[J]. 南开管理评论，13(1)：90-98.

李进，刘瑞璟，于伟，等，2014. 作者科研合作网络构建及影响分析——以《复杂系统与复杂性科学》期刊为例[J]. 复杂系统与复杂性科学，11(03)：86-93.

刘虹，李煜，孙建军，2018. 我国学术社交网络的发展脉络与知识结构分析[J]. 图书馆学研究(17)：7-16.

罗彬，邵培基，罗尽尧，等，2011. 基于竞争对手反击的电信客户流失挽留研究[J]. 管理科学学报，14(8)：17-33.

吕伟民，王小梅，韩涛，2017. 结合链路预测和 ET 机器学习的科研合作推荐方法研究[J]. 数据分析与知识发现，1(04)：38-45.

钱苏丽，何建敏，王纯麟，2007. 基于改进支持向量机的电信客户流失预测模型[J]. 管理科学，20(1)：54-58.

唐小飞，周庭锐，贾建民，2009. CRM 赢回策略对消费者购买行为影响的实证研究[J]. 南开管理评论，12(1)：57-63.

汪志兵，韩文民，孙竹梅，2019. 基于网络拓扑结构与节点属性特征融合的科研合作预测研究[J]. 情报理论与实践，42(08)：116-120.

夏维力，王青松，2006. 基于客户价值的客户细分及保持策略研究[J]. 管理科学，19(4)：35-38.

张斌，马费成，2015. 科学知识网络中的链路预测研究述评[J]. 中国图书馆学报，41(03)：99-113.

张金柱，余文倩，刘菁婕，2018. 基于网络表示学习的科研合作预测研究[J]. 情报学报，37(02)：132-139.

张利华，闫明，2010. 基于 SNA 的中国管理科学科研合作网络分析——以《管理评论》(2004—2008)为样本[J]. 管理评论，22(04)：39-46.

周静，周小宇，王汉生，2017. 自我网络特征对电信客户流失的影响[J]. 管理科学，30(5)：28-37.

周静，庄艳阳，周季蕾，2020. 基于文本语义与动态网络结构的统计学者合作关系预测[J]. 中国科学：数学.

周涛，鲁耀斌，2008. 基于社会资本理论的移动社区用户参与行为研究[J]. 管理科学，21(3)：43-50.